程序员书库

一本书讲透Python编程

[美] 迈克尔·哈特尔（Michael Hartl）著

王艳 王羽岳 译

Learn Enough Python to be Dangerous

Software Development, Flask Web Apps, and Beginning Data Science with Python

图书在版编目（CIP）数据

一本书讲透 Python 编程 /（美）迈克尔·哈特尔（Michael Hartl）著 ; 王艳，王羽岳译. -- 北京 : 机械工业出版社，2024. 11. --（程序员书库）. -- ISBN 978-7-111-77028-2

Ⅰ. TP312.8

中国国家版本馆 CIP 数据核字第 2024R9A161 号

机械工业出版社（北京市百万庄大街 22 号　邮政编码 100037）

策划编辑：王　颖　　责任编辑：王　颖　张　莹

责任校对：李　霞　张慧敏　景　飞　　责任印制：张　博

北京联兴盛业印刷股份有限公司印刷

2025 年 1 月第 1 版第 1 次印刷

186mm × 240mm · 18 印张 · 398 千字

标准书号：ISBN 978-7-111-77028-2

定价：89.00 元

电话服务	网络服务
客服电话：010-88361066	机　工　官　网：www.cmpbook.com
010-88379833	机　工　官　博：weibo.com/cmp1952
010-68326294	金　　书　　网：www.golden-book.com
封底无防伪标均为盗版	机工教育服务网：www.cmpedu.com

Preface 前　言

本书讲述了使用优雅而强大的 Python 编程语言编写实用的现代应用程序。尽管掌握 Python 语言可能是一段漫长的旅程，但读者不必学完所有知识再开始动手实践，只要跟随本书，就可以快速上手 Python 编程。

学习 Python 编程，我们将从使用交互式 Python 解释器和在命令行中运行文本文件开始，这将有助于深入理解 Python 中面向对象的编程和函数式编程。然后，我们将在此基础上开发和发布一个简单的独立 Python 软件包。最后，我们将在由 Flask Web 框架构建的简单的动态 Web 应用程序中使用该包，并将其部署到实时 Web 应用上。因此，本书是使用 Python 语言进行 Web 开发的必备书籍。

除了阐述特定的编程技能，本书还可以帮助读者掌握技术熟练度——一种看似神奇的能力，几乎可以解决任何技术难题。技术熟练度既包括具体的技能（如版本控制和编码），也包括软技能（如谷歌搜索错误消息的解决办法）。在本书中，我们将有大量机会充分实践真实世界的案例，以提高技术熟练度。

内容概要

本书首先从简单的“Hello, World!”程序开始（第 1 章），通过几种不同技术的运用来讲述 Python 的入门知识，其中特别引入了 Python 解释器的概念。Python 解释器是一个用于评估 Python 代码的交互式命令行程序。本书第 1 章即带领读者踏上实战之旅，学习如何将一个简单的动态 Python 应用程序部署到实时 Web 应用上。第 1 章还包括若干指导和帮助，可通过阅读 *Learn Enough Dev Environment to be Dangerous* 一书获取最新的软件设置和安装指南，该书可在线免费获取（https://www.learnenough.com/dev-environment）。

掌握了“Hello, World!”程序之后，我们将开启 Python 对象之旅，掌握使用 Python 进行面向对象的编程，包括字符串（第 2 章）、列表（第 3 章）和其他原生对象，如日期、正则表达式和字典（第 4 章）。

在第 5 章中，我们将学习函数的基础知识，这几乎是学习每一种编程语言的必备基础。第 6 章介绍如何把函数应用到优雅而强大的 Python 编程中，即函数式编程。

在第 7 章中，我们将学习如何创建 Python 对象。特别地，我们将为短语定义一个对象，然后开发一种方法来判断该短语是否为回文（正读和反读都是一样的）。

最初的回文判断方法的实现比较简单。在第 8 章中，我们将通过测试驱动开发（TDD）这项强大的技术来扩展该方法。在此过程中，我们将了解更多与测试相关的知识，以及如何创建和发布 Python 软件包。

在第 9 章中，我们将学习如何编写重要的 Shell 脚本。示例包括如何从文件和 URL 网页中读取信息，最后一个示例展示了如何将下载的文件视为 HTML 网页进行操作。

在第 10 章中，我们将开发第一个完整的基于 Python 的实时 Web 应用程序：一个用于检测回文的网站。通过开发实践，我们将有机会学习路线、布局、嵌入式 Python 和表单处理相关知识，以及测试驱动开发的第二个应用。之后，我们将把回文检测器部署到实际的网络上。

最后，我们将在第 11 章介绍快速发展的数据科学领域常用的 Python 工具。包括使用 NumPy 进行数值计算、使用 Matplotlib 进行数据可视化、使用 Pandas 进行数据分析，以及使用 scikit-learn 进行机器学习。

附加功能

除了主要的内容之外，本书还包含大量的练习，以检验对当前知识的理解和掌握程度，并扩展所学的理论知识。

建议

本书介绍了实用的 Python 基础知识，Python 既是一种通用编程语言，也是一种专注于 Web 应用开发和数据科学的专业语言。在学习了本书所涵盖的技术之后，尤其是技术熟练度得到提升后，你将掌握编写 Shell 脚本、发布 Python 软件包、部署动态 Web 应用程序，以及使用关键 Python 数据科学工具所需的核心知识。此外，你还将具备利用各种丰富资源的能力，包括书籍、博客文章和在线文档等。

致谢

感谢 Paul Logston、Tom Repetti 和 Ron Lee 针对本书提出的宝贵意见。还要感谢波士顿大学的 Jetson Leder-Luis 教授和数据科学家 Amadeo Bellotti 在我编写第 11 章时提供的有益反馈和帮助。

一如既往，感谢培生出版社 Debra Williams Cauley 在整个出版流程中的悉心指导。

目　　录 *Contents*

第 1 章 Chapter 1

“Hello, World!”程序

本书旨在帮助读者快速开启编写实用的现代 Python 应用程序之旅，重点关注软件开发人员日常所使用的实用工具。通过对测试、测试驱动开发、发布包、Web 应用开发和数据科学工具等技能的学习和实践，读者将了解这些技术是如何协同工作的。

Python 是全球最为盛行的编程语言之一。Python 具备简洁的语法、灵活的数据类型、功能丰富且实用的库，以及强大而优雅的设计模式、支持多种类型的编程风格。Python 语言在命令行编程（也称为脚本编程，如第 9 章所述）、Web 应用开发［基于 Flask（第 10 章）和 Django 等开发框架］，以及数据科学［尤其是使用 Pandas 进行数据分析和使用 scikit-learn 等库进行机器学习（第 11 章）］等领域中得到了广泛的应用。

Python 不适用的情形包括在 Web 浏览器中运行（这需要使用 JavaScript 代码，具体参考 https://www.learnenough.com/javascript-tutorial），以及编写对运行速度有极高要求的应用程序。即便在后一种情形之下，Python 中的 NumPy（11.2 节）等专业库也能够使应用程序具有类似 C 语言等较低级别语言的运行速度，以及高级编程语言的强大功能和灵活性[㊀]。

本书大致遵循与 *Learn Enough JavaScript to be Dangerous* 一书相同的知识结构进行阐述。许多示例都是相通的，可以很好地相互补充强化——在计算机编程过程中，没有任何事比采用两种或多种不同语言解决相同的基本问题更具启发性的了[㊁]。尽管如此，正如方框 1.1 中所阐述，毋庸置疑的是，我们通常会编写 Python 应用程序。

㊀ 像 Python、JavaScript 和 Ruby 这样的高级编程语言通常在抽象和执行自动内存管理方面能够提供更强大的支持。

㊁ 参考 Rosetta 代码（https://rosettacode.org/wiki/Rosetta_Code），以获得大量此类示例的合集。

方框 1.1 Python 编程

与其他语言的编程用户相较而言，Python 程序员（有时也称为 Python 主义者）常常对何为真正的编程风格持有相当强烈的观点。例如，正如 Python 贡献者 Tim Peters 在 1.2 节所指出的：“做一件事应该有一种且最好只有一种最显而易见的方法。”（这与 Perl 编程语言中非常著名的“TMTOWTDI”原则形成了鲜明的对比：不止一种方法可以实现此事。）

遵循良好编程实践的代码（由 Python 式判断）被称为 Python 式代码。它包括正确的代码格式（尤其是 PEP 8-Python 代码风格指南中的实践，参考 https://peps.python.org/pep-0008/）、使用内置的 Python 工具如 enumerate()（3.5 节）和 items()（4.4.1 节），以及使用典型的数据结构，如列表和字典推导式（第 6 章）。正如官方文档（https://peps.python.org/pep-0001/）中所述，“PEP 代表 Python 增强提案。PEP 是向 Python 社区提供有效信息、描述 Python 语言新特性、进程或环境的设计文档。”PEP 8 专门关注 Python 代码风格和格式。

本书中所有示例代码力求尽可能完美。此外，我们通常会首先介绍一系列非 Python 式的不完美的示例程序，最后再给出一个完美的 Python 式代码版本。在这种情况下，本书将详细阐述非 Python 式和 Python 式代码的区别。

众所周知，Python 爱好者对非 Python 式代码的判断有点严格，这可能会导致初学者过于关注 Python 式编程。但“Python 式”是一个动态的标准，取决于用户对该语言所积累的经验。此外，编程从根本上来说是为了解决问题。因此，作为 Python 程序员和软件开发者，不要让 Python 式编程的担忧阻碍用户去解决所面临的问题。

学习本书无须任何先决条件，如果读者已有其他编程经验，那自然是锦上添花。最重要的是，你已经开启了提升自身技术熟练度的旅程（方框 1.2），无论是自学，还是已经学习了 Learn Enough 系列书籍（https://www.learnenough.com/courses）。这些书籍如下所示，它们共同构成了学习本书的先修书籍清单：

1. *Learn Enough Command Line to be Dangerous*（https://www.learnenough.com/command-line）。
2. *Learn Enough Text Editor*（https://www.learnenough.com/texteditor）。
3. *Learn Enough Git to be Dangerous*（https://www.learnenough.com/git）。

方框 1.2 技术熟练度

在日常开发中，如何解决遇到的技术难题是程序员每天都要面临的问题，我们将其称之为开发人员的技术熟练度。

开发成熟的技术不仅仅依赖于本书中系统且常规的指导，更多地需要读者能够及时摆脱固有的结构模式，并探索多种解决方案。

本书将提供充足的实践练习来帮助我们培养这一思维习惯，并提高技术水平。

正如前文所说的一样，在浏览器内含有大量的 Python 学习资料，但除非读者已有一定的基础，否则很难将浏览的知识灵活运用。本书将成为帮助读者解锁技术文档的钥匙，有了这把钥匙，读者可以解锁更多 Python 官方网站在线资源。

随着本书内容的深入，还会根据当下任务来讲解如何进行精确搜索以解决遇到的技术问题。比如，如何使用 Python 来操作文档对象模型（DOM）。

本书并非能助力读者学习 Python 的全部知识（这将需要数千页的内容描述和数百年的不懈努力），但读者可以学到 Python 编程所必要的知识。

如方框 1.3 中所描述的那样，经验丰富的开发者可以从本书第 5 章开始学习。

方框 1.3 面向有经验的开发者

有经验的开发者可以跳过本书第 1 ～ 4 章，直接从第 5 章开始学习。然后快速进入第 6 章函数式编程实践，并根据需要参考前几章内容，以补充任何知识空白。

以下是 Python 语言和大多数其他语言的一些显著差异：

- 使用命令 print 执行打印操作（1.2 节）。
- 使用 #!/usr/bin/env python3 作为 Shell 脚本中的 shebang 行（1.4 节）。
- 使用单引号和双引号定义的字符串在效果上是相同的（2.1 节）。
- 使用格式化字符串（f-strings）和大括号进行字符串插值，例如，对字符串“foo”“baz”以及变量 bar，可以使用 f“foo {bar} baz”（2.2 节）。
- 使用 r“……”表示原始字符串（2.2.2 节）。
- Python 中没有 obj.length 属性或 obj.length() 方法；相反，使用 len（obj）方法来计算对象的长度（2.4 节）。
- 空白字符是有意义的（2.4 节）。行通常以换行符或冒号结尾，块结构使用缩进来表示（一般每个块级别缩进四个空格）。
- 使用 elif 来表示 else if。
- 在布尔上下文中，除了 0、None、“空”对象（“”、[]、{} 等）和 False 本身之外，所有 Python 对象均为 True（2.4.2 节）。
- 使用 [……] 表示列表（第 3 章），使用 {key: value, ……} 表示哈希（也称为 Python 中的字典）（4.4 节）。
- 在 Python 中，命名空间的应用极为广泛，因此导入如 math 这样的库时，默认情况下是借由类库对象来访问方法（例如 math.sqrt(2)）（4.1.1 节）。

1.1 Python 简介

Python 由荷兰开发者 Guido van Rossum 创建，其最初旨在设计一种高级、通用的编程语言。Python 这一名称并非直接来源于同名的蛇，而是借鉴了英国喜剧团 Monty Python 的名称。这彰显了 Python 核心理念中轻松幽默的一面，但 Python 同时也是一门优雅且强大的编程语言，可用于严肃的工作。实际上，虽然作者在 Ruby 社区中的贡献更广为人所熟知，但 Python 在作者心中始终占有特殊的地位（方框 1.4）。

方框 1.4 Python 之旅

在早期的互联网发展阶段，作者最初学习了 Perl 和 PHP 用于脚本编写和网站开发。而当最终踏上学习 Python 的征程时，作者被 Python 的清晰、简洁以及优雅特性所震撼（仅代表作者个人观点，无意冒犯）。尽管在此之前已然使用过诸多编程语言，如 Basic、Pascal、C、C++、IDL、Perl 以及 PHP 等，但 Python 才是作者真正钟爱的第一门语言。

在作者攻读物理学博士学位之时，Python 发挥了关键作用，主要被用作数据处理以及 C 和 C++ 高速模拟程序的“粘合语言”。毕业后，作者毅然决定成为一名创业者，只因对 Python 非常喜欢，以至于即便当时 PHP 在 Web 开发领域拥有更为成熟的功能，也没有再使用 PHP 编程。作者的首个创业项目，便是运用 Python 编写了一个自定义的 Web 框架（为什么不使用 Django 呢？那时还没发布 Django）。

作者对 Python 的兴趣依然有增无减，对 Python 的语法不断地趋于成熟，并变得愈发优雅这一点印象深刻。特别是自 Python 3 诞生以来，作者尤为欣喜地看到 Python 纳入了他在 *Tau Manifesto* 中所提出的数学常数 tau。最后，作者惊叹地见证了 Python 功能拓展至数值计算、绘图和数据分析等诸多领域（这些内容将在第 11 章中展开探讨），以及科学和数学计算范畴（例如 SciPy 和 Sage）。基于 Python 的系统的强大功能如今确实能够与 MATLAB、Maple 以及 Mathematica 等专有系统相媲美；特别是考虑到 Python 的开源特性，这种趋势似乎会继续延续下去。

Python 的前景一片光明，预计在未来几年里，作者会频繁使用 Python。因此，编写本书对作者而言是一个绝佳的契机，让作者能够重新与 Python 建立联系，非常高兴能与大家一同踏上这段旅程。

为了提供最全面的 Python 编程入门知识，本书将使用四种方法来探讨“Hello, World!”程序。

1. 一个具备读取 - 求值 - 打印循环（REPL）的交互式提示符。
2. 独立的 Python 文件。
3. Shell 脚本。
4. 在 Web 服务器中运行 Python Web 应用程序。

“Hello, World!”这一传统程序可以追溯到 C 编程语言，当时是为了确认系统配置是否正确而执行一个简单的程序，将字符串“ Hello, World!”（或类似的变体）打印在计算机屏幕上。

Python 最常见的应用场景之一，便是编写在命令行执行的 Shell 脚本。因此我们将从编写一系列能够在命令行终端显示问候语的程序开始。首先在 REPL 中实现；接着使用名为 hello.py 的独立文件来实现；最后通过可执行 Shell 脚本来实现，并将其命名为 hello。此外，我们将使用 Flask Web 框架（一个轻量级框架，为 Django 之类的重型框架提供很好的准备工作）编写（并部署！）一个简单的概念验证 Web 应用程序。

系统设置和安装

我们假设读者可以访问 macOS、Linux 或 Cloud9 IDE 等 Unix 兼容系统。云 IDE 适合初学者希望简化设置过程或者在配置本机系统时遇到困难时使用。

如果使用云 IDE，建议创建一个命名为 python-tutorial 的开发环境（参考 https://www.learnenough.com/dev-environment-tutorial#fig-cloud9_page_aws）。云 IDE 默认采用 Bash Shell 程序，Linux 和 Mac 用户可以运行个人钟爱的任何 Shell 程序。本书使用 Bash 或 macOS 默认的 Z Shell（Zsh）。可通过以下命令来确定当前系统运行的 Shell 程序：

```
$ echo $SHELL
```

在更新系统设置时（如 1.5 节所述），请确保使用与当前 Shell 程序相对应的配置文件（.bash_profile 或 .zshrc）。请参考 *Using Z Shell on Macs with the Learn Enough Tutorials*（https://news.learnenough.com/macosbash-zshell）以获取更多信息。

本书推荐使用 Python 3.10 版本，尽管大部分代码在 3.7 版本及之后的版本上均能正常运行。可在命令行中执行命令 python3 -version，以检查系统是否已安装 Python 并获取版本号（代码清单 1.1）[1]。

代码清单 1.1 检查 Python 版本信息

```
$ python3 --version
Python 3.10.6
```

如果返回结果如下：

```
$ python3 --version
-bash: python3: command not found
```

或返回的 Python 版本低于 3.10，建议安装更新的 Python 版本。

Python 的安装步骤因操作系统的不同而有所差异，或许需要提前掌握一些技术熟练度（详见方框 1.2）。各种安装方式在 *Learn Enough Dev Environment to be Dangerous* 一书中均有详细阐述，请查阅相关内容以熟悉当前操作系统的 Python 安装。特别是，如果用户

[1] 本书代码清单内容，可在线访问 github.com/learnenough/learn_enough_python_code_listings 获取。

采用 *Learn Enough Dev Environment to be Dangerous* 一书中所推荐的云集成开发环境（云 IDE），那么可参照代码清单 1.2 来更新 Python 版本。请注意，代码清单 1.2 中的步骤适用于任何支持 APT 软件包管理器的 Linux 系统。对于 macOS 系统，可使用 Homebrew 工具安装 Python，具体步骤如代码清单 1.3 所示。

代码清单 1.2　在云 IDE 的 Linux 系统上安装 Python

```
$ sudo add-apt-repository -y ppa:deadsnakes/ppa
$ sudo apt-get install -y python3.10
$ sudo apt-get install -y python3.10-venv
$ sudo ln -sf /usr/bin/python3.10 /usr/bin/python3
```

代码清单 1.3　在 macOS 系统使用 Homebrew 工具安装 Python

```
$ brew install python@3.10
```

无论选择哪种安装方式，安装完成后都将获得一个可执行的 Python 版本（更具体地说，是 Python3）：

```
$ python3 --version
Python 3.10.6
```

（具体版本的第三位数字可能不同。）

由于历史缘由，许多系统皆涵盖 Python3 和 Python2。特别是在虚拟环境（1.3 节）中，程序员惯常使用 python 命令（不带 3）。本书坚持使用 Python3，因为它明确指定了版本号，几乎不存在因意外而误用 Python2 的风险。

1.2　Python 之 REPL

第一个“Hello, World!”示例程序涉及一个 Read-Eval-Print Loop 循环，简称 REPL。REPL 是一个程序，它读取输入并对其求值，随后打印结果（若有），然后再返回到读取步骤。大多数现代编程语言都提供了 REPL，Python 也不例外。在 Python 中，REPL 通常被称为 Python 解释器，因为它直接执行（或“解释”）用户的命令。（第三个常见术语是 Python Shell，类似命令行 Shell 程序的 Bash 和 Zsh 程序。）

熟练使用 REPL 是 Python 程序员的一项重要技能。

Python REPL 可以通过命令 python3 启动，因此可以在命令行中运行，如代码清单 1.4 所示。

代码清单 1.4　在命令行中启动交互式 Python 提示符

```
$ python3
>>>
```

在这里，>>> 表示 Python 通用提示符，等待用户输入。

现在准备好使用 print() 命令来编写你的第一个 Python 程序，如代码清单 1.5 所示。（这里的“hello, world!”是一个字符串，更多关于字符串的内容将在第 2 章介绍。）

代码清单 1.5　REPL 中的“hello, world!”

```
>>> print("hello, world!")
hello, world!
```

如果熟悉其他编程语言（如 PHP 或 JavaScript），可能会注意到代码清单 1.5 中缺少了一个分号来标记行的末尾。诚然，Python 语言颇为与众不同，它的语法依赖于换行符（1.2 节）以及空格等。稍后，我们将了解更多关于 Python 独有的语法示例。

练习

1. 方框 1.1 提及了 Tim Peters 所著的 *The Zen of Python*。读者可在 Python REPL 中使用 import this 命令打印出 *The Zen of Python* 的完整内容（代码清单 1.6）。

代码清单 1.6　Tim Peters 所著的 *The Zen of Python*

```
>>> import this
The Zen of Python, by Tim Peters

Beautiful is better than ugly.
Explicit is better than implicit.
Simple is better than complex.
Complex is better than complicated.
Flat is better than nested.
Sparse is better than dense.
Readability counts.
Special cases aren't special enough to break the rules.
Although practicality beats purity.
Errors should never pass silently.
Unless explicitly silenced.
In the face of ambiguity, refuse the temptation to guess.
There should be one-- and preferably only one --obvious way to do it.
Although that way may not be obvious at first unless you're Dutch.
Now is better than never.
Although never is often better than *right* now.
If the implementation is hard to explain, it's a bad idea.
If the implementation is easy to explain, it may be a good idea.
Namespaces are one honking great idea -- let's do more of those!
```

2. 如果使用 print("hello, world!", end="") 替代 `print()`，则输出结果不会自动换行。要使结果与代码清单 1.5 匹配，需要将 end 参数更改为 \n 换行符，此时输出将与代码清单 1.5 中的结果相同（参考 https://www.learnenough.com/command-linetutorial/basics#sec-exercises_man）。

1.3 Python 之文件

虽然交互式地探索 Python 极为方便，然而，大部分的编程工作是在文本编辑器中创建文本文件时进行的。正如 1.2 节中所探讨的“ Hello, World!”程序，本节将展示如何创建并执行一个具有相同代码的 Python 文件，其结果是我们将在 5.2 节学习的可重用 Python 文件的简化原型。

首先，我们创建一个目录，并为 hello 程序创建一个 Python 文件，文件后缀为 .py（如果当前仍然处于 REPL 执行状态，请使用命令 exit 或 Ctrl-D 退出解释器）。

```
$ cd    # 确保在主目录
$ mkdir -p repos/python_tutorial
$ cd repos/python_tutorial
```

在这里，采用命令 mkdir 的 -p 选项按需创建中间目录。注意：在本书中，如果用户使用 *Learn Enough Dev Environment to be Dangerous* 一书中推荐的云集成开发环境，应将主目录替换为目录 ~/environment。

由于 Python 的广泛使用，许多系统会预先安装 Python，并默认经常使用。因此当前使用的 Python 版本与其他程序所使用的 Python 版本之间可能会发生交互，产生的结果令人困惑。为避免此问题，一种常见的做法是采用自带的虚拟环境，以便在不影响系统其他软件的情况下，使用确切版本的 Python，并按需安装 Python 软件包。

接下来使用 venv 包结合 pip 来安装额外的软件包。该解决方案中所有设置细节均包含在一个单独的目录中，倘若发生任何问题，该目录能够进行删除并重建。不过，还有另一个强大的解决方案 Conda，它在 Python 程序员中颇受欢迎。以个人经验而论，Conda 相较于 venv/pip 稍微复杂一些，但是当用户的编程水平提高后，或许会转而使用 Conda[⊖]。

接下来使用 python3 命令结合参数 -m（表示“模块”）和 venv（虚拟环境的名称），创建一个虚拟环境。

```
$ python3 -m venv venv
```

请注意，第二个出现的 venv 是选项值，即名为 venv 的虚拟环境；例如命令 python3 -m venv foobar 将创建一个名为 foobar 的虚拟环境，但第一个 venv 是传统的选项值。如果用户运行了错误的 Python 配置，可以使用命令 rm -rf venv/ 删除 venv 目录并重新创建（现在不要运行 rm 命令，否则本章的后续内容可能无法正常工作！）。

虚拟环境创建完成后，在使用前需要先激活它：

```
$ source venv/bin/activate
(venv) $
```

⊖ 另一种可能性是 pipenv，它为 venv 提供了更加结构化的接口，与 Ruby 中使用的 Bundler/Gemfile 解决方案相似。

请注意，许多 Shell 程序会在提示符 $ 之前插入（venv），以提醒用户当前正在虚拟环境中工作。使用虚拟环境时，激活步骤常常是必要的操作。因此建议为此创建一个 Shell 别名，例如 va[⊖]（见 https://www.learnenough.com/text-editor-tutoria/vim#secsaving_and_quitting_files）。

可使用命令 deactivate 停用虚拟环境：

```
(venv) $ deactivate
$
```

请注意，停用虚拟环境后，提示符前面的（venv）将消失。

现在重新激活虚拟环境，并使用 touch 命令创建一个名为 hello.py 的文件：

```
$ source venv/bin/activate
(venv) $ touch hello.py
```

下一步，使用文本编辑器并按照代码清单 1.7 中所示内容输入。请注意，该代码与代码清单 1.5 完全相同，唯一的不同是，在 Python 文件中没有命令提示符 >>>。

代码清单 1.7 Python 文件中的“hello, world!”

hello.py

```
print("hello, world!")
```

这里，使用代码清单 1.1 中用于检查 Python 版本号的 python3 命令来执行 Python 程序。唯一的区别是此处省略了 --version 选项，而是在参数中包含了待执行的文件名：

```
(venv) $ python3 hello.py
hello, world!
```

正如代码清单 1.5 所示，程序的运行结果是在终端屏幕上打印出“ hello, world! ”。不过，这次运行是在原始的 Shell 环境下，而不是在 Python REPL 环境下。

这个例子确实很简单，但它是一个巨大的进步。现在，用户能够编写比交互式会话更长的 Python 程序了。

练习

如果像代码清单 1.8 中一样，传递两个参数到 print() 函数，会发生什么情况？

代码清单 1.8 使用两个参数

hello.py

```
print("hello, world!", "how's it going?")
```

⊖ 在 Bash 和 Zsh 中，可以将命令 alias va=“ source venv/bin/activate” 添加到 .bash_profile 或 .zshrc 文件中，然后运行 source 命令实现环境的激活。详细信息参考 *Learn Enough Text Editor to be Dangerous* 中的“保存和退出文件”部分。

1.4 Python 之 Shell 脚本

尽管代码清单 1.3 节中的代码完全可用，但要编写在命令行 Shell 中执行的程序，通常建议使用类似 *Learn Enough Text Editor to be Dangerous* 一书中讨论的可执行脚本。

以下是使用 Python 创建可执行脚本的步骤，首先创建一个名为 hello 的文件：

```
(venv) $ touch hello
```

请注意，命令中没有包括文件扩展名 .py，这是因为文件名本身就是用户界面，没有必要向用户公开实现语言。事实上，这样做是有原因的：通过使用 hello 这个名称，可以在不更改程序用户输入的命令的情况下，选择使用不同的语言重写脚本。（尽管这只是一个简单的例子，但需要清楚此规则。9.3 节中将展示一个更实际的例子。）

编写一个可执行脚本需要两步：第一步使用与代码清单 1.7 相同的命令，在其前面加上一个“shebang”行，告诉系统将使用 Python 执行脚本。

通常，shebang 行的确切内容取决于系统（如在 *Learn Enough Text Editor to be Dangerous* 中使用 Bash 和在 *Learn Enough JavaScript to be Dangerous* 中使用 JavaScript）。对于 Python 来说，可以让 Shell 本身提供正确的命令。其中的诀窍是使用 Python 可执行文件作为 Shell 环境的一部分：

```
#!/usr/bin/env python3
```

使用此 shebang 行将得到代码清单 1.9 中展示的 Shell 脚本。

代码清单 1.9 “Hello, World!” Shell 脚本

hello

```
#!/usr/bin/env python3

print("hello, world!")
```

可以像 1.3 节中那样直接使用 Python 命令来执行此文件，但是真正的 Shell 脚本应该在不使用辅助程序的情况下直接执行（这就是 shebang 行的作用）。相反，我们按照上面提到的两个步骤中的第二步，使用命令 chmod（“改变模式”）及参数 +x（“添加可执行权限”）使文件具有可执行性。

```
(venv) $ chmod +x hello
```

此时，hello 文件是可执行的，可在命令前加上 ./ 来执行它，即告诉系统在当前目录中查找可执行文件。也可以将 hello 脚本放到环境路径 PATH 上，以便可以从任何目录中调用。运行示例如下：

```
(venv) $ ./hello
hello, world!
```

运行成功！我们已经编写了一个适合扩展和详细说明的 Python Shell 脚本。如上所述，在 9.3 节中将展示一个真实生活中的实用脚本示例。

在本书的其余部分，将主要使用 Python 解释器进行初步研究，但最终的目标几乎总是创建一个包含 Python 代码的文件。

练习

通过移动文件或更改系统配置，将 hello 脚本添加到环境路径 PATH 中（具体内容参考 *Learn Enough Text Editor to be Dangerous* 一书）。请确认在命令前不加“./”即可运行 hello。注意：如果在学习 *Learn Enough JavaScript to be Dangerous* 或 *Learn Enough Ruby to be Dangerous* 时创建了 hello 程序，建议替换它——从而说明文件名就是用户界面的原则，而更改文件的实现语言不会影响终端用户。

1.5 Python 之 Web 浏览器

尽管 Python 语言最初并非为 Web 应用开发而设计，但其优雅而强大的设计使其在创建 Web 应用程序方面得到了广泛应用。最后一个“ Hello, World! ”程序示例将展示一个实时 Web 应用程序，它使用简洁而强大的 Flask 微框架编写。由于其简洁性，Flask 是使用 Python 进行 Web 开发的绝佳入门工具，同时也为进一步掌握 Django 这样的框架做好准备。

首先使用 pip（一个递归缩写，代表“ pip 安装包”）来安装 Flask 包。pip 命令是虚拟环境的一部分，可以在命令行中输入 pip 进行访问（或者在某些系统上输入 pip3）。作为第一步，最好升级 pip 以确保当前运行的是最新版本。

```
(venv) $ pip install --upgrade pip
```

下一步，安装 Flask（代码清单 1.10）。

代码清单 1.10 安装 Flask

```
(venv) $ pip install Flask==2.2.2
```

代码清单 1.10 中包含了一个确切的版本号，以防止用户的 Flask 版本与本书中不兼容。也许用户只会运行像 pip install Flask 这样的命令，对此无须担心。随着用户技能的提高，如果版本号无效，用户可以快速找出问题所在。

虽然代码清单 1.10 中的命令简洁，但它能够安装本地系统上运行简单但功能强大的 Web 应用所需的所有软件（如果使用 *Learn Enough Dev Environment to be Dangerous* 推荐的云 IDE，这里的“本地”指的是云端）。

尽管“ Hello, World! ”应用程序代码使用了本书尚未介绍的命令，但它是对 Flask 主页的示例程序（图 1.1）的简单改编。能够改编自己未必理解的代码，是掌握技术熟练度的经典标志（方框 1.2）。

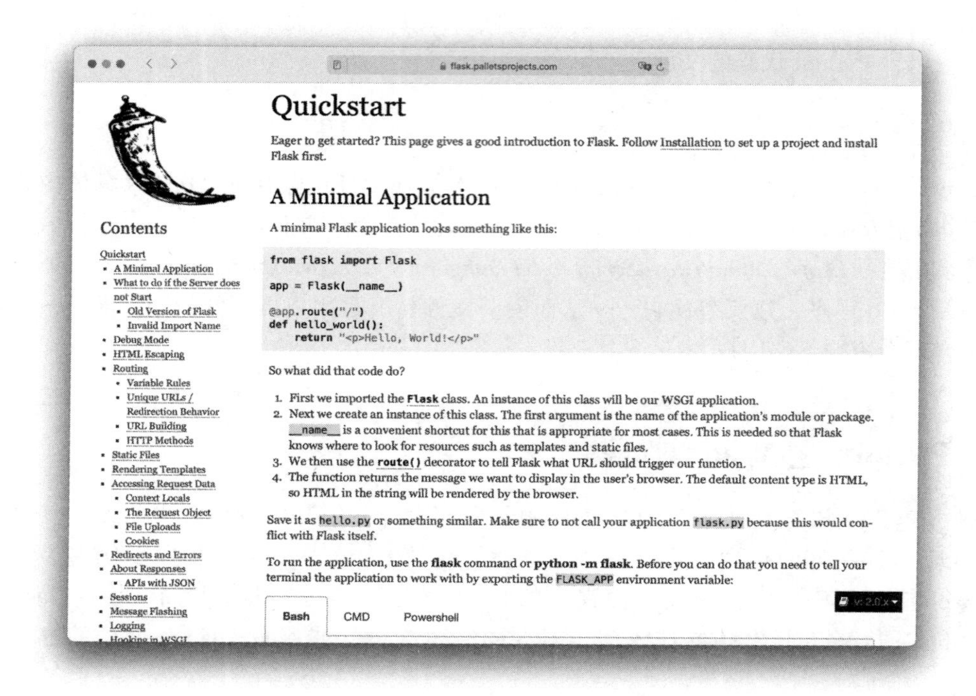

图 1.1　Flask 主页的示例程序

接下来，将“Hello, World!”程序放入名为 hello_app.py 的文件中：

```
(venv) $ touch hello_app.py
```

代码本身与图 1.1 中的程序非常相似，如代码清单 1.11 所示。

代码清单 1.11　“Hello, World!”程序

python_tutorial/hello_app.py

```python
from flask import Flask


app = Flask(__name__)

@app.route("/")
def hello_world():
    return "<p>hello, world!</p>"
```

代码清单 1.11 中的代码定义了响应普通浏览器请求（称为 GET）时，根 URL(/) 的行为。“hello, world!”字符串将作为一个（非常简单的）网页返回给浏览器。

要想运行代码清单 1.11 中的 Web 应用程序，使用 Flask 命令来运行 hello_app.py 文件即可（代码清单 1.12）。务必保证当前是在虚拟环境中运行，如果在默认系统上运行 Flask 命令，可能会出现奇怪的情况。在代码清单 1.12 中，--app 选项指明了应用程序，而 --debug 选项会在代码变更时对应用程序进行更新（这样每次变更时就不必重启 Flask 服务器）。

代码清单 1.12 在本地系统中运行 Flask 应用程序

```
(venv) $ flask --app hello_app.py --debug run
 * Running on http://127.0.0.1:5000/
```

此刻访问特定的 URL[⊖]（由本地地址 127.0.0.1 以及端口号构成）会显示正在本机上运行的应用程序。

如果使用的是云 IDE，那么命令与代码清单 1.12 中的几乎完全相同；唯一的区别是需要使用 -port 选项指定不同的端口号（代码清单 1.13）。

代码清单 1.13 在云 IDE 中运行 Flask 应用程序

```
(venv) $ flask --app hello_app.py --debug run --port $PORT
 * Running on http://127.0.0.1:8080/
```

为了能够预览应用程序并显示图 1.2 的运行结果，还需要执行几个操作步骤。首先，按照图 1.3 所示的方式来预览应用程序。

图 1.2 本地运行 hello 应用程序

⊖ 许多系统将 localhost 配置为 127.0.0.1 的同义词。在 Flask 中这同样适用，但需要一些额外的配置操作，所以本书将使用系统的原始地址。

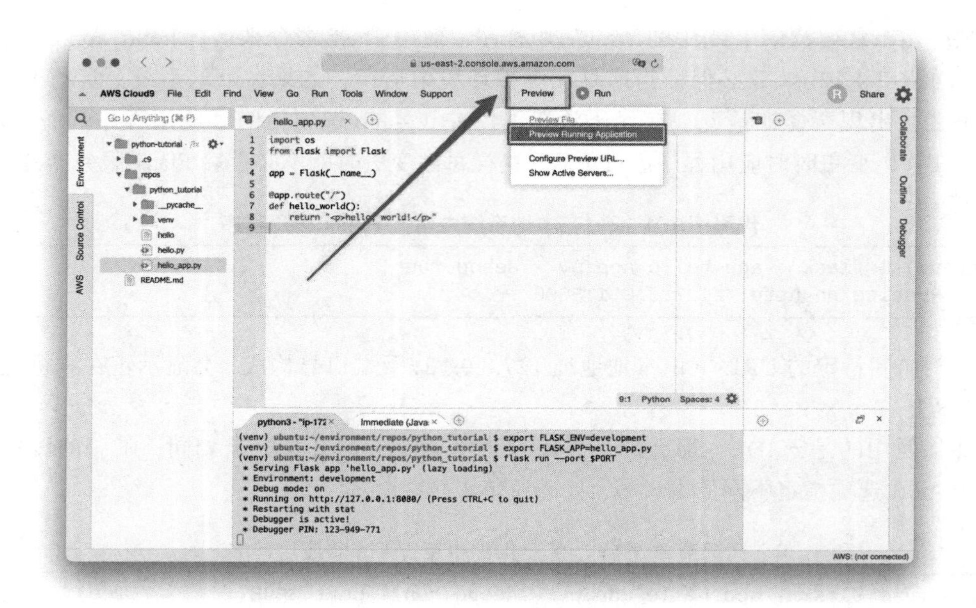

图 1.3　云 IDE 上运行的本地服务器

通常情况下，结果会在云集成开发环境内的一个小窗口中展示（细节可能会存在差异）；点击图 1.4 中的图标将会弹出一个新窗口，运行结果如图 1.5 所示（与图 1.2 唯一的区别就在于 URL）。

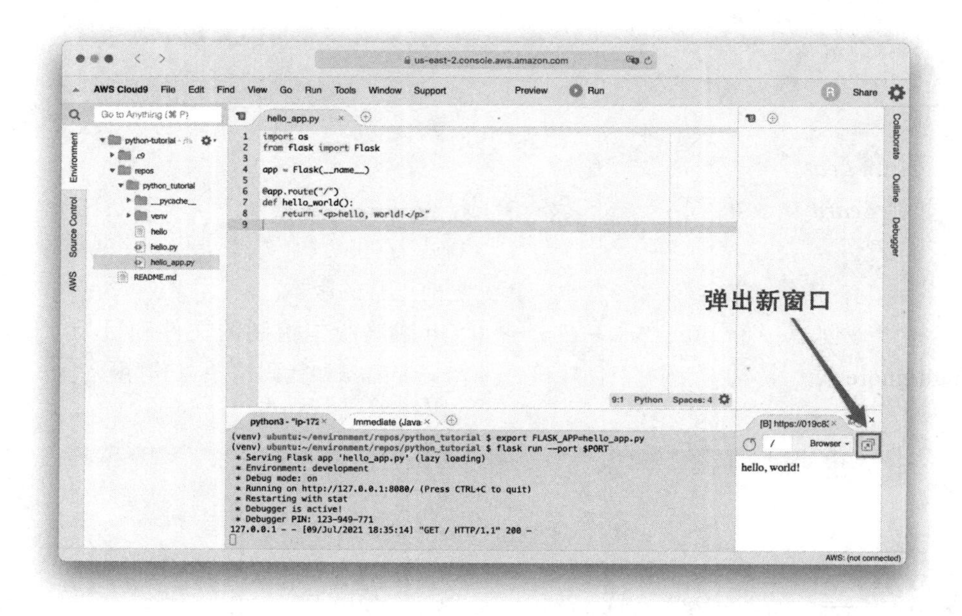

图 1.4　预览 hello 应用程序

图 1.5 在云集成开发环境中运行 hello 应用程序

在本地成功运行 Web 应用程序，这可是一个巨大的进步。不过真正的挑战在于如何把应用部署到实时 Web 上。

部署

本节介绍 Web 应用程序的部署。在早期的 Python 编程中，这几乎是无法实现的。近年来，随着相关技术的显著成熟与发展，用户拥有了更多的选择，应用程序也能够生成网络版本了。

首次部署应用程序会带来一些额外的开销，像“Hello, World!”这样简单的应用程序是首次部署实践的最佳选择，因为出错的可能性相对较小。

与其他书籍中使用的 GitHub Pages 部署选项一样（如 *Learn Enough CSS & Layout to be Dangerous* 和 *Learn Enough JavaScript to be Dangerous*），第一步是使用 Git 对项目进行版本控制（如在 *Learn Enough Git to be Dangerous* 一书中讨论的）。对于本节所采用的部署解决方案来说，这一步并非是必要的，但对项目实施完整的版本控制，是一种相当不错的做法，这样即使出现任何错误，都能够轻松地恢复到之前正常的版本。

第一步是创建一个 .gitignore 文件，告诉 Git 忽略版本控制的文件和目录。使用命令 touch.gitignore（或者其他方法）来创建该文件，文件内容如代码清单 1.14[㊀]所示。

代码清单 1.14 忽略某些文件和目录

.gitignore

```
venv/

*.pyc
```

㊀ 这个文件在一定程度上是基于 Flask 文档中的示例。

```
__pycache__/

instance/

.pytest_cache/
.coverage
htmlcov/

dist/
build/
*.egg-info/

.DS_Store
```

下一步，初始化项目库：

```
(venv) $ git init
(venv) $ git add -A
(venv) $ git commit -m "Initialize repository"
```

将任何新初始化的项目库进行远程备份是一个绝佳的主意。本书使用 GitHub 实现代码版本管理（图 1.6）。

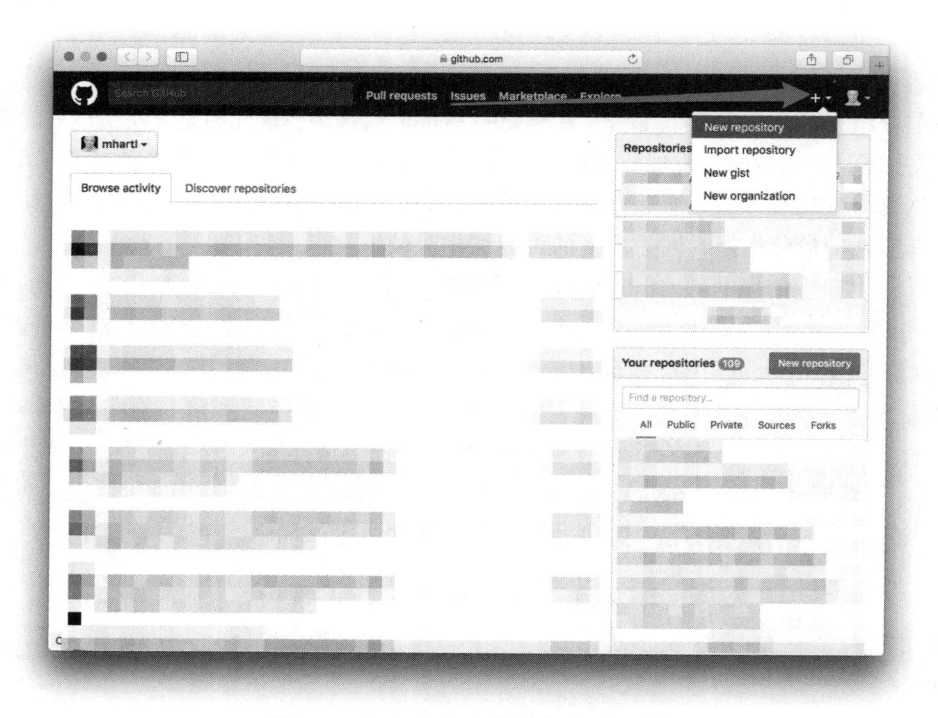

图 1.6　在 GitHub 上创建新的项目库

鉴于 Web 应用程序有时会包含密码或 API 密钥等敏感信息，出于谨慎考虑，本书采用私有项目库。因此，在 GitHub 创建新的项目库时，请务必使用参数选项“Private”，如图 1.7 所示。（即使是在私有项目库中，也切勿存放密码或 API 密钥等信息，最佳实践是推荐使用环境变量或类似的方法取而代之。）

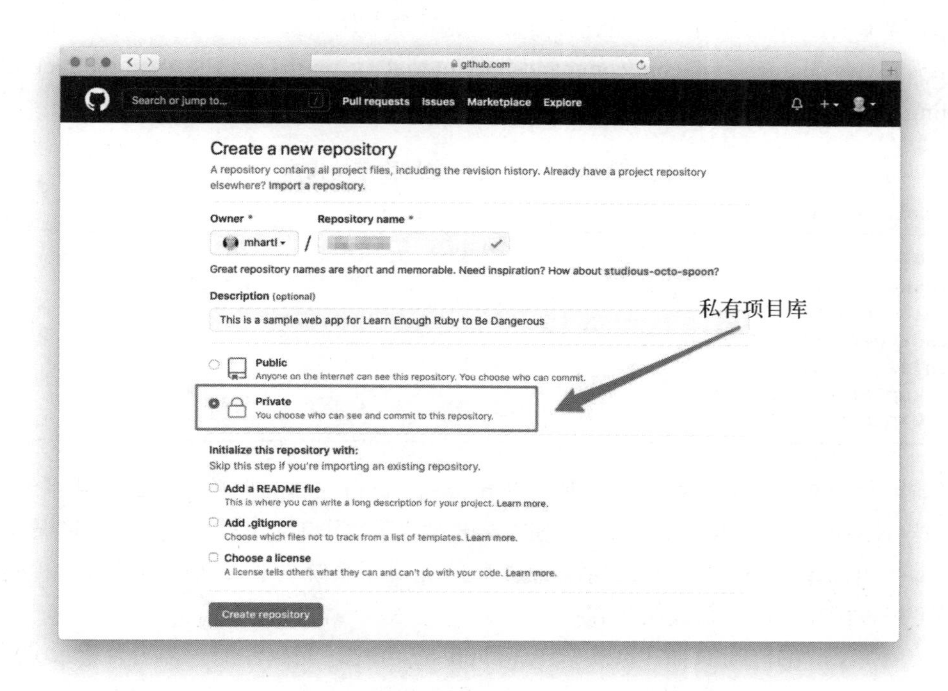

图 1.7 使用私有项目库

下一步，告诉本地系统关于远程项目库的信息（请确保使用 GitHub 用户名替换 <username> 参数），然后推送命令至远程项目库。

```
(venv) $ git remote add origin https://github.com/<username>/python_tutorial.git
(venv) $ git push -u origin main
```

接下来，利用 Fly.io 部署 Flask 应用。首先安装一个必要的软件包，接着列出部署应用的相关需求（涵盖 Flask）。注意：截至本书完成之时，以下步骤均有效，然而第三方服务的部署或许会在未事先通知的情况下发生变动。倘若此情况出现，读者可运用所学技能（方框 1.2）找到替代的服务（如 Render）。

第一步，安装 Python Web 服务器的软件包 gunicorn：

```
(venv) $ pip install gunicorn==20.1.0
```

第二步，创建一个名为 requirements.txt 的文件，告诉主机部署应用程序所需的软件包。创建 requirements.txt 文件的命令如下：

```
$ touch requirements.txt
```

第三步，将代码清单 1.15 中显示的内容写入 requirements.txt 文件中。可以在没有安装任何不必要的软件包的虚拟环境中使用 pip freeze 来确定所需的依赖包列表。（某些资源建议使用命令 pip freeze>requirements.txt 将 pip freeze 的输出重定向到 requirements.txt 文件中，以创建代码清单 1.15 中的文件，但是这种方法可能导致系统需要一些不必要或无效的软件包。参考 https://www.learnenough.com/command-line-tutorial/manipulating_files#sec-redirecting_and_appending。）

代码清单 1.15　列出应用程序的需求

requirements.txt

```
click==8.1.3
Flask==2.2.2
gunicorn==20.1.0
itsdangerous==2.1.2
Jinja2==3.1.2
MarkupSafe==2.1.1
Werkzeug==2.2.2
```

当前推荐的 Python 包管理实践，是借助 pyproject.toml 文件来明确项目的构建系统。尽管在部署至 Fly.io 时，这一步骤并非必要，但在第 8 章着手制作自定义软件包时，将遵循此方法。

借助代码清单 1.15 中的配置，我们为 Fly.io 完成了系统设置，从而能够自动检测 Flask 应用程序是否存在。以下是起始步骤：

1. 访问 Fly.io 的注册页面（https://fly.io/app/sign-up），完成注册。需要注意，点击免费试用链接时可能较难以找到（图 1.8）。免费试用账户限制仅能部署两个服务器，而本书中的实例（包括第 10 章）仅需两个服务器即可。

图 1.8　免费试用 Fly.io

2. 安装 Fly Control（flyctl），它是用于与 Fly.io 交互的命令行程序[㊀]。macOS 和 Linux（包括云 IDE）系统上的选项设置，请参考代码清单 1.16 和代码清单 1.17。对于后者，请按照给出的示例向用户 .bash_profile 或 .zshrc 文件中添加内容（详见代码清单 1.18），然后运行 source ~/.bash_profile（或 source ~/.zshrc）以更新配置。请注意，代码清单 1.18 中的垂直点表示省略的行。

代码清单 1.16　在 macOS 系统的 Homebrew 目录下安装 flyctl

```
(venv) $ brew install flyctl
```

代码清单 1.17　在 Linux 系统安装 flyctl

```
(venv) $ curl -L https://fly.io/install.sh | sh
```

代码清单 1.18　为 flyctl 添加配置

~/.bash_profile or ~/.zshrc

```
.
.
.
export FLYCTL_INSTALL="/home/ubuntu/.fly"
export PATH="$FLYCTL_INSTALL/bin:$PATH"
```

3. 从命令行登录 Fly.io（代码清单 1.19）。

代码清单 1.19　登录 Fly.io[㊁]

```
(venv) $ flyctl auth login --interactive
```

登录 Fly.io 后，请按照以下步骤部署 hello 应用程序：

1. 运行命令 flyctl launch（代码清单 1.20），得到程序自动生成的名称和默认选项（例如，无数据库）。

代码清单 1.20　“启动”应用程序（采用本地配置）

```
(venv) $ flyctl launch
```

2. 编辑生成的 Procfile 文件，并按照清单 1.21 中显示的内容进行填充。仅需更新一项内容，将应用程序名称从 server 更新为 hello_app。

㊀ 偶然发现在当前系统中，flyctl 是 fly 的别名，用户可在本地尝试 fly 是否为别名。

㊁ 代码清单 1.19 包括了 --interactive 选项，以防止 flyctl 弹出浏览器窗口，这在本机系统和云集成开发环境中都有效。如果当前使用本机系统，可以省略该选项。

代码清单 1.21　Procfile 文件

```
web: gunicorn hello_app:app
```

3. 使用命令 flyctl deploy 部署应用程序（代码清单 1.22）[⊖]。

代码清单 1.22　将应用部署到 Fly.io

```
(venv) $ flyctl deploy
```

在部署步骤完成之后，运行代码清单 1.23 中的命令来查看应用的状态。（如果出现任何问题，运行 flyctl logs 检查程序日志将有助于调试。）

代码清单 1.23　查看部署的应用状态

```
(venv) $ flyctl status      # 具体细节会有所不同
App
  Name     = restless-sun-9514
  Owner    = personal
  Version  = 2
  Status   = running

  Hostname = crimson-shadow-1161.fly.dev    # 你的URL也许会不同
  Platform = nomad

Deployment Status
  ID          = 051e253a-e322-4b2c-96ec-bc2758763328
  Version     = v2
  Status      = successful
  Description = Deployment completed successfully
  Instances   = 1 desired, 1 placed, 1 healthy, 0 unhealthy
```

代码清单 1.23 中高亮显示的行表示实时应用程序的 URL，可以按如下方式自动打开：

```
(venv) $ flyctl open     # 在云IDE中可能无法工作，因此请使用你的设备上所显示的URL
```

如前文所述，命令 flyctl open 在云集成环境上无法正常工作，因为它需要生成一个新的浏览器窗口，在此情况下，将代码清单 1.23 中的 URL 复制并粘贴到浏览器的地址栏中，可获得相同的结果。

现在 hello 应用程序可在生产环境中正常运行（图 1.9），执行结果正确。

尽管这部分涉及相当多的步骤，但能够如此早地实现一个网站部署简直是奇迹。虽然它只是一个简单的应用程序，但它是真正的应用，并且能够将其部署到生产环境中是一个巨大的进步。

⊖ 在测试中，当使用虚拟私有网络（VPN）时，运行 flyctl deploy 会失败，所以如果正在使用 VPN，建议在这一步中禁用它。

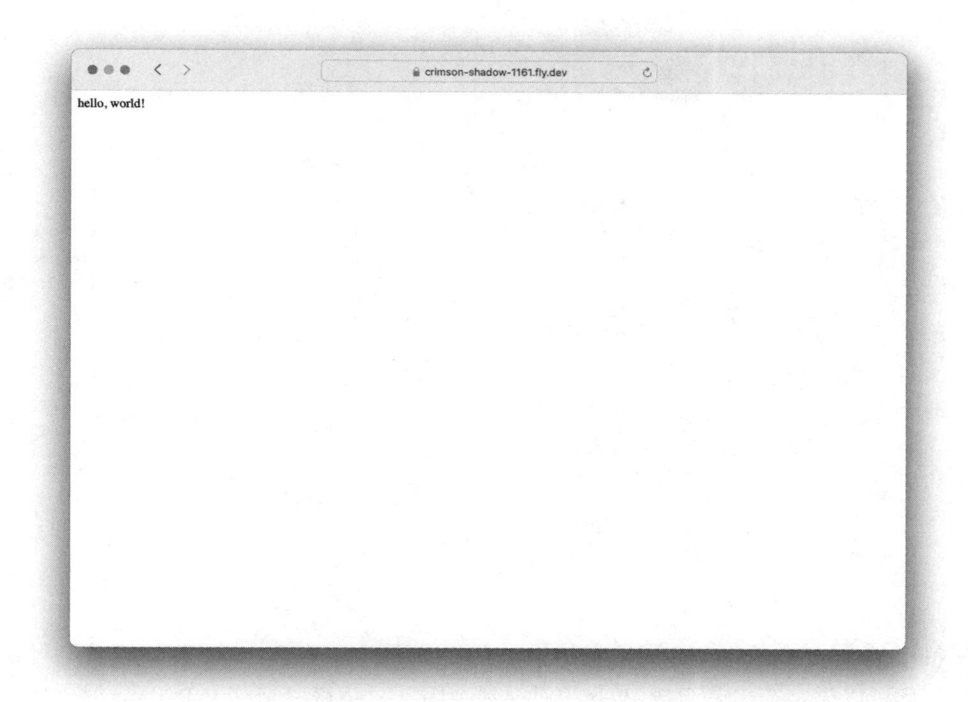

图 1.9 正在生产环境中运行的 hello 应用程序

顺便说一下，与 GitHub Pages 或像 Heroku 这样的托管服务相比，部署到 Fly.io 不需要进行 Git 提交。因此，现在是时候进行最终的提交，并将结果推送到 GitHub：

```
(venv) $ git add -A
(venv) $ git commit -m "Configure hello app for deployment"
(venv) $ git push
```

练习

1. 在本地运行的 hello_app.py 文件中，将“ hello, world!”修改为“ goodbye, world!”，更新后的文本会立即显示吗？刷新浏览器后呢？

2. 将更新的应用程序部署到 Fly.io，并确认新的文本是否按预期显示。

Chapter 2 第2章

字　符　串

字符串是 Web 中最为关键的数据结构。在几乎所有的程序中，它都扮演着不可或缺的角色，并且可以说字符串是组成 Web 的原材料。因此，字符串是踏上 Python 编程之旅的理想起点。

2.1 字符串基础

字符串由一系列按特定顺序排列的字符组成[⊖]。在第 1 章的“Hello, World!”程序中已经展示了几个示例。接下来展示在 Python REPL 中只输入一个字符串（不使用 print()）会发生什么：

```
$ source venv/bin/activate
(venv) $ python3
>>> "hello, world!"
'hello, world!'
```

从字面上理解，输入的字符序列即称为字符串，在此处，使用双引号来创建一个字符串。REPL 会对这一行进行评估，并打印出字符串的结果。

一个尤为重要的字符串是不含任何内容的字符串，它仅仅由两个引号组成。这种字符串称为空字符串（有时也称为空串）：

```
>>> ""
''
```

⊖ 像其他高级语言（如 JavaScript 和 Ruby）一样，Python 的“字符”是长度为 1 的字符串。它与 C 和 Java 这样的低级语言形成了对比，后者为字符提供了特殊类型。

在 2.4.2 节和 3.1 节将详细介绍空字符串。

需要注意的是，REPL 在显示输入的双引号字符串值时，使用的是单引号（例如‘Hello, World!’而不是“Hello, World!”）。这仅仅是一种约定（实际上可能与系统相关），在 Python 中，单引号和双引号字符串是完全等价的[㊀]。然而，也可能存在不完全相同的情况，因为字符串中可能包含了实际的引号：

```
>>> 'It's not easy being green'
  File "<stdin>", line 1
    'It's not easy being green'
        ^
SyntaxError: invalid syntax
```

由于 REPL 将‘It’解释为一个字符串，而最后的，被视为第二个字符串的开头，进而引发了语法错误。（如上所述，另一个结果是语法高亮显示看起来异常——这通常用作语法错误的视觉提示。）

依据 PEP-8 样式指南，包含引号的首选方法是直接使用另一种引号来定义字符串（代码清单 2.1）。

代码清单 2.1 在双引号中包含单引号

```
>>> "It's not easy being green"
"It's not easy being green"
```

请注意，此处的 REPL 遵循相同的约定，对于包含单引号的字符串，会切换至双引号。

最后，Python 在支持三引号字符串方面非常独特：

```
>>> """Return the function value."""
'Return the function value.'
```

当三引号字符串放在一行时，它们的行为与单引号和双引号字符串相同，但我们也可以在其中添加换行符：

```
>>> """This is a string.
...
... We can add newlines inside,
... which is pretty cool.
... """
'This is a string.\nWe can add newlines inside,\nwhich is pretty cool.\n'
```

三引号字符串因其在 Python 函数（第 5 章）和类（第 7 章）中所使用的特殊文档字符串而闻名。因此，在 Python 编程中被广泛使用。

总体而言，PEP 8 中指明，只要保持一致，单引号和双引号字符串皆可使用，但三引号

㊀ 这与 Ruby 形成鲜明对比，Ruby 使用单引号字符串来表示原始字符串；正如 2.2.2 节中所指出的，Python 的惯例是在前面加上字母 r。

字符串应始终采用双引号变体[一]。

在 Python 中，单引号字符串和双引号字符串含义相同，PEP 对此并没有提出建议。选择一条规则并坚持使用它。然而，当一个字符串包含单引号或双引号字符时，为避免在字符串中使用反斜杠，可以使用另一种引号，以提高可读性。

对于三引号字符串，请始终使用双引号字符，以便与 PEP 257 中的文档字符串约定保持一致。

本书采用双引号字符串，以便与三引号的约定保持一致，并与 *Learn Enough JavaScript to be Dangerous* 和 *Learn Enough Ruby to be Dangerous* 书籍中的约定相匹配。当然，读者也可以依据喜好选取相反的约定。

练习

1. Python 可以借助反斜杠来转义引号，例如：'It\'s not easy being green'。如果字符串同时包含单引号与双引号，这种处理方式比较方便（在此种情形下，代码清单 2.1 中的技巧便不起作用了）。那么，REPL 又是如何处理 'It\'s not "easy" being green' 的呢？

2. Python 支持常见的特殊字符，例如制表符（\t）和换行符（\n），它们是空白字符的两种不同形式。请在单引号和双引号字符串中，展示特殊字符 \t 和 \n。如果在其中一个字符串前面放置字母 r，会发生什么？提示：在 REPL 中，尝试执行类似代码清单 2.2 中所示的命令。本书将在 2.2.2 节中介绍更多关于特殊 r 行为的信息。

代码清单 2.2　包含特殊字符的字符串

```
>>> print('hello\tgoodbye')
>>> print('hello\ngoodbye')
>>> print("hello\tgoodbye")
>>> print("hello\ngoodbye")
>>> print(r"hello\ngoodbye")
```

2.2　拼接和插值

字符串两个最重要的操作是拼接（将若干字符串拼接在一起）和插值（将变量内容插入字符串中）。拼接可以使用 + 运算符实现[二]，如下所示。

[一] 这里的术语很标准但略微混乱：“单引号”和“双引号”指的是字符本身中引号的数量，而“三引号”则指在定义字符串时两边使用的此类字符的数量。

[二] 在编程语言中，使用 + 进行字符串拼接是常见的做法，但在某种程度上，这也会产生一些问题，因为在数学中，加法是遵循交换律的：a+b=b+a。（相比之下，乘法在某些情况下是不遵循的；例如，在矩阵乘法中，通常有 $AB \neq BA$。）然而，在字符串拼接中，+ 不遵循交换律，例如“foo”+“bar”是“foobar”，而“bar”+“foo”是“barfoo”。基于此考虑，一些语言中（如 PHP）使用不同的符号进行字符串拼接，例如点号（.），即“foo”.“bar”。

```
(venv) $ python3
>>> "foo" + "bar"              # 字符串拼接
'foobar'
>>> "ant" + "bat" + "cat"      # 一次可拼接多个字符串
'antbatcat'
```

在这里，foo 和 bar 的拼接结果是字符串 foobar。(关于 foo 和 bar 的含义可在 *Learn Enough Command Line to be Dangerous* 中找到。) 另外注意，# 号表示注释，其后内容可以忽略，在任何情况下 Python 也会忽略该内容。

让我们看看变量上下文中的字符串拼接操作，可以将其视为带有某个值的命名框（如 *Learn Enough CSS & Layout to be Dangerous* 中提到的，相关内容将在方框 2.1 中进一步讨论）。

方框 2.1　变量和标识符

如果你从未编写过计算机程序，可能会对变量这个术语感到陌生。在计算机编程中，变量是一个重要的概念。可以将变量视为一个命名的盒子，可以容纳不同（或“可变”）的内容。

例如许多学校提供给学生存放衣物、书籍、背包等物品的带有标签的盒子（图 2.1）。其中变量就像是盒子的位置，盒子上的标签就是变量名（也称为标识符），而盒子里的内容则是变量的值。

图 2.1　计算机变量的具体类比[⊖]

实际上，这些不同的定义经常被混淆，“变量”通常用于指代这三个概念之一（位置、标签或值）。

⊖ 图片由 Africa Studio/Shutterstock 提供。

作为一个具体示例，可采用 = 来构建名字和姓氏变量，如代码清单 2.3 所示。

代码清单 2.3　使用 = 为变量赋值

```
>>> first_name = "Michael"
>>> last_name = "Hartl"
```

这里 = 将标识符 first_name 与字符串“ Michael”关联起来，并将标识符 last_name 与字符串“Hartl”关联起来。

在代码清单 2.3 的示例中，first_name 和 last_name 这两个标识符遵循所谓的蛇形命名法（snake case）[㊀]，此命名法是 Python 中最为常见的变量名约定。相较而言，Python 类则遵循驼峰命名法，这一点将会在第 7 章中展开详细阐述。

在代码清单 2.3 中定义了变量名之后，接下来可以使用变量来拼接姓和名，并在姓名之间插入一个空格（代码清单 2.4）。

代码清单 2.4　拼接字符串变量和字符串文本

```
>>> first_name + " " + last_name     # 非Python式
'Michael Hartl'
```

2.2.1　格式化字符串

建立字符串的最 Python 式的方法（方框 1.1）是使用格式化字符串或 f-strings 进行插值。f-strings 结合了字母 f（表示“formatted”）和花括号，用于插入变量值：

```
>>> f"{first_name} is my first name."     # Pythonic
'Michael is my first name.'
```

在此，Python 会自动将变量 first_name 的值插入字符串的适当位置。实际上，任何位于花括号内的代码都会被 Python 评估并插入相应的位置。

可以使用插入来复制代码清单 2.4 中的结果，如代码清单 2.5 所示。

代码清单 2.5　首先复习一下字符串拼接，然后再学习插值

```
>>> first_name + " " + last_name      # 拼接（非Python式）
'Michael Hartl'
>>> f"{first_name} {last_name}"       # 插值（Python式）
'Michael Hartl'
```

代码清单 2.5 中展示的两种表达式是等价的，但作者通常更倾向于第二种插入的版本，因为在字符串之间添加单个空格 " " 感觉有些不习惯（需注意，大多数 Python 程序员都认同这一点）。

㊀ 特别要指出的是，“ snake case”并不是对 Python 本身的一种引用；在其他编程语言中，如 C、Perl、PHP、JavaScript 和 Ruby 等，使用蛇形命名法（snake case）的变量名很常见。

值得一提的是，格式化字符串是在Python 3.6中引入的。如果需要使用较早版本的Python，可以使用%格式或者str.format()来代替。具体而言，以下三行代码会获得相同的运行结果。

```
>>> f"First Name: {first_name}, Last Name: {last_name}"
'First Name: Michael, Last Name: Hartl'
>>> "First Name: {}, Last Name: {}".format(first_name, last_name)
'First Name: Michael, Last Name: Hartl'
>>> "First Name: %s, Last Name: %s" % (first_name, last_name)
'First Name: Michael, Last Name: Hartl'
```

即使有格式化字符串可用，在某些情况下使用format()方法仍具有潜在的优势。更多信息请参考文章“Python 3的f-Strings：一种改进的字符串格式化语法”（https://realpython.com/python-f-strings/）。

2.2.2 原始字符串

除了普通字符串和格式化字符串之外，Python还支持原始字符串。这两种类型的字符串在许多用途上效果是相同的：

```
>>> r"foo"
'foo'
>>> r"foo" + r"bar"
'foobar'
```

然而，依旧存在重要差异。例如，Python不会在原始字符串中进行插值操作。

```
>>> r"{first_name} {last_name}"     #没有插值
'{first_name} {last_name}'
```

这并不令人意外，Python也不会在普通字符串中进行插值操作：

```
>>> "{first_name} {last_name}"     #没有插值
'{first_name} {last_name}'
```

如果普通字符串能够做到原始字符串所能做的一切，那么原始字符串的意义何在？原始字符串很有用，它们是真正的忠于原文，包含用户输入的确切字符。例如，在多数系统中，“反斜杠”字符是特殊的，例如换行符\n。如果希望一个变量包含一个字面上的反斜杠，原始字符串更容易：

```
>>> r"\n"        #字面上反斜杠n组合
'\\n'
```

请注意，Python REPL需要用两个反斜杠来转义反斜杠；在普通字符串中，一个字面上的反斜杠用两个反斜杠表示。这个小例子没有节省太多空间，但如果有大量需要转义的内容，使用原始字符串将会非常有帮助：

```
>>> r"Newlines (\n) and tabs (\t) both use the backslash character: \."
'Newlines (\\n) and tabs (\\t) both use the backslash character: \\.'
```

原始字符串的最常见用途可能是定义正则表达式（4.3 节），但在标记图表（11.3 节）时也会使用。

在原始字符串中，除了用于定义字符串相同类型的引号之外，无须进行转义字符的操作。例如，若使用单引号来定义一个原始字符串，通常情况下它可以正常工作：

```
>>> r'Newlines (\n) and tabs (\t) both use the backslash character: \.'
'Newlines (\\n) and tabs (\\t) both use the backslash character: \\.'
```

与常规字符串相同，如果使用单引号定义的原始字符串本身包含了一个单引号，那么将会引发语法错误，具体示例如下：

```
>>> r'It's not easy being green'
  File "<stdin>", line 1
    'It's not easy being green'
        ^
SyntaxError: invalid syntax
```

练习

1. 将变量 city 和 state 分别赋值为当前居住的城市和州名（如果读者不是美国公民，请替换为相对应的国家城市名和省份）。使用插值，打印一个字符串，包含以逗号和空格分隔的城市和州名，例如“洛杉矶，加利福尼亚”。

2. 重复上一个练习，但是用制表符分隔城市和州名。

3. 三引号字符串（2.1 节）是否支持插值？

2.3 打印

正如在 1.2 节及后续部分的示例中所见，在 Python 中，将字符串打印到屏幕的方式是使用 print() 函数：

```
>>> print("hello, world!")     #打印输出
hello, world!
```

在这里，print() 函数接收一个字符串作为参数，然后将结果打印到屏幕上，该函数不返回任何其他内容。实际上，它返回一个名为 None 的 Python 对象，如下示例所示。

```
>>> result = print("hello, world!")
"hello, world"
>>> print(result)
None
```

这里的第二个 print() 实例将 None 转换为字符串表示，并打印结果。我们可以直接使用 repr()（“representation”）命令获取字符串表示：

```
>>> repr(None)
'None'
```

repr() 命令非常有用，特别是在 REPL 环境中，几乎适用于所有的 Python 对象。

在 1.2 节中简要介绍了 print() 函数接收一个关键字参数（5.1.2 节）称为 end，用于表示字符串的末尾字符。默认的 end 是换行符 \n，这就是为什么在下一个解释器提示之前可获得断行：

```
>>> print("foo")
foo
>>>
```

可以通过传递不同的字符串来覆盖此操作，例如空字符串 ""。

```
>>> print("foo", end="")
foo>>>
```

请注意，现在提示符立即出现在输出字符串之后。这在脚本中非常有用，因为它允许将多个语句没有任何分隔地打印出来。

练习

1. 在 print() 函数中输入多个参数，其输出结果是什么呢？比如，print("foo", "bar", "baz")？

2. 代码清单 2.6 中的 print 语句测试结果又会是什么呢？提示：可以参考 1.3 节的相关内容来进行文件的创建和运行。

代码清单 2.6　测试不打印回车行

print_test.py

```
print("foo", end="")
print("bar", end="")
print("baz")
```

2.4　长度、布尔值和控制流

len() 是 Python 中最为实用的内置函数之一，它可以返回参数的长度。len() 也可应用于字符串：

```
>>> len("hello, world!")
13
>>> len("")
0
```

许多高级语言通过 obj.length（属性）或者 obj.length()（方法）来计算长度。在 Python 之中，len（obj）扮演了这个重要的角色（2.5 节中将详述更多关于方法的内容。）

len() 函数在比较字符串时尤其有用，例如检查字符串的长度以便与特定值进行比较（需要注意，REPL 支持“向上箭头”来复现之前的命令，就像命令行终端一样）。

```
>>> len("badger") > 3
True
>>> len("badger") > 6
False
>>> len("badger") >= 6
True
>>> len("badger") < 10
True
>>> len("badger") == 6
True
```

最后一行采用了双等号比较运算符 ==，这是 Python 和许多其他语言相同的运算符。（Python 还有一个比较运算符 is，代表更强的比较，详见 3.4.2 节。）

上述比较的返回值始终为 True 或 False，称为布尔值，以数学家和逻辑学家乔治・布尔命名。

布尔值对于控制流非常有用，它允许程序根据比较的结果决定下一步操作（代码清单 2.7）。在代码清单 2.7 中，这三个点…是 Python 解释器插入的，不应该按字面复制。

代码清单 2.7　if 控制流 1

```
>>> password = "foo"
>>> if (len(password) < 6):     # 非完全Python式
...     print("Password is too short.")
...
Password is too short.
```

请注意代码清单 2.7 中，if 之后的比较条件是用括号括起来的，并且 if 语句以：结束。后者是必要的，但在 Python 中（与许多其他语言不同）括号是可选的，并且通常可以省略（代码清单 2.8）。

代码清单 2.8　if 控制流 2

```
>>> password = "foo"
>>> if len(password) < 6:      # Python式
...     print("Password is too short.")
...
Password is too short.
```

与此同时，块结构通过缩进来表示，在此情况下，在字符串“ Password is too short.”之前有四个空格（方框 2.2）。

方框 2.2　代码规范化

本书中的代码示例，包括 REPL 中的示例，旨在展示如何格式化 Python 代码以最大程度地提高代码可读性和可理解性。与其他编程语言不同，Python 要求代码的规范化，因为其块结构是通过缩进而不是花括号 {...}（如 C/C++、PHP、Perl、JavaScript 等）或特殊关键字（例如 Ruby 中的 end）来实现。

尽管确切的规范可能有所不同，但以下是良好代码规范的一般准则，内容部分参考了《PEP 8–Python 代码规范指南》。

- 缩进代码以表示块结构。如上所述，Python 要求使用缩进。从技术上讲，Python 可以使用空格或制表符进行缩进，但制表符通常被认为是不好的做法，强烈建议使用空格（通常通过模拟制表符的方式，详见 https://www.learnenough.com/text-editor-tutorial/advanced_text_editing#sec-indenting_and_dedenting）。
- 使用四个空格进行缩进。尽管在一些 Python 规范指南中，如 Google 的 Python 课程，每次缩进两个空格，但官方的 PEP 8 指南建议使用四个空格。
- 添加换行符以表示逻辑结构。我特别倾向于在一系列变量赋值之后添加额外的换行符，以便在视觉上表明设置已完成，真正的编码可以开始了。示例详见代码清单 4.12。
- 每行代码限制 79 个字符（也称为“列”），将注释行或文档字符串限制在 72 个字符以内。这些规则为 PEP 8 推荐，比其他书籍中使用的 80 个字符宽度限制更加谨慎，而 80 个字符的限制起源于早期的 80 个字符宽度终端。现在许多开发人员经常违反这一限制，认为它已过时，然而使用保守的字符限制是一种良好的编码习惯，并且在使用类似 less 的命令行程序时可节省时间（或者在有严格宽度要求的文档中使用代码，例如书籍）。超出字符限制的行意味着需要引入一个新的变量名称，将操作分解为多个步骤，以便使代码更加清晰明了。

在本书的其余部分当中，我们将会看到更多高级代码格式约定的示例。

可以使用 else 执行第二个操作，如果第一个比较结果为 False，则作为默认的操作执行（代码清单 2.9）。

代码清单 2.9 if 及 else 控制流

```
>>> password = "foobar"
>>> if len(password) < 6:
...     print("Password is too short.")
... else:
...     print("Password is long enough.")
...
Password is long enough.
```

在代码清单 2.9 中，第一行重新定义了密码 password 并分配一个新值，新密码变量的长度为 6，因此 len(password)<6 为 False。其结果为，if 语句的 if 部分（也称为 if 分支）不会被执行；相反，Python 执行了 else 分支，最终输出一个消息，表示密码已然足够长。

Python 并未采用更为常见的 else if 控制流，而是使用一个特殊的 elif 关键字，其含义是相同的，正如代码清单 2.10 所展示的那样。

代码清单 2.10 elif 控制流

```
>>> password = "goldilocks"
>>> if len(password) < 6:
...     print("Password is too short.")
... elif len(password) < 50:
...     print("Password is just right!")
... else:
...     print("Password is too long.")
...
Password is just right!
```

2.4.1 逻辑组合和反转布尔值

布尔值可以使用 and、or 和 not 运算符进行组合或取反。

当使用 and 比较两个布尔值时，只有两者都为 True 时，组合结果才为 True。例如，既想要薯条又想要烤土豆，只有当问题“你想要薯条吗?”和“你想要烤土豆吗?”的回答都为“是”(真) 时，组合结果才能为真。如果其中任何一个问题的回答为假，则组合结果也为假。由此产生的所有可能性组合统称为真值表，and 运算符真值表如代码清单 2.11 所示。

代码清单 2.11 and 运算符真值表

```
>>> True and False
False
>>> False and True
False
>>> False and False
False
>>> True and True
True
```

可以将此应用到条件语句中，如代码清单 2.12 所示。

代码清单 2.12 条件语句中的 and 操作

```
>>> x = "foo"
>>> y = ""
>>> if len(x) == 0 and len(y) == 0:
...     print("Both strings are empty!")
... else:
...     print("At least one of the strings is nonempty.")
...
At least one of the strings is nonempty.
```

在代码清单 2.12 中，len(y) 实际上是 0，但 len(x) 不是，所以组合结果为 False（与代码清单 2.11 结果相符），因此 Python 会执行 else 分支。

与 and 相反，or 在任意一比较结果为真（或两种都为真）时执行（代码清单 2.13 ）。

代码清单 2.13 or 运算符真值表

```
>>> True or False
True
>>> False or True
True
>>> True or True
True
>>> False or False
False
```

在条件语句中使用 or，如代码清单 2.14 所示。

代码清单 2.14 条件语句中的 or 操作

```
>>> if len(x) == 0 or len(y) == 0:
...     print("At least one of the strings is empty!")
... else:
...     print("Neither of the strings is empty.")
...
At least one of the strings is empty!
```

从代码清单 2.13 中可以看出，or 不是排他的，当两个语句都为真时，结果仍然为真。这与口语中的用法相反，在口语中，“我想要薯条或者烤土豆”意味着你只想要薯条或者烤土豆中的一种，而不是两者都要。

除了 and 和 or 之外，Python 还可以通过 not 运算符支持否定操作，它可以将 True 转换为 False，将 False 转换为 True（代码清单 2.15）。

代码清单 2.15 not 运算符真值表

```
>>> not True
False
>>> not False
True
```

可以在条件语句中使用 not，如代码清单 2.16 所示。需要注意，此情况下需要加上括号，否则将询问 not len（x）是否等于 0。

代码清单 2.16 条件语句中的 not 操作

```
>>> if not (len(x) == 0):     # 非Python式
...     print("x is not empty.")
... else:
...     print("x is empty.")
...
x is not empty.
```

代码清单 2.16 中的 Python 代码有效，完成了对测试条件 len(x)==0 的取反，得到结果 True：

```
>>> not (len(x) == 0)
True
```

然而，在此情况下，更常见的做法是使用 != （“不等于”），如代码清单 2.17 所示。

代码清单 2.17　使用 !=

```
>>> if len(x) != 0:            # 非完全Python式
...     print("x is not empty.")
... else:
...     print("x is empty.")
...
x is not empty
```

因为不是整个表达式的否定，所以可以像之前一样省略括号。需要注意的是，这段代码并非完全 Python 式；因为在布尔上下文中，空字符串 "" 具有特殊的值（详见 2.4.2 节）。

2.4.2 布尔上下文

并非所有布尔值都是比较的结果，在布尔上下文中，每个 Python 对象都具有 True 或 False 的值。可以使用 bool() 函数强制 Python 在布尔上下文中使用这种值。当然，无论是 True 还是 False，在布尔上下文中均等于它们自身。

```
>>> bool(True)
True
>>> bool(False)
False
```

使用 bool() 函数可以看到，在布尔上下文中，像“foo”这样的字符串运行结果是 True：

```
>>> bool("foo")
True
```

几乎所有的 Python 字符串在布尔上下文中都是 True；唯一的例外是空字符串，值为 False[㊀]。

```
>>> bool("")
False
```

在 Python 中，大多数以任何方式被视为“空”的事物都是 False。这包括数字 0：

```
>>> bool(0)
False
```

以及 None：

```
>>> bool(None)
False
```

如，空列表（第 3 章）、空元组（3.6 节）和空字典（4.4 节）也是 False。

使用 bool() 仅用于说明，在实际程序中，几乎总是依赖于像 if 或 elif 这样的关键字，

㊀ 这种结果因语言而异。例如，在 Ruby 中，空字符串是 true。

它会自动将所有对象转换为布尔等价物。例如，在布尔上下文中“”是False，可以在代码清单2.17中使用x本身来替代len(x)!=0，如代码清单2.18所示。

代码清单 2.18 在布尔上下文中使用字符串

```
>>> if x:                    # Python式
...     print("x is not empty.")
... else:
...     print("x is empty.")
...
x is not empty.
```

在代码清单2.18中，如果x是空字符串，将x转换为False，否则转换为True。

可以使用相同的属性重写代码清单2.12中的代码，如代码清单2.19所示。

代码清单 2.19 使用布尔方法

```
>>> if x or y:
...     print("At least one of the strings is nonempty.")
... else:
...     print("Both strings are empty!")
...
At least one of the strings is nonempty.
```

练习

1. 如果x是“foo”，y是""（空字符串），那么x and y的结果是什么？使用bool()在布尔上下文中验证x and y为真。

2. 使用代码清单2.20，展示如何使用星号*将字符串“a”乘以50来定义一个长度为50的字符串。再次按照代码清单2.20中的步骤对新密码进行验证，确保Python会打印出“Password is too long.”

代码清单 2.20 定义超长密码

```
>>> password = "a" * 50
>>> password
'aaaaaaaaaaaaaaaaaaaaaaaaaaaaaaaaaaaaaaaaaaaaaaaaaa'
```

2.5 方法

2.4节中展示了使用len()函数来获取字符串的长度。这与2.3节讨论的print()函数遵循相同的基本模式：在括号中输入函数的名称。

在考虑的对象中，有第二重要的函数与之相结合，即字符串对象。这种函数被称为方法。在Python（以及许多其他支持面向对象编程的语言）中，通过在对象后面加上一个点和方法的名称来表示方法。例如，Python 字符串包含一个 capitalize() 方法，实现将给定的字符串首字母大写：

```
>>> "michael".capitalize()
'Michael'
```

请注意，此处括号表示 capitalize() 是一个方法（在这种情况下，没有参数），如果省略括号，Python 将返回原始方法：

```
>>> "michael".capitalize
<built-in method capitalize of str object at 0x1014487b0>
```

这就是为什么通常在方法名中包含括号，例如 capitalize()。

一个重要的方法类别是布尔方法，它返回 True 或 False。在 Python 中，这样的方法通常使用单词"is"作为方法的第一部分来表示：

```
>>> "badger".islower()
True
>>> "BADGER".islower()
False
>>> "bAdGEr".islower()
False
```

在这里，如果字符串都是小写字母，islower() 方法将返回 True，否则返回 False。

字符串具有丰富的方法，可以返回转换后的字符串内容。如上例 capitalize() 方法。字符串还有一个 lower() 方法，它可以将字符串全部转换为小写字母：

```
>>> "HONEY BADGER".lower()
'honey badger'
```

请注意，lower() 方法返回一个新的字符串，而不会改变（或突变）原始字符串：

```
>>> animal = "HONEY BADGER"
>>> animal.lower()
'honey badger'
>>> animal
'HONEY BADGER'
```

这是一种有用的方法，例如，在电子邮件地址中使用标准化的小写字母：

```
>>> first_name = "Michael"
>>> username = first_name.lower()
>>> f"{username}@example.com"     #电子邮件地址示例
'michael@example.com'
```

Python 也支持相反的操作；在学习接下来的例子之前，试试看能否猜到将字符串转换为大写字母的方法（图 2.2[⊖]）。

```
>>> last_name.upper()
'HARTL'
```

⊖ 图片由 Pavel Kovaricek/Shutterstock 提供。

图 2.2 早期的排字工人将大写字母置于“上方”，而将小写字母置于“下方”

正如方框 1.2 中所指出的，另一个关键技能是能够使用帮助文档。特别是，Python 字符串的帮助文档中列出了许多有用的字符串方法[㊀]。图 2.3 展示了一些示例。

字符串方法

字符串实现了所有常见的序列操作，以及接下来描述的其他方法。

有两种类型的字符串格式化，一种提供灵活性和定制性（如 str.format()、格式化字符串语法和自定义字符串格式化），另一种是基于 C 语言的 printf 样式格式化，处理的类型范围较窄，使用起来稍微有些困难，但它的处理通常更快速（如打印风格字符串格式化）。

标准库中的文本处理服务部分涵盖了许多其他模块，提供各种与文本相关的实用工具（包括 re 模块中的正则表达式支持）。

str.**capitalize()**

返回字符串的副本，其中第一个字符大写，其余字符小写。

str.**casefold()**

返回字符串的副本。casefold 类似 lower，但更加彻底，它旨在消除字符串中的所有大小写区别。例如，德语小写字母 'ß' 等同于 "ss"。由于它已经是小写，lower() 对 'ß' 不会产生任何变化；而 casefold() 将其转换为 "ss"。

casefold 算法在 Unicode 标准的 3.13 节中进行了描述。

这个方法在 Python 3.3 版本中引入。

str.**center**(width[,fillchar])

返回一个居中对齐长度为 width 的字符串。使用指定的填充字符（默认为 ASCII 空格）进行填充。如果 width 小于或等于 len(s)，则返回原始字符串。

str.**count**(sub[,start[,end]])

返回 [start, end] 范围内，子字符串 sub 的非重叠次数。

参数 start 和 end 为切片索引。

图 2.3 一些 Python 字符串方法

㊀ 可以直接访问 Python 官方网站查阅文档，或通过谷歌搜索“ python string”之类的关键词查找。请注意版本号，尽管 Python 目前非常稳定，但如果发现任何差异，请确保使用与当前 Python 版本兼容的文档。

图 2.3 中的一个方法如下：

```
str.find(sub[, start[, end]])
```

返回字符串中子字符串 sub 在切片 s[start：end] 中的最低索引。参数 start 和 end 的解释与切片表示法相同。如果未找到 sub，则返回 -1。

这表示 find() 方法接收一个参数 sub，并返回子字符串开始的位置。

```
>>> "hello".find("lo")
3
>>> "hello".find("ol")
-1
```

请注意，3 对应的是第四个字母，而不是第三个字母，这是一种被称为“零偏移”或“零基索引”的约定；详见 2.6 节。

对于不存在的子字符串，返回的结果为 -1，这意味着我们可以通过与 -1 进行比较来测试字符串是否包含子字符串。

```
>>> soliloquy = "To be, or not to be, that is the question:"
>>> soliloquy.find("To be") != -1    # Not Pythonic
True
```

返回 True 值表示 soliloquy 包含子字符串 “ To be ”。但是 find() 函数的文档中也包含一个重要的注意事项。

在需要知道 sub 的位置时使用 find() 方法。要检查 sub 是否为子字符串，请使用 in 运算符：

```
>>> 'Py' in 'Python'
True
```

将此应用于字符串变量 soliloquy 会得到代码清单 2.21 中显示的结果。

代码清单 2.21　是否包含子字符串

```
>>> soliloquy = "To be, or not to be, that is the question:"  # 只是提醒下
>>> "To be" in soliloquy         # 是否包含“To be”子字符串
True
>>> "question" in soliloquy      # 是否包含“question”
True
>>> "nonexistent" in soliloquy   # 此字符串没有出现
False
>>> "TO BE" in soliloquy         # 字符串区分大小写
False
```

练习

1. 写一个 Python 代码，测试字符串 “hoNeY BaDGer” 中是否包含子字符串 “badger”，不区分大小写。

2. Python 中用于去除字符串开头和末尾空白字符的方法是 strip()。将 FILL_IN 替换为该方法，结果应如代码清单 2.22 所示。

代码清单 2.22　去除空白字符

```
>>> "   spacious   ".FILL_IN()
'spacious'
```

2.6　字符串迭代

字符串迭代每次都会遍历对象中的一个元素。迭代在计算机编程中是一个常见的主题，在本书中包含大量练习。同时，作为开发者，如何完全避免迭代也是开发能力提高的一个标志（正如第 6 章和 8.5 节中所讨论的）。

本节将学习如何逐个字符进行迭代。两个主要的前提条件为：首先，学会如何访问字符串中的特定字符；其次，学会如何创建循环。

参考常见序列操作（https://docs.python.org/3/library/stdtypes.html#common-sequence-operations）来了解如何访问特定的字符串字符。该文档指出，对于序列（包括字符串），s[i]（使用方括号）表示序列 s 的“第 i 个元素，起始索引为 0”。（列出的主要序列有列表和元组，在第 3 章中进行了介绍，还有即将讨论的范围对象。）将这种方括号表示法应用于 2.5 节中的 soliloquy 字符串，可以看到它是如何工作的，如代码清单 2.23 所示。

代码清单 2.23　了解 str[index]

```
>>> soliloquy   #仅仅提醒什么是字符串
'To be, or not to be, that is the question:'
>>> soliloquy[0]
'T'
>>> soliloquy[1]
'o'
>>> soliloquy[2]
' '
```

在代码清单 2.23 中，Python 支持使用方括号来访问字符串中的元素，例如 [0] 返回第一个字符，[1] 返回第二个字符，依此类推。（3.1 节将进一步讨论这种编号约定，称为“零偏移”或“零基索引”。）每个数字 0、1、2 等都被称为索引。

如下是第一个循环示例。将使用一个 for 循环定义一个索引值 i，并对长度为 5 的 range() 范围内的每个值进行操作（代码清单 2.24）。

代码清单 2.24　一个简单的 for 循环

```
>>> for i in range(5):
...     print(i)
...
```

```
0
1
2
3
4
```

此处使用了 range（5）函数，它创建了一个包含 0 ～ 4 范围内数字的对象。

代码清单 2.24 是 Python 经典的“ for 循环”版本，它在各种编程语言中非常常见，包括 C、C++、JavaScript、Perl 和 PHP。然而，与这些语言明确地通过递增计数器变量来定义范围不同的是，Python 则通过特殊的 range 数据类型直接定义了一系列值。

代码清单 2.24 比在 *Learn Enough JavaScript to be Dangerous* 一书中看到的“经典”for 循环（代码清单 2.25）更加优雅，但它仍然不是很好的 Python 代码。

代码清单 2.25　JavaScript 一个经典的 for 循环

```
> for (i = 0; i < 5; i++) {
  console.log(i);
}
0
1
2
3
4
```

作为一种语言和一个社区，Python 特别注重避免使用普通 for 循环。正如计算机科学家 Mike Vanier 曾在给 Paul Graham 的邮件中说：

“经过一段时间，这种烦琐的重复会消磨人的意志；如果每次在 C 语言中写下 for(i=0; i<N; i++) 就获得一角钱，我早就成了百万富翁了。”

为了避免被消磨殆尽，接下来介绍如何使用 for 循环直接遍历元素。还将介绍 Python 如何通过函数式编程完全避免使用循环（第 6 章和 8.5 节）。

现在，在代码清单 2.24 的基础上，继续遍历 soliloquy 第一行的所有字符。唯一需要的新事物是循环停止的索引。在代码清单 2.24 中，硬编码了上限值为（5），如果需要的话，此处代码可以明确循环的上限值。然而，soliloquy 变量太长了，手动计算字符数有点麻烦，所以使用 Python 的 len() 方法（见 2.4 节）。

```
>>> len(soliloquy)
42
```

上面异常幸运的结果暗示着编写如下代码：

```
for i in range(42):
    print(soliloquy[i])
```

上面这段代码有效，它与代码清单 2.24 完美相似，但它也引出一个问题：为什么要在循环中硬编码长度，而不直接在循环中使用 len() 方法呢？

答案是不应该这样编码。改进后的 for 循环如代码清单 2.26 所示。

代码清单 2.26　结合 range()、len() 及 for 循环

```
>>> for i in range(len(soliloquy)):     # 非Python式
...     print(soliloquy[i])
...
T
o

b
e
.
.
.
t
i
o
n
:
```

尽管代码清单 2.26 正常工作，但它并非是 Python 式。相反，最 Python 式的迭代字符串字符的方法是直接使用 for 循环，默认情况下，for 应用于字符串时会逐个比较每个字符，如代码清单 2.27 所示。

代码清单 2.27　字符串的 for 循环

```
>>> for c in soliloquy:     # Python式
...     print(c)
...
T
o

b
e
.
.
.
t
i
o
n
:
```

正如之前提到的，通常存在循环的替代方法，但学习 for 循环仍然是一个很好的起点。正如第 8 章中所述，一种强大的技术是先为需要的功能编写测试代码，然后以任何方式使其通过测试，最后以更优雅的方法重构代码。此过程的第二步（称为测试驱动开发，或 TDD）通常涉及编写不太美观但易于理解的代码，而不起眼的 for 循环在这方面表现出色。

练习

1. 写一个 for 循环，按逆序打印 soliloquy 字符串。提示：字符串函数 reversed() 的作用是什么？

2. 在代码清单 2.27 中，单纯的 for 循环缺点是无法访问索引值本身。可以采用代码清单 2.28 中的方法解决这个问题，但 Python 式的方法是使用 enumerate() 函数同时获取索引和元素。请确认当前环境可以使用 enumerate() 函数并获得代码清单 2.29 中所示的结果。

代码清单 2.28　使用索引访问字符串

```
>>> for i in range(len(soliloquy)):     # 非Python式
...     print(f"Character {i+1} is '{soliloquy[i]}'")
...
Character 1 is 'T'
Character 2 is 'o'
Character 3 is ' '
Character 4 is 'b'
Character 5 is 'e'
Character 6 is ','
Character 7 is ' '
.
.
.
```

代码清单 2.29　使用索引迭代字符串

```
>>> for i, c in enumerate(soliloquy):     # Python式
...     print(f"Character {i+1} is '{c}'")
...
Character 1 is 'T'
Character 2 is 'o'
Character 3 is ' '
Character 4 is 'b'
Character 5 is 'e'
Character 6 is ','
Character 7 is ' '
.
.
.
```

第 3 章 Chapter 3

列　表

在第 2 章中，我们了解到字符串是具有特定顺序的字符序列。在本章，我们将深入学习列表数据类型。对于 Python 而言，列表是一种可以按照特定顺序存储任意元素的 Python 容器。Python 列表与其他语言（如 JavaScript 和 Ruby）中的数组数据类型类似，因此熟悉其他语言的程序员也能够很快学会 Python 列表的使用。（尽管 Python 中存在内置数组类型，然而在本书中，“数组”始终指的是由 NumPy 库所定义的 ndarray 数据类型，具体内容将于 11.2 节中进行阐述。）

在本章中，我们将从 split() 方法（3.1 节）连接字符串和列表开始学习，接着学习其他各种列表方法与技巧。在 3.6 节，读者还将快速了解到两种紧密相关的数据类型：Python 元组和集合。

3.1　分割

借助 split() 方法，我们能够将字符串转换为列表：

```
$ source venv/bin/activate
(venv) $ python3
>>> "ant bat cat".split(" ")      # 将一个字符串分割为一个三元素列表
['ant', 'bat', 'cat']
```

上述 split() 运行结果将返回一个由原始字符串中空格进行分隔的字符串列表。

以空格进行分割是最为常见的操作之一，也可以通过任何其他字符作为分割符对字符串进行分割（代码清单 3.1）。

代码清单 3.1 用任意字符作为分割符进行分割

```
>>> "ant,bat,cat".split(",")
['ant', 'bat', 'cat']
>>> "ant, bat, cat".split(", ")
['ant', 'bat', 'cat']
>>> "antheybatheycat".split("hey")
['ant', 'bat', 'cat']
```

许多语言支持上述字符串分割。需要注意的是，split() 分割通常会生成空字符串，而部分其他语言（如 Ruby）则会自动将空格去除。可以使用 splitlines() 方法来规避在常规情形下以换行符进行分割时产生额外字符串的情况（代码清单 3.2）。

代码清单 3.2 以换行符分割，对比 split() 与 splitlines() 方法

```
>>> s = "This is a line.\nAnd this is another line.\n"
>>> s.split("\n")
['This is a line.', 'And this is another line.', '']
>>> s.splitlines()
['This is a line.', 'And this is another line.']
```

许多语言允许以空格作为分割符，将字符串拆分成其组成字符，但 Python split() 方法不支持此操作：

```
>>> "badger".split("")
"badger".split("")
Traceback (most recent call last):
  File "<stdin>", line 1, in <module>
ValueError: empty separator
```

在 Python 中，将字符串分割为字符的最好方法是使用列表 list()：

```
>>> list("badger")
['b', 'a', 'd', 'g', 'e', 'r']
```

在 Python 中，遍历字符串中的字符是自然而然的，因此很少明确需要上述操作；相反，我们通常会使用迭代来实现，相关内容会在 5.3 节中进行介绍。

split() 最常见的用法是不带参数，此操作默认以空白字符（如空格、制表符或换行符）作为分割符进行拆分：

```
>>> "ant bat cat".split()
['ant', 'bat', 'cat']
>>> "ant     bat\t\tcat\n    duck".split()
['ant', 'bat', 'cat', 'duck']
```

在 4.3 节讨论正则表达式时，将对此做更详细的探讨。

练习

1. 将字符串“A man, a plan, a canal, Panama”按逗号 - 进行分割，将结果赋给 a，结果

列表有多少个元素？

2. 有没有方法实现原地反转 a？（可查阅谷歌）

3.2 列表访问

前面通过 split() 方法实现了字符串与列表的连接，它们之间还有第二个紧密连接，即通过 list() 方法将一个变量赋给一个由字符组成的列表：

```
>>> a = list("badger")
['b', 'a', 'd', 'g', 'e', 'r']
```

遵循传统，这里仍将变量称为 a。可以用 2.6 节中介绍的方括号表示法来访问 a 的特定元素，如代码清单 3.3 所示。

代码清单 3.3 使用方括号表示法访问列表元素

```
>>> a[0]
'b'
>>> a[1]
'a'
>>> a[2]
'd'
```

从代码清单 3.3 中可以看到，与字符串一样，列表是零偏移的，即“第一个”元素的索引为 0，第二个元素的索引为 1，依此类推。事实上，通常将零偏移列表的初始元素称为“零元素”，以提醒索引从 0 开始。在使用多种语言时，这种约定可能令人困惑（有些语言从 1 开始对列表进行索引），就像 xkcd 漫画“Donald Knuth”所示[⊖]。

到目前为止，只介绍了字符列表的操作。Python 列表可以包含各种类型的元素，如代码清单 3.4 所示。

代码清单 3.4 创建包含多种类型元素的列表

```
>>> soliloquy = "To be, or not to be, that is the question:"
>>> a = ["badger", 42, "To be" in soliloquy]
>>> a
['badger', 42, True]
>>> a[2]
True
>>> a[3]
Traceback (most recent call last):
  File "<stdin>", line 1, in <module>
IndexError: list index out of range
```

⊖ 这部特殊的 xkcd 漫画名字取自著名计算机科学家 Donald Knuth，他是《计算机程序设计艺术》的作者，也是 TEX 排版系统的创建者，该系统用于编写各种技术文档，包括本书。

访问包含混合类型的列表元素时，方括号表示法可以正常工作。如果尝试访问超出定义范围的列表索引，程序会报告 IndexError 错误，例如：尝试访问一个超出范围之外的元素。

Python 方括号表示法的另一个方便功能是负索引，即支持从后向前开始计数：

```
>>> a[-2]
42
```

Python 还提供了一种简洁的方式来访问列表的最后一个元素。len() 方法（详见 2.4 节）适用于列表和字符串，也可以直接通过长度减 1 来完成此操作（因为列表是零偏移的）：

```
>>> a[len(a) - 1]
True
```

但负索引更加简单，访问倒数第 1 个元素的示例如下：

```
>>> a[-1]
True
```

最后一个常见操作是访问列表中最后一个元素并将其移除，此操作将在 3.4.3 节中介绍。

从代码清单 3.4 开始，通过使用元素方括号表示来实现手动定义列表。这种表示法非常自然，事实上，它与 REPL 在打印列表时使用的格式相同。

可以使用相同的表示法定义空列表 []，输出即为其本身：

```
>>> []
[]
```

2.4.2 节中提到：空或不存在的内容，例如“”和 0、None 在布尔上下文中的值是 False。此模式同样适用于空列表：

```
>>> bool([])
False
```

练习

1. 使用 list（str）返回字符串中字符的列表。创建一个由范围 0 ～ 4 内的数字组成的列表。提示：回顾在代码清单 2.24 中首次遇到的 range() 函数。

2. 使用 list() 和 range（17, 42）创建一个包含 17 ～ 42 之间数字的列表。

3.3 列表切片

除了支持 3.2 节中的方括号表示法外，Python 的列表切片技术也用于一次访问多个元素。为了方便我们在 3.4.2 节中学习如何排序，接下来重新定义一个只包含数字元素的列表 a。

```
>>> a = [42, 8, 17, 99]
[42, 8, 17, 99]
```

slice() 方法实现列表切片需要提供两个参数，分别指明切片开始和结束的索引位置。例如，slice(2, 4) 表示提取索引为 2 和 3 的元素，到索引 4 结束。

```
>>> a[slice(2, 4)]      # 非Python式
[17, 99]
```

这可能有些难以理解，由于列表是零偏移的，不存在索引为 4 的元素 a[4]。想象一个指针，每向右移动一个元素就创建一个切片。从 2 开始访问元素 a[2]，此时指针移动到第 3 个元素位置；然后访问元素 a[3]，指针移动到第 4 个元素位置。

Python 代码中，slice() 表示法很少显式使用，通常采用冒号表达等效的语法，示例如下：

```
>>> a[2:4]      # Python式
[17, 99]
```

请注意，索引的惯例是相同的：为了选择索引为 2 和 3 的元素，需在切片中指定一个最终范围，该范围为切片最后一个元素的索引值加 1（在本例中为 3+1=4）。

当前列表长度为 4，因此从索引为 2 的元素切片到末尾。Python 为此常见操作提供了一种特殊表示法——省略第二个索引：

```
>>> a[2:]      # Python式
[17, 99]
```

正如你可能猜测的，此基本表示法也适用于从列表的开头切片：

```
>>> a[:2]      # Python式
[42, 8]
```

切片的一般模式是 a[start:end]，位置从起始索引 start 到结束索引 end-1，其中任意一个参数省略则从头开始或切到末尾。Python 还支持此形式的语法扩展 a[start:end:step]，step 为切片步长，是可选参数，默认为 1。如下示例表示每 3 个元素取一个：

```
>>> numbers = list(range(20))
>>> numbers
[0, 1, 2, 3, 4, 5, 6, 7, 8, 9, 10, 11, 12, 13, 14, 15, 16, 17, 18, 19]
>>> numbers[0:20:3]      # 非Python式
[0, 3, 6, 9, 12, 15, 18]
```

若从索引 5 开始，每 3 个元素取一个，到指定结束索引 17 的前一个元素停止：

```
>>> numbers[5:17:3]
[5, 8, 11, 14]
```

与常规切片一样，如果选择从头开始或切至末尾，可以省略表示：

```
>>> numbers[:10:3]      # 从头开始直到10-1
[0, 3, 6, 9]
>>> numbers[5::3]       # 从5开始到结尾
[5, 8, 11, 14, 17]
```

更符合 Python 式的，可省略 0 和 20 来复制 numbers[0:20:3] 的结果：

```
>>> numbers[::3]        # Python式
[0, 3, 6, 9, 12, 15, 18]
```

甚至可以使用负步长向后选择：

```
>>> numbers[::-3]
[19, 16, 13, 10, 7, 4, 1]
```

这也表明了一个（也许过于聪明）反转列表的方法，就是使用步长 -1。将此方法应用到原始列表 a，示例如下：

```
>>> a[::-1]
[99, 17, 8, 42]
```

在实际的 Python 代码中，可能会遇到 [::-1] 的表示方式，因此了解其作用非常重要，但是有更方便和可读的方法实现列表的反转，具体将在 3.4.2 节讨论。

练习

1. 定义一个包含数字 0 到 9 的列表，使用切片和 len() 函数来选择从第三个元素到倒数第三个元素。使用负索引完成相同的任务。

2. 实现字符串的切片操作，从字符串 “ant bat cat” 中选取元素 “bat”。（初学者可能需要实践才能将索引位置调整得当。）

3.4 更多列表操作方法

除了访问和选择操作，还有很多其他列表操作方法。在本节中，我们将讨论元素包含、排序和反转、添加和移除，以及分割操作。

3.4.1 元素包含

与字符串（2.5 节）类似，列表支持使用 in 关键字进行元素包含测试：

```
>>> a = [42, 8, 17, 99]
[42, 8, 17, 99]
>>> 42 in a
True
>>> "foo" in a
False
```

3.4.2 sort() 和 reverse()

Python 为列表的排序和反转提供了强大的功能支持。一般可分为两种类型：原地排序和生成器。接下来将通过一些实例来详细阐述。

本节从列表的排序开始——在 C 语言中，需要自定义排序算法实现。在 Python 中，只需调用方法 sort()：

```
>>> a = [42, 8, 17, 99]
>>> a.sort()
>>> a                       # 变化列表
[8, 17, 42, 99]
```

对于整数列表，a.sort() 会按数字顺序对列表元素进行排序（不像 JavaScript 按字母顺序给数字排序，导致 17 排在 8 前面）。此外（与 Ruby 不同，但与 JavaScript 相同），对列表进行排序会改变列表本身。

可使用 reverse() 方法反转列表中的元素：

```
>>> a.reverse()
>>> a
[99, 42, 17, 8]
```

请注意，与 sort() 方法类似，reverse() 方法会改变列表本身。

此改变列表的方法有助于展示 Python 列表赋值时的一个常见陷阱。假设列表 a1，想获得名为 a2 的副本，危险的赋值操作见代码清单 3.5。

代码清单 3.5 危险的赋值操作

```
>>> a1 = [42, 8, 17, 99]
>>> a2 = a1     # 危险!
```

第二行的赋值是危险的，a2 所指向的位置在计算机内存中与 a1 完全相同，这意味着，即使没有直接对 a2 进行任何操作，当修改 a1 的值时，a2 的值也会随之自动改变：

```
>>> a1.sort()
>>> a1
[8, 17, 42, 99]
>>> a2
[8, 17, 42, 99]
```

此时可使用 list() 或者 copy() 方法来避免上述情况，例如 a2=list(a1) 或者 a2=a1.copy()。

Python 的 in-place 方法执行效率非常高，然而 sorted() 和 reversed() 函数用起来更为便捷。例如，可按照以下方式获取排序后的列表：

```
>>> a = [42, 8, 17, 99]
>>> sorted(a)      # Python式
[8, 17, 42, 99]
>>> a
[42, 8, 17, 99]
```

与 sort() 方法不同的是，原始列表的内容没有发生改变。

类似地，可通过运用 reversed() 获得一个反转的列表：

```
>>> a
[42, 8, 17, 99]
>>> reversed(a)
<list_reverseiterator object at 0x109561910>
```

很不幸，上述代码报告反向迭代器相关错误。与 sorted() 方法的返回列表不同，reversed() 返回一个迭代器，它是 Python 专门设计用于迭代的一种特殊类型对象。通常在连接或循环遍历倒序后的列表元素时，使用迭代器非常有效（见 5.3 节）。当需要列表时，可以直接调用 list() 函数获取（见 3.1 节）：

```
>>> list(reversed(a))
[99, 42, 17, 8]
```

比较

列表支持与字符串（第 2 章）相同的基本操作：相等和不等比较。

```
>>> a = [1, 2, 3]
>>> b = [1, 2, 3]
>>> a == b
True
>>> a != b
False
```

Python 还支持 is，它用于测试两个变量是否表示相同的对象。因为在 Python 的内存系统中，a 和 b 虽然包含相同的元素，但它们是不同的对象，所以在此情况下，== 和 is 返回不同的结果：

```
>>> a == b
True
>>> a is b
False
```

相比之下，代码清单 3.5 中，a1 和 a2 指向同一列表，两种比较的结果都是 True。

```
>>> a1 == a2
True
>>> a1 is a2
True
```

第二个 True 值之所以出现是因为 a1 和 a2 确实是完全相同的对象。这与许多其他语言（如 Ruby 和 JavaScript）支持的 === 语法相同。

根据 PEP 8 风格指南，在与 None 进行比较时应始终使用 is。例如，使用 is 来确认列表的反转和排序方法是否返回 None：

```
>>> a.reverse() == None     # 非Python式
True
>>> a.sort() == None        # 非Python式
True
>>> a.reverse() is None     # Python式
True
>>> a.sort() is None        # Python式
True
```

3.4.3 append() 和 pop()

append() 和 pop() 是一对有用的列表方法。append() 将一个元素添加到列表末尾，而 pop() 则移除一个元素并返回该元素值：

```
>>> a = sorted([42, 8, 17, 99])
>>> a
[8, 17, 42, 99]
>>> a.append(6)                          # 添加到列表
>>> a
[8, 17, 42, 99, 6]
>>> a.append("foo")
>>> a
[8, 17, 42, 99, 6, 'foo']
>>> a.pop()                              # 移除一个元素
'foo'
>>> a
[8, 17, 42, 99, 6]
>>> a.pop()
6
>>> a.pop()
99
>>> a
[8, 17, 42]
```

请注意，pop() 返回最后一个元素的值（并将其从列表中移除），而 append() 返回 None（在添加后不打印任何内容）。

现在实现 3.2 节中提到的访问列表中最后一个元素并将其移除：

```
>>> the_answer_to_life_the_universe_and_everything = a.pop()
>>> the_answer_to_life_the_universe_and_everything
42
```

3.4.4 join()

最后一个列表方法是 join()。就像 split() 将字符串分割成列表元素一样，join() 以指定字符串作为分隔符，将列表元素连接成一个字符串。

请注意，如代码清单 3.6 所示，待连接的列表完全由字符串组成。

代码清单 3.6 join() 的使用方法

```
>>> a = ["ant", "bat", "cat", "42"]
['ant', 'bat', 'cat', '42']
>>> "".join(a)                               # 空格连接
'antbatcat42'
>>> ", ".join(a)                             # 逗号-空格连接
'ant, bat, cat, 42'
>>> " -- ".join(a)                           # 双短线连接
'ant -- bat -- cat -- 42'
```

如果想要连接一个包含数字 42 而不是字符串“42”的列表呢？默认情况下是不支持的：

```
>>> a = ["ant", "bat", "cat", 42]
>>> ", ".join(a)
Traceback (most recent call last):
  File "<stdin>", line 1, in <module>
TypeError: sequence item 3: expected str instance, int found
```

包括 JavaScript 和 Ruby 在内的许多语言，在连接操作时会自动将对象转换为字符串。因此对于熟悉这些语言的程序员来说，需要留意 Python 中 join() 方法的功能差异。

Python 的一个解决方法是使用 str() 函数，相关内容将在 4.1.2 节详细介绍：

```
>>> str(42)
'42'
```

为了完成 join() 操作，可以使用一个生成器表达式，该表达式对列表中的每个元素返回 str(e)：

```
>>> ", ".join(str(e) for e in a)
'ant, bat, cat, 42'
```

这种稍微复杂的结构与推导式有关，具体内容将在第 6 章详细介绍。

练习

1. 对列表按照逆序进行排序。可以先排序再反转，这种组合操作非常有用，sort() 和 sorted() 都支持一个关键字参数（5.1.2 节），可以自动实现此操作。确认 a.sort(reverse=True) 和 sorted(a, reverse=True) 都具有同时排序和反转的功能。

2. 参阅列表帮助文档（https://docs.python.org/3/tutorial/datastructures.html），找出如何在列表开头插入一个元素的方法。

3. 使用 extend() 方法将代码清单 3.7 中的两个列表合并为一个单独的列表。extend() 会改变 a1 吗？会改变 a2 吗？

代码清单 3.7　扩展列表

```
>>> a1 = ["a", "b", "c"]
>>> a2 = [1, 2, 3]
>>> FILL_IN
>>> a1
['a', 'b', 'c', 1, 2, 3]
```

3.5 列表迭代

遍历列表并对每个元素进行访问是列表中最常见的操作之一。在 2.6 节中使用字符串解决了此类问题，这里解决方法几乎相同。只需要将代码清单 2.27 中的 for 循环组合操作应用于列表，即用 a 替换 soliloquy，如代码清单 3.8 所示。

代码清单 3.8　列表访问和 for 循环组合操作

```
>>> a = ["ant", "bat", "cat", 42]
>>> for i in range(len(a)):     # 非Python式
...     print(a[i])
...
ant
bat
cat
42
```

上述方法虽然方便，但并不是遍历列表的最佳方法。幸运的是，Python 中的循环操作比大多数其他语言更容易实现，因此可以在本节介绍它（不像 *Learn Enough JavaScript to be Dangerous* 一书中那样，必须等到第 5 章再介绍。与字符串一样，for...in 的默认操作是按顺序返回每个元素，如代码清单 3.9 所示。

代码清单 3.9　使用正确的方式对列表进行迭代

```
>>> for e in a:     # Python式
...     print(e)
...
ant
bat
cat
42
```

使用 for 循环可以直接遍历列表中的元素，从而避免不得不键入 Mike Vanier 的心头大患 “for (i=0; i<N; i++)”。这样的代码实现更清晰，程序员也更喜欢。

顺便说一下，如果需要索引本身，可以使用 enumerate( )，如代码清单 3.10 所示。（完成与代码清单 2.29 对应的练习后，会非常熟悉代码清单 3.10 中的操作。）

代码清单 3.10　打印带有索引的列表元素

```
>>> for i, e in enumerate(a):     # Python式
...     print(f"a[{i}] = {e}")
...
a[0] = ant
a[1] = bat
a[2] = cat
a[3] = 42
```

请注意，代码清单 3.10 中的最终结果并不完全正确，第一个元素应该显示为 “ant”，而不是直接显示为 ant。修复这个小瑕疵将留作练习。

最后，可以使用 break 关键字提前跳出循环，如代码清单 3.11 所示。

代码清单 3.11　使用 break 中断 for 循环

```
>>> for i, e in enumerate(a):
...     if e == "cat":
...         print(f"Found the cat at index {i}!")
...         break
...     else:
...         print(f"a[{i}] = {e}")
...
a[0] = ant
a[1] = bat
Found the cat at index 2!
>>>
```

上述循环的执行将在索引 2 处停止，不会执行任何后续的索引。在 5.1 节将介绍 return 关键字的使用，结构类似。

练习

1. 使用 reversed() 按逆序打印列表的元素。

2. 由代码清单 3.10 可见，将列表的值插入字符串会导致打印出 ant 而不是“ ant”。可以手动添加引号，但那样会导致将 42 打印为“42”的错误。使用 2.3 节介绍的 repr() 函数解决这个问题，参考代码清单 3.12 所示。

代码清单 3.12　对代码清单 3.10 的改进

```
>>> for i, e in enumerate(a):
...     print(f"a[{i}] = {repr(e)}")
...
???
```

3.6　元组和集合

除了列表，Python 还支持元组类型，基本上元组是不可变元素的列表（即，元组是不可变的）。

可以像创建文字列表一样创建文字元组，唯一的区别是元组使用圆括号而不是方括号：

```
>>> t = ("fox", "dog", "eel")
>>> t
('fox', 'dog', 'eel')
>>> for e in t:
...     print(e)
...
fox
dog
eel
```

上述示例对元组进行迭代，使用了与列表相同的 for...in 语法（代码清单 3.9）。

由于元组的元素是不可变的，尝试更改操作会引发错误：

```
>>> t.append("goat")
Traceback (most recent call last):
  File "<stdin>", line 1, in <module>
AttributeError: 'tuple' object has no attribute 'append'
>>> t.sort()
Traceback (most recent call last):
  File "<stdin>", line 1, in <module>
AttributeError: 'tuple' object has no attribute 'sort'
```

此外，元组支持许多与列表相同的操作，如切片或非变化排序：

```
>>> t[1:]
('dog', 'eel')
>>> sorted(t)
['dog', 'eel', 'fox']
```

请注意，sorted() 方法可以接收一个元组作为参数，返回一个排序后的列表。在定义元组时也可以省略括号：

```
>>> u = "fox", "dog", "eel"
>>> u
('fox', 'dog', 'eel')
>>> t == u
True
```

省略括号的表示法可能会引起混淆，不建议使用，读者了解此用法即可。在定义元组时通常使用括号，但也有例外。最常见的是当在 REPL 中简单显示多个变量或通过元组拆包一次进行多个赋值时：

```
>>> a, b, c = t     # 非常Python式；也适用于列表
>>> a
'fox'
>>> a, b, c         # 显示变量值的元组
```

最后，值得注意的是，当元组中只包含一个元素时，需要在元素后面添加逗号，因为单独放在括号中的对象被视为对象本身：

```
>>> ("foo")
'foo'
>>> ("foo",)
('foo',)
```

Python 还原生支持集合，这与数学定义密切对应。集合可以被视为元素的列表，其中重复的值被忽略，元素顺序无关紧要。集合可以使用花括号初始化，或通过将列表、元组（或任何可迭代对象）传递给 set() 函数来初始化：

```
>>> s1 = {1, 2, 3, 4}
>>> s2 = {3, 1, 4, 2}
```

```
>>> s3 = set([1, 2, 2, 3, 4, 4])
>>> s1, s2, s3
({1, 2, 3, 4}, {1, 2, 3, 4}, {1, 2, 3, 4})
```

集合的相等比较可以用 == 来测试：

```
>>> s1 == s2
True
>>> s2 == s3
True
>>> s1 == s3
True
>>> {1, 2, 3} == {3, 1, 2}
True
```

集合元素也可以是混合类型（并且可以用元组而不是列表来初始化集合）：

```
>>> set(("ant", "bat", "cat", 1, 1, "cat"))
{'bat', 'ant', 'cat'}
```

请注意，在所有情况下，重复值将被忽略。

Python 集合支持许多常见的集合操作，如并集和交集。

```
>>> s1 = {1, 2, "ant", "bat"}
>>> s2 = {2, 3, "bat", "cat"}
>>> s1 | s2     # 集合并
{'bat', 1, 2, 'ant', 3, 'cat'}
>>> s1 & s2     # 集合交
{'bat', 2}
```

请访问“Python 中的集合”(https://realpython.com/python-sets/) 获取更多信息。

由于集合元素是无序的，因此不能直接选择（Python 如何知道要选择哪个集合元素？），但可以测试是否包含或进行迭代操作。

```
>>> s = {1, 2, 3, 4}
>>> s[0]
Traceback (most recent call last):
  File "<stdin>", line 1, in <module>
TypeError: 'set' object is not subscriptable
>>> 3 in s
True
>>> for e in s:
...     print(f"{e} is an element of the set")
...
1 is an element of the set
2 is an element of the set
3 is an element of the set
4 is an element of the set
```

值得一提的是，与空列表一样，空元组和空集合在布尔上下文中均为 False：

```
>>> bool(())
False
```

```
>>> bool(set())
False
```

请注意，不能使用 {} 表示空集合，因为此表示法被保留用于空字典，具体内容将在 4.4 节中讨论。也不必在 () 中包含尾随逗号，这是空元组的要求。可使用 type() 函数验证类型：

```
>>> type(())
<class 'tuple'>
>>> type({})
<class 'dict'>
>>> type(set())
<class 'set'>
```

由上例可见，()、{} 和 set() 分别属于元组类、字典类和集合类（相关知识将在第 7 章更详细地讨论）。

练习

1. 将 sorted（t）从列表转换为元组，以确认 tuple() 函数的存在。

2. 将 set() 与 range() 组合，创建一个包含 0 ～ 4 范围内数字的集合（回顾代码清单 2.24 中 range() 的使用）。验证 3.4.3 节介绍的 pop() 方法，允许一次移除一个元素。

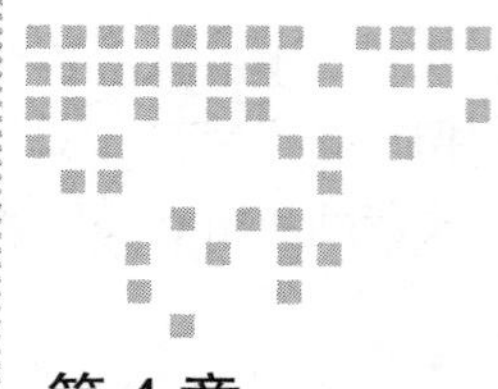

Chapter 4 第4章

其他原生对象

现在读者已经了解了字符串和列表（以及元组和集合），那么接下来将继续阐述 Python 其他至关重要的特性和对象：数学运算、日期、正则表达式以及字典。

4.1 数学运算

同多数编程语言一样，Python 支持多种数学运算：

```
$ source venv/bin/activate
(venv) $ python3
>>> 1 + 1
2
>>> 2 - 3
-1
>>> 2 * 3
6
>>> 10/5
2.0
```

请注意，如下为 Python 除法运算的结果。

```
>>> 10/4
2.5
>>> 2/3
0.6666666666666666
```

Python 默认使用浮点数除法，这与其他一些语言形成对比，例如在 C 和 Ruby 语言中，/ 是整数除法运算符，返回的是分母被分子整除后的商。换句话说，在 C 语言中，10/4 的结果是 2 而不是 2.5；在 Python 中执行整数除法，可以使用两个斜杠，示例如下：

```
>>> 10//4     # 整数除法
2
>>> 2//3
0
```

因 Python 出色的数值计算能力，包括我在内的许多程序员发现需要时直接在 Python 解释器中进行简单的计算非常方便。它速度快、功能强大，并且变量可灵活定义也很实用。

4.1.1　更高级的操作

Python 通过 math 可以支持更高级的数学运算（从技术上说，math 模块属于一种特殊类型的对象，在第 7 章中将对此有更多的介绍）。math 模块提供了实用工具，如数学常量、根号以及三角函数：

```
>>> import math
>>> math.pi
3.141592653589793
>>> math.sqrt(2)
1.4142135623730951
>>> math.cos(0)
1.0
>>> math.cos(2*math.pi)
1.0
```

使用 math 模块的方式是先通过 import math 语句导入，然后再来访问模块内容（模块名后跟一个点）。这是 Python 模块使用的通用模式，在这里前缀 math. 被称为命名空间。

如果习惯于使用 ln x 表示自然对数（以 e 为底），需要注意：与大多数其他编程语言一样，Python 使用 log x 表示[⊖]：

```
>>> math.log(math.e)
1
>>> math.log(10)
2.302585092994046
```

数学家通常用 log10 表示以 10 为底的对数，Python 也遵循此惯例，使用 log10：

```
>>> math.log10(10)
1.0
>>> math.log10(1000000)
6.0
>>> math.log10(1_000_000)
6.0
>>> math.log10(math.e)
0.4342944819032518
```

⊖ 对于为什么初等数学教科书在使用自然对数时选择了 ln x 而不是数学家通常采用的 log x 方式，以及即使被写作 ln x，仍发音为“log x”，这一点并不清楚。

请注意，在数字中可以使用下划线作为分隔符，以方便阅读——因此，1000000 和 1_000_000 都代表数字一百万。

最后，Python 也支持使用 ** 运算符进行指数运算：

```
>>> 2**3
8
>>> math.e**100
2.6881171418161212e+43
```

上例最终结果是一个数字和 e+43，它是 Python 科学计数法的表达方式 $e^{100} \approx 2.6881171418161212 \times 10^{43}$。更全面的 math 操作列表，访问在线文档 https://docs.python.org/3/library/math.html。

4.1.2 数字转字符串

在第 3 章讨论了如何使用 split() 和 join() 方法在字符串和数组之间相互转换。类似地，Python 也允许在数字和字符串之间进行转换。从数字转换为字符串最常见的方法是使用 str() 函数，在 3.4.4 节中简要介绍过。代码清单 4.1 展示了如何使用 str() 将圆周率常数 tau（图 4.1 和方框 4.1）转换为字符串。

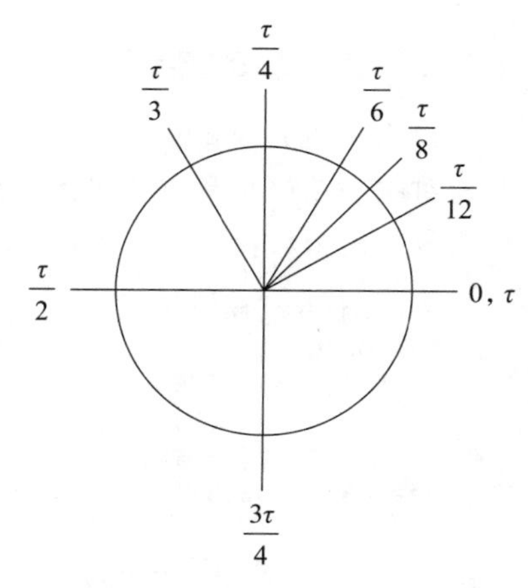

图 4.1　τ=C/r 的一些特殊角度

代码清单 4.1　使用 str() 表示圆周率常数 tau

```
>>> math.tau
6.283185307179586
>>> str(math.tau)
'6.283185307179586'
```

方框 4.1　圆周率常数 tau 的崛起

在 *Learn Enough JavaScript to be Dangerous* 和 *Learn Enough Ruby to be Dangerous* 的相应数学部分中，需要手动添加 tau 的定义，请注意在代码清单 4.1 中，math.tau 是 Python 官方 math 库的一部分。

这是特别令人满意的一点，因为作者在 2010 年发表的数学论文《Tau 宣言》中提议使用 tau(τ) 代表圆周率 C/r=6.283185... 在此之前，常数 C/r 没有通用的名称（除了“2π”），近些年来 τ 已被广泛使用，包括支持 Google 在线计算器、Khan Academy 和像 Microsoft .NET、Julia、Rust（当然还有 Python）等计算机语言。

虽然 Python 新增支持 tau 也存在争议，但最终还是包含在 Python 3.6 版本（及更新版本）中，以作为数学、科学和计算机狂热爱好者的彩蛋。希望读者也是其中之一。

str() 函数也适用于纯数字：

```
>>> str(6.283185307179586)
'6.283185307179586'
```

反向操作可使用 int()（“整数”）和 float() 函数

```
>>> int("6")
6
>>> float("6.283185307179586")
6.283185307179586
```

在处理类似浮点数（float）的字符串时，要避免使用 int() 函数；在许多语言中，结果将返回字符串的整数部分（因此“6.28”和“6.98”都会得到 6），但在 Python 中会引发错误：

```
>>> int("6.28")
Traceback (most recent call last):
  File "<stdin>", line 1, in <module>
ValueError: invalid literal for int() with base 10: '6.28'
```

但是，在浮点数上调用 int() 函数是有效的，将返回预期的结果：

```
>>> int(6.28)
6
>>> int(6.9)
6
```

可以通过依次调用上述两个函数将一个字符串转换为整数：

```
>>> int(float("6.28"))
6
```

有一个很有用的技巧，可通过下划线 _ 在 REPL 中获取先前执行命令的结果，即先前执行命令的值：

```
>>> float("6.28")
6.28
>>> int(_)
6
```

最后，如果需要频繁使用常量或函数进行大量计算，可使用 from <module> import <things> 语法（代码清单 4.2），以便省略模块名称。

代码清单 4.2　从模块中导入特定运算工具

```
>>> from math import sin, cos, tau     # Python式
```

这样，在使用 sin()、cos() 和 tau 时，无须再使用 math. 命名空间前缀。

```
>>> cos(tau)
1.0
>>> sin(tau/3)
0.8660254037844387
```

```
>>> cos(tau/3)
-0.49999999999999983
>>> sin(tau/3)**2 + cos(tau/3)**2
1.0
```

请注意，cos(τ/3)，其确切结果等于 −1/2，可以表示为：

```
-0.49999999999999983
```

这是由数值舍入误差导致的。（另外，τ/3 的最后一行没有什么特别之处——对于任何角度 θ，$\sin^2\theta+\cos^2\theta=1$。）

注意：有时可看到如下方式导入模块的所有内容：

```
>>> from math import *    # 危险且极不Python式
```

此做法强烈不推荐，因为存在高冲突风险，即两个函数或变量具有相同的名称。避免命名冲突是“*The Zen of Python*”（代码清单 1.6 中 Tim Peters 的话）中提到“命名空间是一个非常好的想法——让我们做更多这样的事情吧！”的原因之一。

练习

1. 对字符串“1.24e6”调用 float() 时会发生什么？如果对结果继续调用 str() 呢？
2. 展示 int（6.28）和 int（6.98）都等于 6。这与 floor 函数的功能相同（在数学中写作 $\lfloor x \rfloor$）。证明 Python 的 math 模块有一个 floor() 函数，具有与 int() 相同的效果。

4.2 时间和日期

其他常用的内置对象是 time 和 datetime 模块。例如，使用 time() 方法获取当前时间：

```
>>> import time
>>> time.time()
1661191145.946213
```

结果返回自 1970 年 1 月 1 日以来的秒数。可以使用 ctime() 方法获取便于读取、格式化的字符串（文档未明确说明，可能代表“转换时间”）：

```
>>> time.ctime()
'Mon Aug 22 11:00:32 2022'
```

datetime 模块提供了许多实用方法。与其他 Python 对象一样，datetime 对象也包括了各种方法：

```
>>> import datetime
>>> now = datetime.datetime.now()
>>> now.year
2022
>>> now.month
```

```
8
>>> now.day
22
>>> now.hour
16
```

许多有用的方法是在 datetime 模块内部的 datetime 对象上单独定义，通常更方便的方法是使用 from 导入一个对象（代码清单 4.2 中使用了相同的基本语法）：

```
>>> from datetime import datetime
>>> now = datetime.now()
>>> now.year
2022
>>> now.day
22
>>> now.month
8
>>> now.hour
16
```

这可能有点令人困惑，事实上，一个模块定义一个与模块名称完全相同的对象是不常见的。

还可以使用特定日期和时间初始化 datetime 对象，例如第一次登月：

```
>>> moon_landing = datetime(1969, 7, 20, 20, 17, 40)
1969-07-20 20:17:40 -0700
>>> moon_landing.day
20
```

默认情况下，datetime 使用本地时区，但这会给操作引入奇怪的位置依赖性，因此最好使用 UTC 世界时[⊖]：

```
>>> from datetime import timezone
>>> now = datetime.now(timezone.utc)
>>> print(now)
2022-08-22 18:28:03.943097+00:00
```

要为登月事件创建一个 datetime 对象，需要将时区作为关键字参数传递（首次出现是在 2.3 节，并在 5.1.2 节进一步讨论），可以使用 tzinfo（“time zone information”的缩写）：

```
>>> moon_landing = datetime(1969, 7, 20, 20, 17, 40, tzinfo=timezone.utc)
>>> print(moon_landing)
1969-07-20 20:17:40+00:00
```

最后，datetime 对象可以进行互减运算：

⊖ 对于多数实际用途而言，世界协调时间（UTC）与格林尼治标准时间并无差异。但为什么要称之为 UTC 呢？据 NIST 时间和频率常见问题所述：为何协调世界时的缩写为 UTC 而非 CUT？答：1970 年，国际电信联盟（ITU）内的技术专家国际顾问小组设计了世界协调时间系统。ITU 认为最好指定一个在所有语言中皆可使用的统一缩写，以降低混淆程度。鉴于无法就使用英语顺序之 CUT 和法语顺序之 TUC 达成一致，故而选取 UTC 作为折中之选。

```
>>> print(now - moon_landing)
19390 days, 22:15:36.779053
```

结果返回人类登月事件距今的天数、小时、分钟和秒数。(当然，因为时间在流逝，每次计算 datetime.now 的值也会不同。)

另外，月和日的返回值为单位偏移值，这与列表使用的零偏移索引有所不同（见 3.2 节）。例如，在第八个月（八月）中，now.month() 的返回值是 8 而不是 7（如果将月份像零偏移列表的索引一样处理，值应该是 7）。但有一个重要的值可以作为零偏移索引返回：

```
>>> moon_landing.weekday()
6
```

这里的 weekday 返回的是星期几的索引，因为它是以零偏移的方式表示的，所以 6 表示登月事件发生在本周的第七天。

值得注意的是，在许多地方（包括美国），第 0 天通常被视为星期日，一些编程语言（像 JavaScript 和 Ruby）也遵循了这个惯例。然而，官方的国际标准却是将星期一定为第一天，Python 就是遵循了这个国际标准。

因此，可以通过创建一个包含星期几字符串的列表（赋值给一个全部大写的标识符，这是 Python 中常见的一种约定，表示一个常量），然后使用 weekday 的返回值作为列表中的索引来获得星期几的名称，使用方括号表示法（见 3.1 节）：

```
>>> DAYNAMES = ["Monday", "Tuesday", "Wednesday",
...             "Thursday", "Friday", "Saturday", "Sunday"]
>>> DAYNAMES[moon_landing.weekday()]
'Sunday'
>>> DAYNAMES[datetime.now().weekday()]
'Monday'
```

（日期名称可以通过 calendar 模块的 calendar.day_name 获得，只需运行 import calendar 来加载此模块。具体详见本节练习。）最后一行的结果会有所不同，除非碰巧在星期一阅读此内容。

最后，练习用包含星期几的问候语更新代码清单 1.11 中的 Flask hello 应用程序。代码及运行结果如代码清单 4.3 和图 4.2 所示（具体参考 1.5 节中运行 Flask 应用程序的命令。）。遵循惯例，代码清单 4.3 中的应用首先导入系统库（如 datetime），然后导入第三方库（如 Flask），中间用换行符分隔，并在其后放两个换行符。修正代码清单 4.3 中 DAYNAMES 位置不符合 Python 风格的问题留作本节练习。

代码清单 4.3　依据星期几来量身定制问候语

hello_app.py

```
from datetime import datetime

from flask import Flask
```

```
app = Flask(__name__)

@app.route("/")
def hello_world():
    # 非Python式位置
    DAYNAMES = ["Monday", "Tuesday", "Wednesday",
                "Thursday", "Friday", "Saturday", "Sunday"]
    dayname = DAYNAMES[datetime.now().weekday()]
    return f"<p>Hello, world! Happy {dayname}.</p>"
```

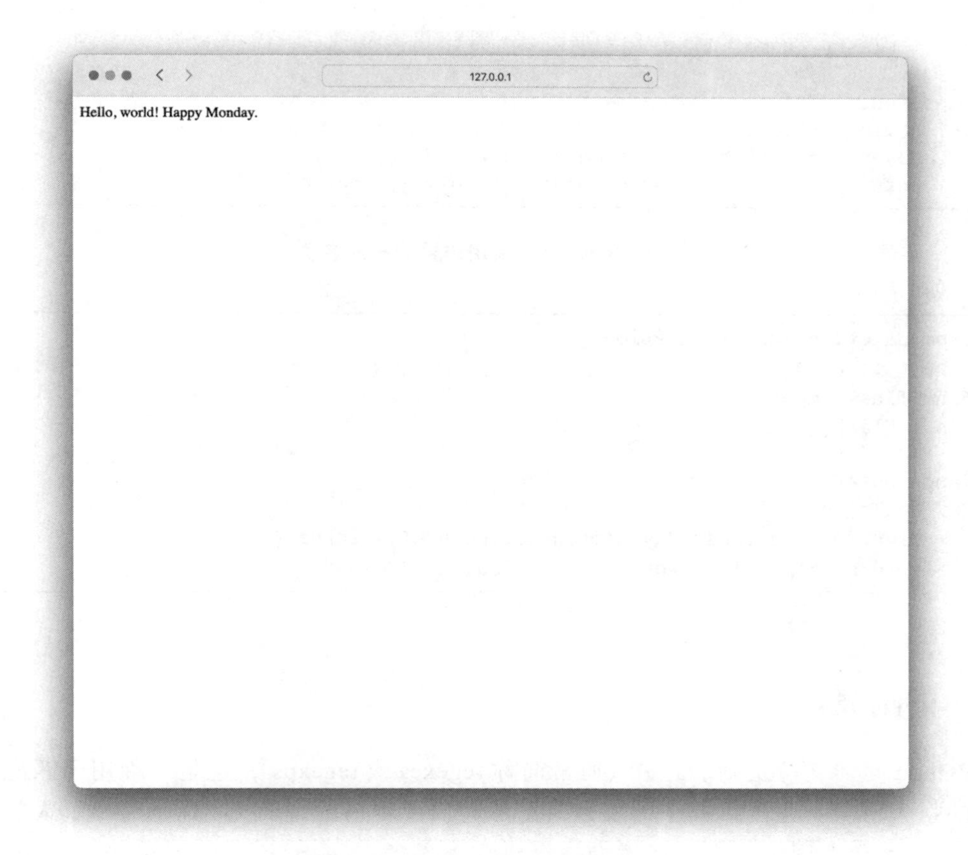

图 4.2　仅在今天有效的专属问候

练习

1. 使用 Python 计算自己出生时间距离登月事件发生的时间是多少秒。

2. 将代码清单 4.3 中的 DAYNAMES 从 hello_world 函数中移出，程序正常运行，结果如代码清单 4.4 所示。（在库导入完毕，下方通常是定义常量的首选位置，并与程序其余部分用两个换行符分隔。）然后使用 calendar 模块完全替代该常量（代码清单 4.5）。

代码清单 4.4　将 DAYNAMES 从函数中移出

hello_app.py

```
from datetime import datetime

from flask import Flask

DAYNAMES = ["Monday", "Tuesday", "Wednesday",
            "Thursday", "Friday", "Saturday", "Sunday"]


app = Flask(__name__)

@app.route("/")
def hello_world():
    dayname = DAYNAMES[datetime.now().weekday()]
    return f"<p>Hello, world! Happy {dayname}.</p>"
```

代码清单 4.5　采用内置的日期名称

hello_app.py

```
from datetime import datetime
import calendar
from flask import Flask
app = Flask(__name__)

@app.route("/")
def hello_world():
    dayname = calendar.day_name[datetime.now().weekday()]
    return f"<p>Hello, world! Happy {dayname}.</p>"
```

4.3 正则表达式

Python 同样支持正则表达式（通常简称 regexes 或 regexps），这是一种用于匹配文本模式的强大语言。完全掌握正则表达式已然超出了本书的范畴（或许也超出了人类之所能），幸好有众多资源可供爱好者循序渐进学习参考：*Learn Enough Command Line to be Dangerous* 中的“Grepping”和 *Learn Enough Text Editor* 中的全局查找和替换方法等。最重要的是先了解一般概念，再在后续学习过程中填补细节。

众所周知，正则表达式虽简洁，却易生差错，恰如程序员 Jamie Zawinski 所言：“有些人遇到问题便会思量：‘知晓了，我会运用正则表达式。”而今，他们将遇到双重难题。

幸运的是，如 regex101 这类 Web 应用程序，实现了用户可交互地构建正则表达式（图 4.3），它还提供一个快速参考，用以协助匹配特定模式的代码（图 4.4），这极大地改善了上述状况。

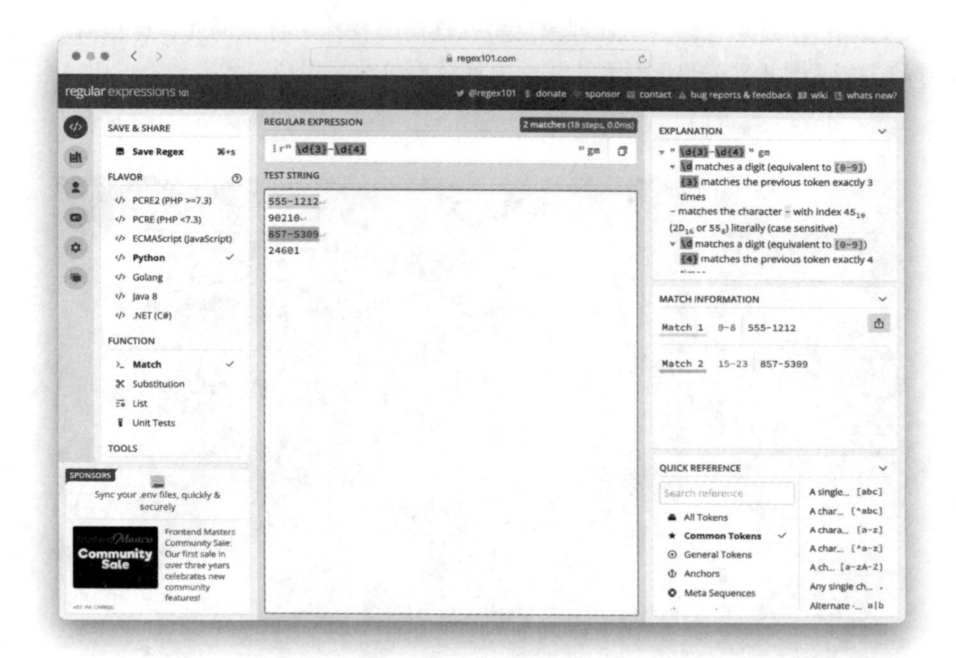

图 4.3　正则表达式的在线生成器

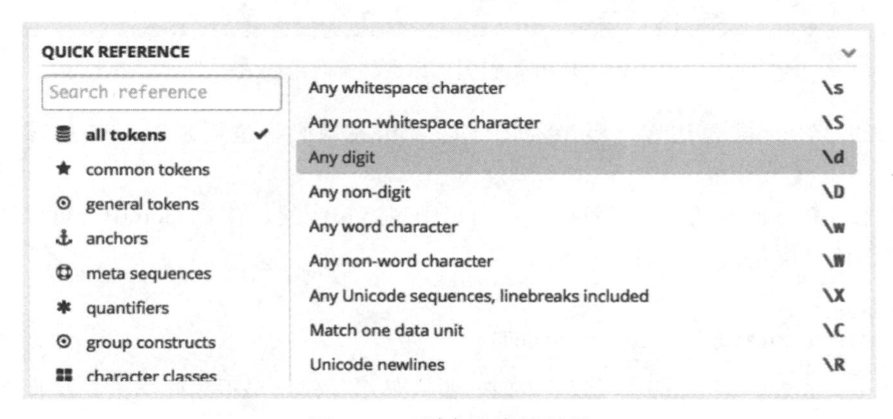

图 4.4　正则表达式的引用

regex101 包括 Python 特定的正则表达式（在图 4.3 中，Python 旁边的复选框标记意味着已被选中）。实际上，各类编程语言在实现正则表达式时的差异并不大，但还是建议读者在使用时为其选定对应的编程语言，并当将正则表达式迁移到其他编程语言时，要仔细核对。

接下来介绍 Python 中简单的正则表达式匹配。基本的正则表达式由一系列字符组成，用于匹配特定模式。可以使用一个字符串来创建一个新的正则表达式，它几乎总是一个原始字符串（2.2.2 节），因此它会自动处理像反斜杠这样的特殊字符。例如，这里有一个匹配标准美国邮政编码（图 4.5[⊖]）的正则表达式，由连续五位数字组成：

```
>>> zip_code = r"\d{5}"
```

图 4.5　90210 是美国最昂贵的邮政编码之一

如果经常用正则表达式，慢慢会记住许多相关规则，也可随时在快速参考中查阅（图 4.4）。

现在来看看如何判断一个字符串是否与正则表达式匹配。在 Python 中，可以通过 re 模块来实现，该模块包括一个 search 方法：

```
>>> import re
>>> re.search(zip_code, "no match")
```

这里 re.search 返回 None（可以从 REPL 没有显示任何结果得出此结论）表示没有匹配。由于在布尔上下文中 None 为 False（2.4.2 节），因此可以将此结果用于 if 条件判断：

```
>>> if re.search(zip_code, "no match"):
...     print("It's got a ZIP code!")
... else:
...     print("No match!")
...
No match!
```

⊖ 图片由 4kclips/123RF 提供。

有效匹配的例子：

```
>>> re.search(zip_code, "Beverly Hills 90210")
<re.Match object; span=(14, 19), match='90210'>
```

结果是一个 re.match 对象，有些晦涩。在实践中，它主要用于像上面那样的布尔上下文中，例如：

```
>>> if re.search(zip_code, "Beverly Hills 90210"):
...     print("It's got a ZIP code!")
... else:
...     print("No match!")
...
It's got a ZIP code!
```

另一个常见、有指导意义的正则表达式操作涉及创建一个包含所有匹配项的列表。接下来从定义一个长字符串开始，它包含两个邮政编码（图 4.6[⊖]）：

```
>>> s = "Beverly Hills 90210 was a '90s TV show set in Los Angeles."
>>> s += " 91125 is another ZIP code in the Los Angeles area."
>>> s
"Beverly Hills 90210 was a '90s TV show set in Los Angeles. 91125 is another
 ZIP code in the Los Angeles area."
```

如果以前没有用过 += 运算符，可运用所学知识（方框 1.2）推断其作用。

图 4.6　91125 是加州理工学院（Caltech）校园专用邮政编码

使用 findall() 方法查找 s 中所有与 zip_code 正则表达式匹配的字符串列表：

```
>>> re.findall(zip_code, s)
['90210', '91125']
```

⊖ 图片由 Kitleong/123RF 提供。

直接使用原文正则表达式匹配也很简单，例如使用 findall() 匹配所有全大写的多字母单词：

```
>>> re.findall(r"[A-Z]{2,}", s)
['TV', 'ZIP']
```

尝试编码实现图 4.4 中的正则表达式规则。

正则表达式拆分

关于正则表达式的最后一个例子结合了模式匹配方法和 3.1 节介绍的 split 方法。回顾如何根据空格进行分割：

```
>>> "ant bat cat duck".split(" ")
['ant', 'bat', 'cat', 'duck']
```

可以通过空白字符进行分割拆分，以更稳健的方式获得相同的结果。参考图 4.4，空白字符的正则表达式是 \s，表示“一个或多个”的方法是使用加号 +。因此，按空白字符拆分示例如下：

```
>>> re.split(r"\s+", "ant bat cat duck")
["ant", "bat", "cat", "duck"]
```

这种方式的优点在于无论字符串是由多少个空格、制表符、换行符等分隔，均可以得到相同的结果：

```
>>> re.split(r"\s+", "ant    bat\tcat\nduck")
["ant", "bat", "cat", "duck"]
```

如 3.1 节所示，此模式非常有用，实际上它是 split() 的默认操作。当调用 split() 不带任何参数时，Python 自动按空白字符进行分割：

```
>>>  "ant    bat\tcat\nduck".split()
["ant", "bat", "cat", "duck"]
```

练习

1. 编写一个正则表达式，匹配由五位数字、一个连字符、四位数字组成的扩展格式邮政编码（如 10118-0110）。使用 re.search() 和图 4.7[⊖]中的标题来验证邮政编码是否有效。

2. 编写一个只在换行符上拆分的正则表达式。应用此正则表达式可以将文本分割成独立的行。将代码清单 4.6 中的诗句粘贴到控制台，利用 sonnet.split（/ 生成的正则表达式 /）进行匹配，生成的列表长度是多少？

⊖ 图片由 Jordi2r/123RF 提供。

代码清单 4.6　带换行符的文本

```
sonnet = """Let me not to the marriage of true minds
Admit impediments. Love is not love
Which alters when it alteration finds,

Or bends with the remover to remove.
O no, it is an ever-fixed mark
That looks on tempests and is never shaken
It is the star to every wand'ring bark,
Whose worth's unknown, although his height be taken.
Love's not time's fool, though rosy lips and cheeks
Within his bending sickle's compass come:
Love alters not with his brief hours and weeks,
But bears it out even to the edge of doom.
   If this be error and upon me proved,
   I never writ, nor no man ever loved."""
```

图 4.7　邮政编码 10118-0110（帝国大厦）

4.4　字典

最后一个简单的 Python 数据类型示例是字典，在其他大多数编程语言中称为哈希或关联数组。字典类似列表，但它具有通用标签而不是以整数作为索引，因此可以有 d["name"]= "Michael"，而不是 a[0]=0。因此，每个元素都是一对值：一个标签（键）和一个任何类型的元素（值）。它们也称为键 - 值对，就像语言字典由单词（键）和相关定义（值）组成一样。

对于键标签，最熟悉的选择是字符串（第 2 章）；实际上，在支持关联数组的程序设计语言中，这是最常见的选择。因此，本书将使用字符串键创建字典。作为一个简单的例子，创建一个对象来存储用户名和姓氏，如同 Web 应用中的常见操作：

```
>>> user = {}                              #{}是一个空字典
>>> user["first_name"] = "Michael"         #键"first_name"，值"Michael"
>>> user["last_name"] = "Hartl"            #键"last_name"，值"Hartl"
```

空字典用花括号表示，这也是为什么在 3.6 节中需要使用 set() 来表示一个空集合。也可以使用与列表相同的方括号语法来赋值，以相同的方式检索值：

```
>>> user["first_name"]        #元素访问类似列表
'Michael'
>>> user["last_name"]
'Hartl'
>>> user["nonexistent"]
Traceback (most recent call last):
  File "<stdin>", line 1, in <module>
KeyError: 'nonexistent
```

请注意，在最后一个示例中，当键值不存在，会引发字典错误。这通常不会在遍历键（4.4.1 节）时发生，如果不确定键是否存在，使用 get() 方法更方便：

```
>>> user.get("last_name")
'Hartl'
>>> user.get("nonexistent")
>>> repr(user.get("nonexistent"))
'None'
```

上例包含了对 repr() 的调用，目的为了强调当键不存在时，get() 的结果返回 None，通常 REPL 不会显示它。

字典由冒号分隔的键和值组成：

```
>>> user
{'first_name': 'Michael', 'last_name': 'Hartl'}
```

可以（通常很方便）使用这种语法直接定义字典：

```
>>> moonman = {"first_name": "Buzz", "last_name": "Aldrin"}
>>> moonman
{'first_name': 'Buzz', 'last_name': 'Aldrin'}
```

再来看一个更大的字典，其中键等于著名的月球漫步者，值对应于他们第一次月球漫步的日期：

```
>>> moonwalks = {"Neil Armstrong": 1969,
...              "Buzz Aldrin": 1969,
...              "Alan Shepard": 1971,
...              "Eugene Cernan": 1972,
...              "Michael Jackson": 1983}
```

它们（从 Python 3.6 开始）按顺序存储在专门的 Python 对象中，可以分别查看键和值：

```
>>> moonwalks.keys()
dict_keys(['Neil Armstrong', 'Buzz Aldrin', 'Alan Shepard',
'Eugene Cernan', 'Michael Jackson'])
>>> moonwalks.values()
dict_values([1969, 1969, 1971, 1972, 1983])
```

请注意，早期版本的 Python 没有对字典元素进行排序，因此应小心任何有关排序的假设。

像列表索引一样，字典键一次只映射一个值。可以替换与键相对应的值，但不能有两个相同的键。有时将字典键视为有序集合是很有用的，因为（就像集合一样）它们不能有重复的元素。上面提到的 keys() 对象，在技术层面称为视图，在某些情况下可以像集合一样处理。例如，以下代码执行如同 3.6 节中的集合交集操作：

```
>>> apollo_11 = {"Neil Armstrong", "Buzz Aldrin"}
>>> moonwalks.keys() & apollo_11
{'Neil Armstrong', 'Buzz Aldrin'}
```

可以使用与列表相同的 in 关键字来测试特定的字典键是否包含在字典内（3.4.1 节）：

```
>>> "Buzz Aldrin" in moonwalks
True
```

请注意，这里可以省略 keys() 部分，直接将整个字典与 in 一起使用。在 4.4.1 节中将展示这种约定的另一个示例。

4.4.1　字典迭代

与列表、元组和集合一样，字典最常见的操作之一是元素遍历。用户可能会按照以下方式遍历关键字：

```
>>> for key in moonwalks.keys():     # 非Python式
...     print(f"{key} first performed a moonwalk in {moonwalks[key]}.")
...
Neil Armstrong first performed a moonwalk in 1969
Buzz Aldrin first performed a moonwalk in 1969
Alan Shepard first performed a moonwalk in 1971
Eugene Cernan first performed a moonwalk in 1972
Michael Jackson first performed a moonwalk in 1983
```

如注释所言，以上代码非 Pythonic 式。Python 默认遍历关键字，示例如下：

```
>>> for key in moonwalks:            # 某种程度上是Python式
...     print(f"{key} first performed a moonwalk in {moonwalks[key]}.")
...
Neil Armstrong first performed a moonwalk in 1969
Buzz Aldrin first performed a moonwalk in 1969
Alan Shepard first performed a moonwalk in 1971
Eugene Cernan first performed a moonwalk in 1972
Michael Jackson first performed a moonwalk in 1983
```

需要同时访问关键字和值时，推荐使用遍历字典的函数 items()，示例如下：

```
>>> moonwalks.items()
dict_items([('Neil Armstrong', 1969), ('Buzz Aldrin', 1969), ('Alan
Shepard', 1971), ('Eugene Cernan', 1972), ('Michael Jackson', 1983)])
```

代码清单 4.7 展示了如何借助 items() 实现简洁的迭代。

代码清单 4.7 遍历字典的 items()

```
>>> for name, year in moonwalks.items():    # Python式
...     print(f"{name} first performed a moonwalk in {year}")
...
Neil Armstrong first performed a moonwalk in 1969
Buzz Aldrin first performed a moonwalk in 1969
Alan Shepard first performed a moonwalk in 1971
Eugene Cernan first performed a moonwalk in 1972
Michael Jackson first performed a moonwalk in 1983
```

请注意，在代码清单 4.7 中，推荐将不太具体的 key、value 更改为有意义的变量名，如 name、year，以增加代码可读性。

4.4.2 字典合并

一种常见的操作是字典合并，将两个字典的元素合并为一个。例如，学科及相应考试分数组成的两个字典：

```
>>> tests1 = {"Math": 75, "Physics": 99}
>>> tests2 = {"History": 77, "English": 93}
```

希望创建一个包含所有四个学科 - 分数组合的 tests 字典。

旧版 Python 不支持字典合并操作，从 Python 3.5 版本增加了此 ** 语法：

```
>>> {**tests1, **tests2}     # 一种Python式
{'Math': 75, 'Physics': 99, 'History': 77, 'English': 93}
```

这个语法看起来相当奇怪，在此简单介绍，以免用户在其他代码中遇到而难以理解。幸运的是，从 Python 3.9 版本开始提供了更好的运算符 | 完成字典合并：

```
>>> tests1 | tests2          # 非常Python式
{'Math': 75, 'Physics': 99, 'History': 77, 'English': 93}
```

当两个字典没有重复键时，字典合并就是简单地组合所有键值对。如果第二个字典有一个或多个键与第一个字典中的键相同，则第二个字典的值优先。在此情况下，可以将第一个字典更新为第二个字典的内容[1]。例如，将两个 tests 字典合并到一个字典变量中：

```
>>> test_scores = tests1 | tests2
{'Math': 75, 'Physics': 99, 'History': 77, 'English': 93}
```

[1] 因此，字典（或者更确切地说，哈希）合并在 Ruby 中使用了 update 方法。

现在，假设允许学生重考两门最低分的课程：

```
>>> retests = {"Math": 97, "History": 94}
```

可以使用重考后的分数来更新原始考试分数（代码清单 4.8）。

代码清单 4.8　通过合并更新字典

```
>>> test_scores | retests
{'Math': 97, 'Physics': 99, 'History': 94, 'English': 93}
```

上例可见，“Math”和“History”的分数已经被更新为第二个字典中的值。

练习

1. 定义一个包含三个属性（键）的字典：“username”“password”和“password_confirmation”。如何测试密码是否与已确认的密码匹配？

2. 从代码清单 2.29 和代码清单 3.10 可见，Python 字符串和列表支持 enumerate() 函数，用于需要迭代索引的情况。请确认可使用类似代码清单 4.9 中的代码对字典执行相同的操作。

3. 反转代码清单 4.8 中的元素，展示字典的合并非对称。通常 d1|d2 不等同于 d2|d1。那么它们什么时候会相同？

代码清单 4.9　使用带有字典的 enumerate()

```
>>> for i, (name, year) in enumerate(moonwalks.items()):    # Python式
...     print(f"{i+1}. {name} first performed a moonwalk in {year}")
...
1. Neil Armstrong first performed a moonwalk in 1969
2. Buzz Aldrin first performed a moonwalk in 1969
3. Alan Shepard first performed a moonwalk in 1971
4. Eugene Cernan first performed a moonwalk in 1972
5. Michael Jackson first performed a moonwalk in 1983
```

4.5　应用：独特单词

接下来应用 4.4 节字典知识完成一个略有挑战性的练习，从一段长文本中提取所有的独特单词，并计算每个单词出现的次数。此练习中包含了目前为止最长文本的程序。

由于命令序列较为庞大，练习主要采用 Python 文件实现（参考 1.3 节），并通过 python3 命令执行文件。（此处未采用 Shell 脚本，因为它不能用作通用的应用程序。）在任一阶段，如对某个命令有疑问，可使用 Python 命令交互执行代码。

首先创建文件命令如下：

```
(venv) $ touch count.py
```

然后输入一个文本字符串。此处再次借用代码清单 4.6 中莎士比亚十四行诗第 116[㊀]首（图 4.8[㊁]），具体展示如代码清单 4.10 所示。

图 4.8 十四行诗第 116 首中，爱之恒久被比作为漂泊小船的指路星

代码清单 4.10 添加若干文本

count.py

```
import re


sonnet = """Let me not to the marriage of true minds
Admit impediments. Love is not love
Which alters when it alteration finds,
Or bends with the remover to remove.
O no, it is an ever-fixed mark
That looks on tempests and is never shaken
It is the star to every wand'ring bark,
Whose worth's unknown, although his height be taken.
Love's not time's fool, though rosy lips and cheeks
Within his bending sickle's compass come:
Love alters not with his brief hours and weeks,
But bears it out even to the edge of doom.
   If this be error and upon me proved,
   I never writ, nor no man ever loved."""
```

㊀ 请注意，在莎士比亚时代使用的原始发音中，“love”和“remove”等词押韵，“come”和“doom”也是如此。

㊁ 图片由 Psychoshadowmaker/123RF 提供。

接下来使用一个名为 uniques 的字典，其中键为独特单词，值为文本中该单词出现的次数。

```
uniques = {}
```

此练习的目的，是定义一个名为“word”单词，它由若干个字符（例如字母或数字，当前文本示例中不含数字）组成，匹配操作通过正则表达式（4.3 节）实现，其中还包括一个适用于此的模式（\w)(图 4.4）:

```
words = re.findall(r"\w+", sonnet)
```

代码实现调用 4.3 节中 findall() 方法，在字符串中找到匹配的所有子字符串并返回一个列表。(考虑：将匹配模式扩展以包括撇号。例如，“wand’ring”，将此留作本节练习。)

此时，代码实现参考代码清单 4.11。

代码清单 4.11　增加一个对象和匹配的单词

count.py

```
import re


sonnet = """Let me not to the marriage of true minds
Admit impediments. Love is not love
Which alters when it alteration finds,
Or bends with the remover to remove.
O no, it is an ever-fixed mark
That looks on tempests and is never shaken
It is the star to every wand'ring bark,
Whose worth's unknown, although his height be taken.
Love's not time's fool, though rosy lips and cheeks
Within his bending sickle's compass come:
Love alters not with his brief hours and weeks,
But bears it out even to the edge of doom.
   If this be error and upon me proved,
   I never writ, nor no man ever loved."""

uniques = {}
words = re.findall(r"\w+", sonnet)
```

接下来，遍历 words 列表，并执行以下操作：

1. 如果单词在 uniques 对象中已有计数，将其计数增加 1。
2. 如果单词在 uniques 中尚未有计数，将其初始化为 1。

使用 4.3 节中简要介绍的 += 运算符，得到的结果如下：

```
for word in words:
    if word in uniques:
        uniques[word] += 1
```

```
    else:
        uniques[word] = 1
```

将结果输出到终端:

```
print(uniques)
```

完整的程序（带注释）如代码清单 4.12 所示。

代码清单 4.12　统计文本中每个单词的数量

count.py

```
sonnet = """Let me not to the marriage of true minds
Admit impediments. Love is not love
Which alters when it alteration finds,
Or bends with the remover to remove.
O no, it is an ever-fixed mark
That looks on tempests and is never shaken
It is the star to every wand'ring bark,
Whose worth's unknown, although his height be taken.
Love's not time's fool, though rosy lips and cheeks
Within his bending sickle's compass come:
Love alters not with his brief hours and weeks,
But bears it out even to the edge of doom.
   If this be error and upon me proved,
   I never writ, nor no man ever loved."""

# 独特单词
uniques = {}
# 文本中的所有单词
words = re.findall(r"\w+", sonnet)

# 迭代words并建立一个独特单词的字典

for word in words:
    if word in uniques:
        uniques[word] += 1
    else:
        uniques[word] = 1

print(uniques)
```

在终端运行 count.py，输出结果如下:

```
(venv) $ python3 count.py
{'Let': 1, 'me': 2, 'not': 4, 'to': 4, 'the': 4, 'marriage': 1, 'of': 2,
'true': 1, 'minds': 1, 'Admit': 1, 'impediments': 1, 'Love': 3, 'is': 4,
'love': 1, 'Which': 1, 'alters': 2, 'when': 1, 'it': 3, 'alteration': 1,
'finds': 1, 'Or': 1, 'bends': 1, 'with': 2, 'remover': 1, 'remove': 1,
'O': 1, 'no': 2, 'an': 1, 'ever': 2, 'fixed': 1, 'mark': 1, 'That': 1,
'looks': 1, 'on': 1, 'tempests': 1, 'and': 4, 'never': 2, 'shaken': 1,
'It': 1, 'star': 1, 'every': 1, 'wand': 1, 'ring': 1, 'bark': 1, 'Whose': 1,
```

```
'worth': 1, 's': 4, 'unknown': 1, 'although': 1, 'his': 3, 'height': 1,
'be': 2, 'taken': 1, 'time': 1, 'fool': 1, 'though': 1, 'rosy': 1, 'lips': 1,
'cheeks': 1, 'Within': 1, 'bending': 1, 'sickle': 1, 'compass': 1, 'come': 1,
'brief': 1, 'hours': 1, 'weeks': 1, 'But': 1, 'bears': 1, 'out': 1, 'even': 1,
'edge': 1, 'doom': 1, 'If': 1, 'this': 1, 'error': 1, 'upon': 1, 'proved': 1,
'I': 1, 'writ': 1, 'nor': 1, 'man': 1, 'loved': 1}
```

这形成了一个“手动”解决方案的优质样例，它相当 Python 式。但还有一种更 Python 式的版本，更加高级。正如在方框 1.1 中所指出的，“Python”式随着时间而不断发展，代码清单 4.12 是一个很好的开端。

练习

1. 将代码清单 4.12 中使用的正则表达式进行扩展，以包括撇号，使其匹配如“wand’ring”这样的单词。提示：将 regex101（图 4.9）中引用的第一个正则表达式与 \w、撇号和加号 + 进行组合。

2. 通过运行代码清单 4.13 中的代码，展示可以使用 Python 集合模块 collections 中功能强大的 counter() 函数有效复制代码清单 4.12 的结果。

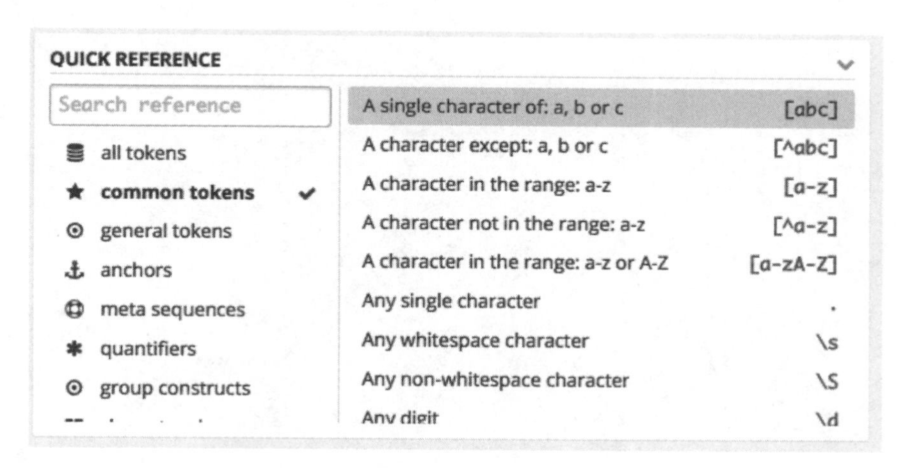

图 4.9　练习提示

代码清单 4.13　使用功能强大的 counter() 函数

```
import re

from collections import Counter


sonnet = """Let me not to the marriage of true minds
Admit impediments. Love is not love
Which alters when it alteration finds,
Or bends with the remover to remove.
O no, it is an ever-fixed mark
```

```
That looks on tempests and is never shaken
It is the star to every wand'ring bark,
Whose worth's unknown, although his height be taken.
Love's not time's fool, though rosy lips and cheeks
Within his bending sickle's compass come:
Love alters not with his brief hours and weeks,
But bears it out even to the edge of doom.
   If this be error and upon me proved,
   I never writ, nor no man ever loved."""

words = re.findall(r"\w+", sonnet)
print(Counter(words))
```

第5章 Chapter 5

函数与迭代

本书已经展示了几个 Python 函数的例子，函数是 Python 中最重要的概念之一，实际上也是计算机领域中的最重要概念之一。本章将学习如何自定义函数，还将更深入地介绍迭代器（在 3.4.2 节中简要提到过），Python 经常使用此类对象作为内置函数的返回值，且迭代器本身也很重要。

如果尚未运行过 Python Shell，请先激活虚拟运行环境并启动 REPL。

```
$ source venv/bin/activate
(venv) $ python3
```

5.1 函数定义

正如在 print()（2.3 节）、len()（2.4 节）、sorted() 和 reversed()（3.4.2 节）等函数中所见，Python 函数调用包括一个名称和包含零个或多个参数的括号。

```
print("hello, world!")
```

编程最重要的任务之一是定义函数，在 Python 中采用 def 关键字完成。（正如 2.5 节中讨论的，附加到对象上的函数，例如 split() 和 islower() 也称为方法。第 7 章将介绍如何定义自有方法。）如代码清单 5.1 所示[⊖]为在 REPL 中定义函数的简单示例，该函数接收一个数字参数并返回该数字的平方。

⊖ Python 没有类型机制来强制执行，例如，函数参数为数值。但提供一个 typing 库，支持类型提示。

代码清单 5.1 定义函数

```
>>> def square(x):
...     return x*x
...
>>> square(10)
100
```

这里也可以使用 x**2 完成。函数以 return 关键字及函数的返回值结尾。对于 square() 函数而言，因为函数只有一行，结束也是开始。函数也可以由多步组成，如代码清单 5.2 所示，返回从 0 到（n－1）**2 的列表（与 range() 的常规行为一致）。

代码清单 5.2 返回平方列表

```
>>> def squares_list(n):
...     squares = []
...     for i in range(n+1):
...         squares.append(i**2)
...     return squares
...
>>> squares_list(11)
[0, 1, 4, 9, 16, 25, 36, 49, 64, 81, 100]
```

代码清单 5.2 包含了初始化变量的常见模式，即，修改并返回修改后的值。在第 6 章将看到如何用更简洁的方法替换此模式。

值得注意的是，return 操作立即执行，同代码清单 3.11 中的 break 关键字一样，可以用它来中断循环。实际上，return 会中断整个函数，所以一旦执行到 return，将完全离开函数。例如，编写一个函数返回清单中第一个大于 10 的数字，如果没有则返回 None，示例如代码清单 5.3 所示。

代码清单 5.3 使用 return 语句从 for 循环中返回

```
>>> def bigger_than_10(numbers):
...     for n in numbers:
...         if n > 10:
...             return n
...     return None
...
>>> bigger_than_10(squares_list(11))
16
```

请注意，代码清单 5.3 包含一个显式的语句 return None，实际上函数默认返回为 None，因此此步骤可以省略。当前示例包含此步骤，但从代码清单 5.21 开始将删除它。

接下来编写一个实际的应用程序中将会使用的函数——此例为 1.5 节中创建的 Flask Web 应用程序。本例将定义一个函数 dayname()，它接收参数 datetime（4.2 节）并返回由给定时间表示的星期几。

回顾 4.2 节中，datetime 对象有一个称为 weekday() 的方法，表示星期几的（零偏移）索引：

```
>>> from datetime import datetime
>>> now = datetime.now()
>>> now.weekday()
3
```

4.2节还简要提到了calendar库包含一个对象，表示一周中的每一天。

```
>>> import calendar
>>> calendar.day_name
<calendar._localized_day object at 0x100f13910>
>>> list(calendar.day_name)
['Monday', 'Tuesday', 'Wednesday', 'Thursday', 'Friday', 'Saturday', 'Sunday']
```

此处使用了list()函数将“本地化日期”对象转换成更易于阅读的列表。

day_name对象实现了按照以下方式找到一周中的某一天：

```
>>> list(calendar.day_name)[0]
'Monday'
```

这里使用了带索引的方括号来访问列表中的相应元素（见3.2节），也可以采用相同语法直接访问“本地化日期”对象：

```
>>> calendar.day_name[0]
'Monday'
```

这正是提前无法猜测的行为，并且是在实验中展示REPL价值的一个很好的例子（技术熟练度（方框1.2）的关键组件）。

将weekday()和day_name结合在一起，可以找出与数字索引相对应的星期几：

```
>>> calendar.day_name[datetime.now().weekday()]
'Thursday'
```

这个代码实现得很好，但语句有点长。将定义和逻辑封装在dayname()函数中更方便，可以改为：

```
dayname(datetime.now())
```

通过结合上面的参数，实现在REPL中定义dayname()参考代码清单5.4。

代码清单5.4　在REPL中定义dayname()

```
>>> def dayname(time):
...     """Return the name of the day of the week for the given time."""
...     return calendar.day_name[time.weekday()]
...
>>>
```

从代码清单5.4可见，Python函数以def关键字开头，后面是函数名和若干参数；然后是一个可选但强烈建议的文本字符串（通常不在REPL中使用，但这里包含是有原因的，稍后再解释）；接着是函数体，它使用return关键字确定函数的返回值（在本例中，这是函数体中唯一的一行代码，不包括文本字符串）；最后，函数以换行符结束。请注意，此函数的结尾与几乎所有其他编程语言不同，其他编程语言通常用闭合大括号（例如 C、C++、Perl、PHP、Java 和 JavaScript）、闭合括号（大多数 Lisp 变种）或类似 end 的特殊关键字结束函数定义。

按照以下步骤测试刚刚定义的函数：

```
>>> dayname(datetime.now())
'Thursday'
```

可能看起来改进并不多，但请注意，从概念上说调用函数更简单，因为调用者不必考虑具体实现过程，例如，找到与 weekday() 值对应的对象元素。即使函数定义只有一两行，函数名称和实现之间的这种抽象也是有用的（函数是良好程序设计的标志）。在 5.2 节中将充分利用这个函数，简化 hello 应用程序（代码清单 4.3）。

如 2.1 节中指出的，代码清单 5.4 中包含的三引号文本字符串是 Python 函数的标准做法[⊖]。除了对阅读代码有帮助，文本字符串本身也可以通过 REPL 中的 help() 函数进行查看：

```
>>> help(dayname)
```

help() 的运行结果取决于当前系统；在本系统终端运行 help（dayname），结果如图 5.1 所示。（此处使用了 *Learn Enough Command Line to be Dangerous* 一书中介绍的 less 接口，输入 q 退出。）

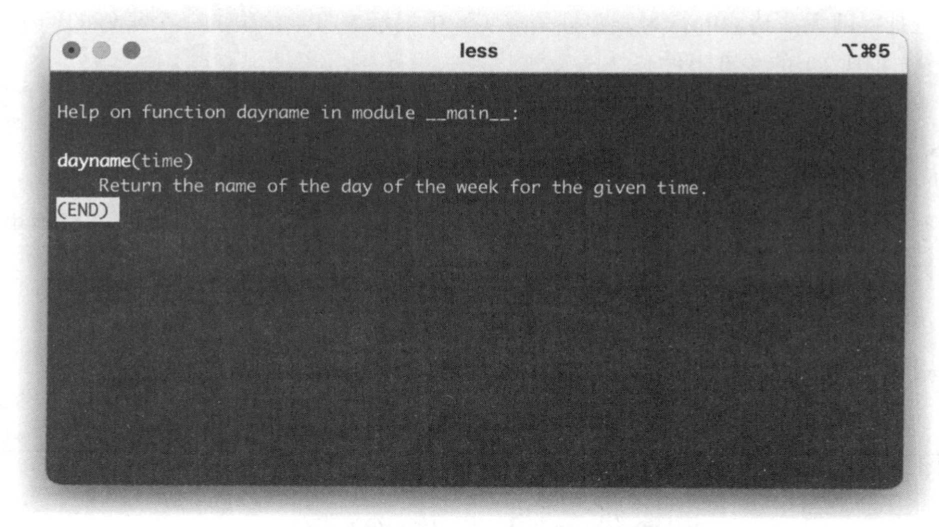

图 5.1　运行 help（dayname）的结果

如前所述，通常不会在 REPL 定义的函数中包含文本字符串，但代码清单 5.4 中包含它，这是为了演示图 5.1 中的 help() 函数。因为内置的 Python 函数通常会定义文本字符串，因此在 REPL 中使用 help() 也很有用。

⊖　Python 文本字符串通常使用命令式编写，例如，“Return the name” 而不是 “Returns the name”。

5.1.1　一级函数

Python 函数的一个显著特征在于，其在诸多方面均可被视为常规变量（有时也称为一级对象）。如在 5.1 节中所定义的 square( ) 函数：

```
>>> def square(x):
...     return x*x
...
>>> square(10)
100
```

实际上可以将 Python 函数赋值给一个新的变量，并按照以往的方式调用它：

```
>>> pow2 = square
>>> pow2(7)
49
```

也许更酷的是，可以将函数作为参数传递给其他函数。例如，可以创建一个函数来应用另一个函数计算，然后加 1 返回，就像这样：

```
>>> def function_adder(x, f):
...    return f(x) + 1
...
>>>
```

可以将 square 作为参数传递，不带括号，所以不是 square( )：

```
>>> function_adder(10, square)
101
```

内置的 Python 函数与之工作方式相同：

```
>>> import math
>>> function_adder(100, math.log10)
3.0
```

最终的运行结果是因为 $\log_{10} 100=\log_{10} 10^2=2$，而 $2+1=3$。（思考：为何返回值显示为 3.0？）㊀

5.1.2　变量和关键字参数

除了常规参数，Python 函数还支持可变长度参数和关键字参数。虽然本书中并未定义带有这类参数的函数，但是许多内置的 Python 函数会使用它们，其他程序代码也可能用到。该类参数对于 Python 中某些更高级别的工作也非常有价值。接下来查看它们具体是如何工作的。

假设定义一个名为 foo( ) 的函数，它有两个参数 bar 和 baz：

```
>>> def foo(bar, baz):
...     print((bar, baz))
...
>>> foo("hello", "world")
('hello', 'world')
```

㊀ 答案：math.log10( ) 函数返回浮点值，而不是整数值。

此例打印了一个元组（参考 3.6 节），其中包含这两个参数值，以展示参数具体值是什么。如果不知道传入多少个参数该怎么办？例如，接下来调用无法正常执行：

```
>>> foo("hello", "world", "good day!")
  File "<stdin>", line 1, in <module>
TypeError: foo() takes 2 positional arguments but 3 were given
```

Python 通过特殊的星号语法 *args㊀支持可变数量的函数参数。

```
>>> def foo(*args):
...     print(args)
...
>>> foo("hello", "world", "good day!")
('hello', 'world', 'good day!')
```

上例可见，Python 自动创建了这些参数的元组，它适用于任意数量的参数。

```
>>> foo("This", "is a bunch", "of arguments", "to the function")
('This', 'is a bunch', 'of arguments', 'to the function')
```

相关构造函数采用双星号或双星语法来表示关键字参数，这些关键字参数是用等号分隔的键 - 值对。在这种情况下，*args 的类似物称为 **kwargs；如果 *args 结果是一个元组，猜测一下 **kwargs 的作用：

```
>>> def foo(**kwargs):
...     print(kwargs)
...
>>> foo(a="hello", b="world", bar="good day!")
{'a': 'hello', 'b': 'world', 'bar': 'good day!'}
```

如你所料，**kwargs 会自动将参数中的键 - 值对转换为 Python 中应用此类键值对的标准数据类型，即字典（4.4 节）。

一个常见的模式是结合 *args 和 **kwargs，从而能够接收多种不同类型的参数。一个简单示例请参考如下练习。

练习

1. 在 Python 解释器中运行 help(len)，验证 help() 也适用于内置函数。运行命令 help(print) 的结果是什么？（此练习运行结果被称为多行文本字符串。）

2. 定义 deriver() 函数，如代码清单 5.5 所示，该函数接收一个函数参数，并返回在间隔 h 上的变化率。确认与 5.1.1 节首次定义 square() 函数一样，可正确运行。评估输入 deriver(math.cos, math.tau/2) 的运行结果是什么？㊁

㊀ 可以使用 *anything，但是 *args 是习惯用法。

㊁ 读者不难认出 deriver() 作为商，当 h → 0 时，它接近于导数。由于 cos x 的导数在 τ/2 处为 0（对应于最小值），因此 deriver(math.cos, math.tau/2) 值应该接近于 0。而 x^2 的导数是 2x，这就解释了当 x = 3 时，代码清单 5.5 中 square() 函数所示的值。

3. 定义一个同时包含 *args 和 **kwargs 的函数 foo()，如代码清单 5.6 所示。当按照代码清单 5.6 最后一条语句执行该函数时，输出结果是什么？（请注意，在调用 foo() 函数时不应输入…，它们是 Python 解释器自动添加的连续字符。）

代码清单 5.5　推导在一个小区间内的变化率

```
>>> def deriver(f, x):
...     h = 0.00001
...     return (f(x+h) - f(x))/h
...
>>> deriver(square, 3)
6.000009999951316
```

代码清单 5.6　定义一个同时包含 *args 和 **kwargs 的函数 foo()

```
>>> def foo(*args, **kwargs):
...     print(args)
...     print(kwargs)
...
>>> foo("This", "is a bunch", "of arguments", "to the function",
...     a="hello", b="world", bar="good day!")
```

5.2　文件中的函数

虽然在 REPL 中定义函数便于功能演示，但代码较为冗长，更好的做法是将函数放入文件中（参考 4.5 节中的脚本）。从 5.1 节开始，将把函数定义放入文件 hello_app.py 中，然后将其移动到一个更方便的外部文件中。

使用此外部资源需要一个名为 __init__.py 的文件，它使得 Python 将项目目录解释为一个包。虽然这个文件不必包含任何内容，但它必须存在，文件可通过 touch 命令创建：

```
(venv) $ touch __init__.py
```

有了它，就可以像 1.5 节中那样在命令行运行 Flask 应用程序。（在第 8 章中将更多地介绍有关文件需求的知识。）

```
(venv) $ flask --app hello_app.py --debug run
```

回顾一下 hello 应用程序的当前状态，它看起来像代码清单 5.7。（这与代码清单 4.3 相同，如果你已完成了 4.2 节的练习，代码可能会有所不同。）

代码清单 5.7　hello 应用程序的当前状态

hello_app.py

```
from datetime import datetime

from flask import Flask
```

```
app = Flask(__name__)

@app.route("/")
def hello_world():
    DAYNAMES = ["Monday", "Tuesday", "Wednesday",
                "Thursday", "Friday", "Saturday", "Sunday"]
    dayname = DAYNAMES[datetime.now().weekday()]
    return f"<p>Hello, world! Happy {dayname}.</p>"
```

首先将来自 5.1 节的函数定义放入此文件中，如代码清单 5.8 所示。

代码清单 5.8　增加一个函数计算星期几

hello_app.py

```
from datetime import datetime
import calendar

from flask import Flask

def dayname(time):
  """Return the name of the day of the week for the given time."""
  return calendar.day_name[time.weekday()]

app = Flask(__name__)

@app.route("/")
def hello_world():
    DAYNAMES = ["Monday", "Tuesday", "Wednesday",
                "Thursday", "Friday", "Saturday", "Sunday"]
    dayname = DAYNAMES[datetime.now().weekday()]
    return f"<p>Hello, world! Happy {dayname}.</p>"
```

然后，使用 dayname() 函数删除不需要的行，并将 hello_world() 的主体编辑为一行代码，如代码清单 5.9 所示。确认程序正常执行，运行结果如图 5.2 所示。

代码清单 5.9　替换问候

hello_app.py

```
from datetime import datetime
import calendar

from flask import Flask


def dayname(time):
  """Return the name of the day of the week for the given time."""
  return calendar.day_name[time.weekday()]

app = Flask(__name__)

@app.route("/")
```

```
def hello_world():
    return f"<p>Hello, world! Happy {dayname(datetime.now())}.</p>"
```

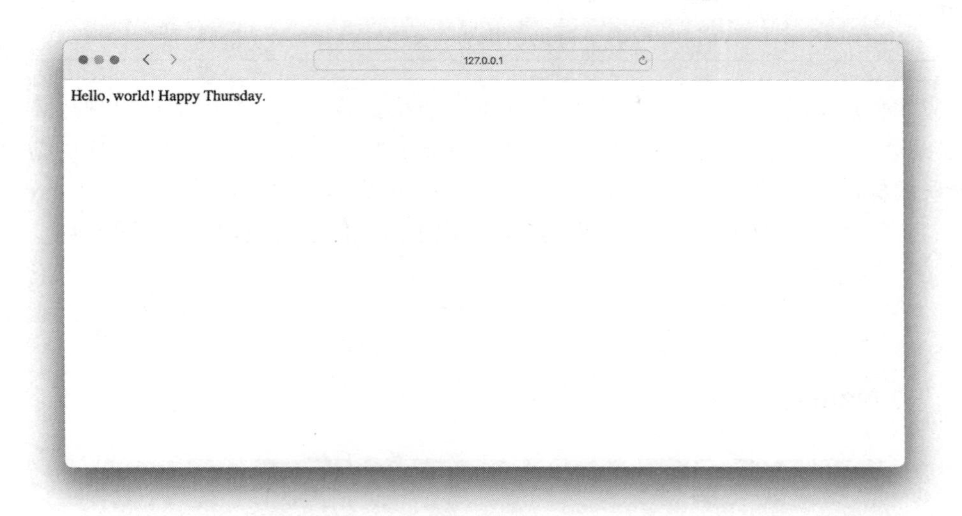

图 5.2　问候函数的执行结果

可以通过将 dayname() 函数重构到一个单独的文件中，然后将其包含到应用程序中来使代码清单 5.9 中的代码更加简洁。首先剪切该函数并粘贴到一个新文件 day.py 中：

```
(venv) $ touch day.py
```

生成的文件如代码清单 5.10 和代码清单 5.11 所示[⊖]。请注意，代码清单 5.11 中的打印问候语略作更新以示区别。

代码清单 5.10　文件中的 dayname() 函数

```
import calendar

def dayname(time):
  """Return the name of the day of the week for the given time."""
  return calendar.day_name[time.weekday()]
```

代码清单 5.11　使用 cut 函数进行问候

hello_app.py

```
from datetime import datetime

from flask import Flask
```

⊖ 在一些编辑器中，可使用 Shift-Command-V 键来粘贴所选内容，该功能会根据当前位置的缩进级别自动对齐，这就省去了手动调整缩进操作。

```python
app = Flask(__name__)

@app.route("/")
def hello_world():
    return f"<p>Hello, world! Happy {dayname(datetime.now())} from a file!</p>"
```

此应用程序无法工作，可通过浏览器的重新加载来验证——程序即刻出现故障，显示 Flask 错误页面（图 5.3），提示出现了 NoMethodError 类型的异常。（异常是程序中指示特定类型错误的标准化方式。）通过查看错误消息可以找出更多出错原因，信息显示 dayname() 方法未定义；放大信息的细节，可见错误信息指出了出现问题的确切行号（图 5.4）。

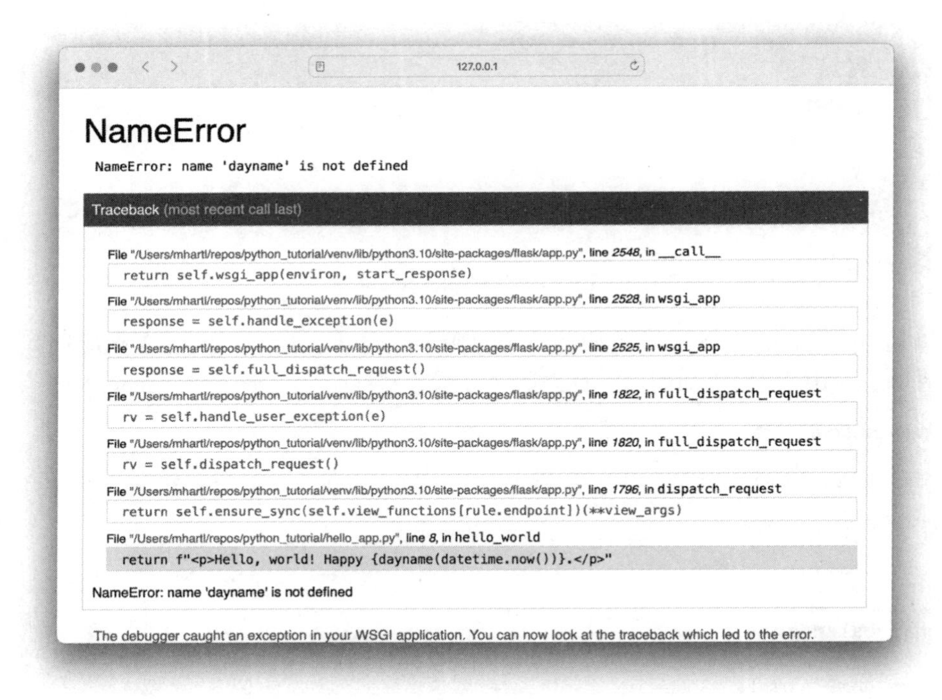

图 5.3 应用程序无法正常运行的明确标志

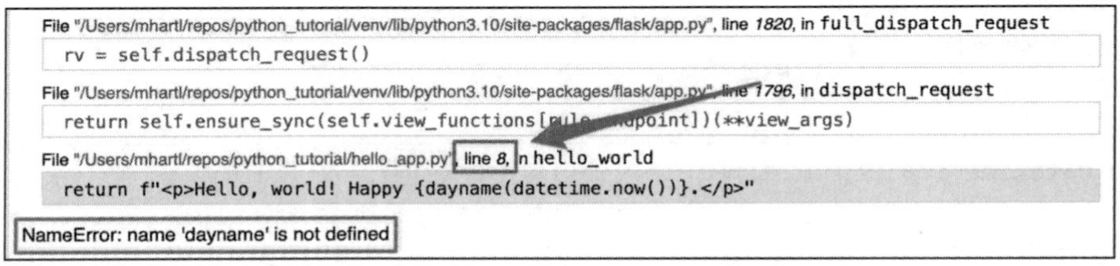

```
File "/Users/mhartl/repos/python_tutorial/venv/lib/python3.10/site-packages/flask/app.py", line 1820, in full_dispatch_request
  rv = self.dispatch_request()
File "/Users/mhartl/repos/python_tutorial/venv/lib/python3.10/site-packages/flask/app.py", line 1796, in dispatch_request
  return self.ensure_sync(self.view_functions[rule.endpoint])(**view_args)
File "/Users/mhartl/repos/python_tutorial/hello_app.py", line 8, in hello_world
  return f"<p>Hello, world! Happy {dayname(datetime.now())}.</p>"
NameError: name 'dayname' is not defined
```

图 5.4 使用 Flask 崩溃页面来查找错误

这是一种强大的代码调试技术：如果 Python 程序崩溃，首选方法是检查错误消息。如果不能立即看出哪里出了问题，在谷歌搜索错误消息通常会得到有用的信息（方框5.1）。

方框 5.1 调试 Python 程序

调试是技术熟练度的重要组成部分：即在应用程序中找到错误并修正它。虽然没有什么比实践经验更有效，但以下一些技巧有助于跟踪代码中不可避免的故障。

- 使用打印语句追踪程序执行的过程。在尝试定位程序的出错原因时，通常可以通过临时添加 print 打印变量语句，帮助找到异常，在错误修复后再将其删除。print 与 repr() 函数结合使用尤其有效，repr() 函数可以返回对象的文本表示（4.3 节），例如 print(repr(a))。
- 注释部分代码。有时候，将怀疑与问题无关的代码注释掉是个明智的做法，这样可以专注于那些出现问题的代码。
- 使用 REPL。启动 Python 解释器并粘贴有问题的代码通常是隔离问题的绝佳方式。在调试脚本时，使用命令 python3 -i script.py 调用脚本，当执行到出错位置时会自行进入 REPL。(REPL 技术的一个更高级版本是 pdb，即 Python 调试器。)
- 谷歌搜索。在谷歌搜索错误消息或其他与错误相关的搜索词（通常会引导至 Stack Overflow 等有用的讨论帖）是每位现代软件开发者必备的重要技能（图 5.5）。

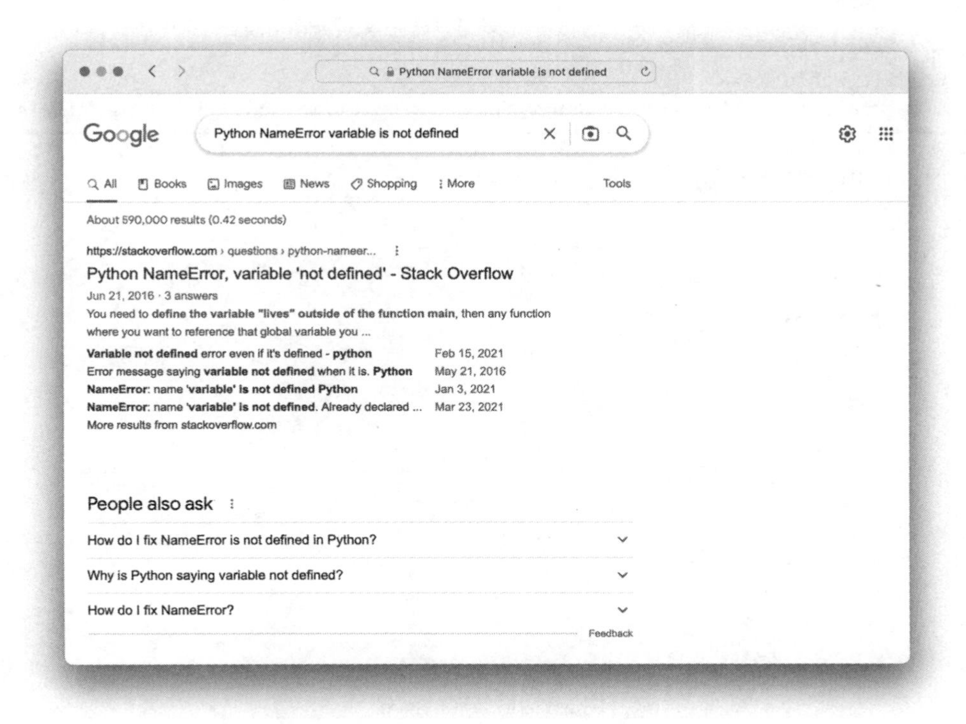

图 5.5 谷歌搜索如何进行程序调试

程序崩溃的原因是从 hello_app.py 中移除了 dayname() 函数，因此程序不知道 dayname 是什么。解决方案是以与导入 flask、datetime 和 calendar 相同的方式导入 dayname，如代码清单 5.12 所示。请注意，代码清单 5.11 中的导入语句包括当前目录（python_tutorial/day），这是必要的，因为在默认情况下 Python 路径不包含项目目录。[⊖]（这样很好，但它会阻止按当前示例编写的应用程序部署到生产环境（1.5 节）。第 8 章中将进一步探讨这个主题，并在第 9 章和第 10 章中运用。

注意，代码清单 5.12 中包含了完整的导入集合——标准库中的模块（datetime）、第三方库（Flask）和自定义库（python_tutorial.day）——依照惯例它们之间用换行符分隔（并且与文件的其他部分之间用两个换行符分隔）。

代码清单 5.12 使用外部文件中的函数

hello_app.py

```
from datetime import datetime

from flask import Flask

from python_tutorial.day import dayname

app = Flask(__name__)

@app.route("/")
def hello_world():
    return f"<p>Hello, world! Happy {dayname(datetime.now())} from a file!</p>"
```

此时，应用程序已正常运行！结果如图 5.6 所示。

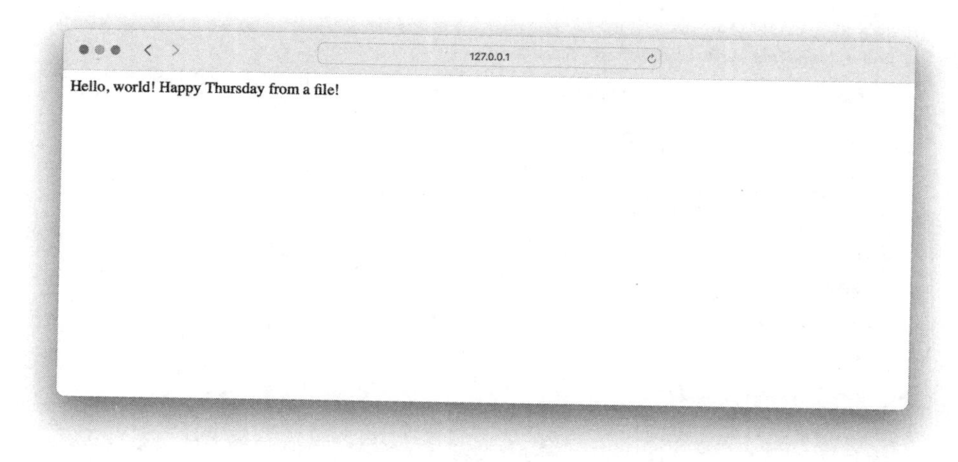

图 5.6 更新后的问候

⊖ 如何将当前目录添加到导入路径中呢？本书的做法是：将 Python 添加到导入路径。

练习

用 day.py 中的 greeting() 函数替换代码清单 5.11 中的插值字符串。在代码清单 5.13 中填写标记为 FILL_IN 的代码，以使代码清单 5.14 正常工作。

代码清单 5.13　定义函数 greeting()

day.py

```
import calendar


def dayname(time):
  """Return the name of the day of the week for the given time."""
  return calendar.day_name[time.weekday()]

def greeting(time):
  """Return a friendly greeting based on the current time."""
  return FILL_IN
```

代码清单 5.14　导入并使用 greeting() 函数

hello_app.py

```
from datetime import datetime

from flask import Flask

from python_tutorial.day import dayname

app = Flask(__name__)

@app.route("/")
def hello_world():
    return greeting(datetime.now())
```

5.3　迭代

本节将介绍前面提到的回文主题（第 1 章）。目标是编写一个名为 ispalindrome() 的函数，如果其参数正向和反向相同，则返回 True，否则返回 False。可将回文的最简单定义表达为“一个字符串等于其反转后的字符串”。（随着时间的推移，将逐步扩展此定义。）为了做到这一点，需要能够反转一个字符串。

将字符串反转的一个直接方法是结合 list() 和 join() 函数（3.4.4 节），并使用 reverse() 函数（3.4.2 节）来实现反转列表的操作：

```
>>> s = "foobar"
>>> a = list(s)
>>> a.reverse()
```

```
>>> "".join(a)
'raboof'
```

上述代码可以正常运行。但在 3.4.2 节中观察到 reversed() 函数既可应用于列表，也适用于字符串，更佳的方法如下：

```
>>> reversed("foobar")
<reversed object at 0x104858d60>
```

reversed() 返回一个反向迭代器。迭代器是 Python 中一个强大的工具，表示一系列数据流——在本例中，是一个字符串的字符序列。在 5.3 节中将看到如何定义一种特殊类型的迭代器，即生成器，还将在 7.2 节实现一个完整的自定义迭代器。

查看 reversed() 结果的一种方法是通过使用 for 循环迭代反向对象（代码清单 5.15）：

代码清单 5.15　在迭代器上使用 for 循环

```
>>> for c in reversed("foobar"):
...     print(c)
...
r
a
b
o
o
f
```

也可以使用 list() 直接查看元素：

```
>>> list(reversed("foobar"))
['r', 'a', 'b', 'o', 'o', 'f']
```

上述可见，list() 函数遍历反向迭代器，并给出了实际字符列表。请注意，与代码清单 5.15 中的代码不同，使用 list() 会在内存中创建完整对象。对于此例这样的小列表来说，可能影响不大，但对于大列表来说，差异显著。[⊖]

在 3.4.4 节中可见如何使用 join() 将列表组合在一起（本例为空格 " "）：

```
>>> "".join(list(reversed("foobar")))
'raboof'
```

字符串的反转方法对于回文检测是很好的进步，但 join() 实际上也会自动遍历可迭代对象，所以可删除中间的 list() 调用：

```
>>> "".join(reversed("foobar"))
'raboof'
```

此刻，可以通过比较一个字符串与它的倒序来判断是否为回文：

⊖ 可以为无限集（如自然数）创建迭代器，即使原则上无法实例化。

```
>>> "foobar" == "".join(reversed("foobar"))
False
>>> "racecar" == "".join(reversed("racecar"))
True
```

工具包中有了这个技术，可以编写回文检测方法的第一个版本了。

将用于检测回文的函数放入自定义文件 palindrome.py 中：

```
(venv) $ touch palindrome.py
```

该如何命名检测回文的函数呢？回文检测器应当接收一个字符串，判断该字符串为回文时返回 True，否则返回 False。这是一个布尔方法。2.5 节中提到，Python 布尔方法的命名通常以单词“is”开头，参考代码清单 5.16 中的函数定义。（对于一个没有附加到对象的模块级别函数，蛇形命名 is_palindrome 更符合惯例。在第 7 章，将把此函数附加到对象。）

代码清单 5.16　定义 is_palindrome 函数

palindrome.py

```python
def reverse(string):
    """Reverse a string."""
    return "".join(reversed(string))

def ispalindrome(string):
    """Return True for a palindrome, False otherwise."""
    return string == reverse(string)
```

代码清单 5.16 中的代码使用 == 比较运算符（2.4 节）返回正确的布尔值。

可以通过在 Python 解释器中导入回文文件来测试代码清单 5.16 中的代码：

```
>>> import palindrome
```

这使得 ispalindrome() 可通过模块名访问：

```
>>> palindrome.ispalindrome("racecar")
True
>>> palindrome.ispalindrome("Racecar")
False
```

如第二个示例，回文检测器返回“Racecar”不是一个回文。为了使检测器更通用，可使用 lower() 在比较之前将字符串转换为小写。具体实现参考代码清单 5.17。

代码清单 5.17　检测不考虑大小写的回文

palindrome.py

```python
def reverse(string):
    """Reverse a string."""
    return "".join(reversed(string))

def ispalindrome(string):
```

```
    """Return True for a palindrome, False otherwise."""
    return string.lower() == reverse(string.lower())
```

回到 REPL，重新加载检测器（使用 importlib 模中的 reload() 函数）[㊀]，并按以下方式运行：

```
>>> from importlib import reload
>>> reload(palindrome)
>>> palindrome.ispalindrome("Racecar")
True
```

运行成功！

作为最后的改进，应遵循“不要自我重复”（或“ DRY ”）的原则，消除代码清单 5.17 中的重复。通过检查代码很容易发现 string.lower() 被使用了两次，这表明应声明一个变量（称为 processed_content）来表示与其自身反转进行比较的实际字符串（代码清单 5.18）。

代码清单 5.18　消除重复

palindrome.py

```
def reverse(string):
    """Reverse a string."""
    return "".join(reversed(string))

def ispalindrome(string):
    """Return True for a palindrome, False otherwise."""
    processed_content = string.lower()
    return processed_content == reverse(processed_content)
```

在代码清单 5.18 的示例中，消除了对 lower() 方法的重复调用，代价是增加了一行代码，因此它并不明显比代码清单 5.17 中的方法更优。在第 8 章中将看到，使用单独的变量能够更灵活地检测更复杂的回文字符串。

最后，检查 ispalindrome() 函数是否仍然按照预期工作：

```
>>> reload(palindrome)
>>> palindrome.ispalindrome("Racecar")
True
>>> palindrome.ispalindrome("Able was I ere I saw Elba")
True
```

手工判断函数是否正常工作有些枯燥乏味。在第 8 章中，将学习如何编写自动化测试代码实现自动检查功能。

生成器

生成器是一种特殊的迭代器，在 3.4.2 节中出现过，使用一种特殊操作 yield 构建。yield 的作用是逐个生成序列中的每个元素。

㊀ 如何在 Python 中重新加载一个模块等相关内容，可通过谷歌搜索（方框 1.2）。

例如，可以通过逐个生成字符的方式来创建一个字符串生成器：

```
>>> def characters(string):
...     for c in string:
...         yield c
...     return None
...
>>> characters("foobar")
<generator object characters at 0x11f9c1540
```

这里返回了 None，在代码清单 5.21 中可见 return 可以省略，因为 None 是默认值。

现在调用字符串的 characters( ) 方法返回一个生成器对象，可以像往常一样进行迭代：

```
>>> for c in characters("foobar"):
...     print(c)
...
f
o
o
b
a
r
```

可使用 join( ) 函数：

```
>>> "".join(characters("foobar"))
'foobar'
```

将字符串转换为生成器很有启发意义，但并不是很有用，因为已经可以对常规字符串进行迭代。来看另一个更有趣的例子，它展示了生成器的优点。

假设编写一个函数，用于查找包含 0 ～ 9 所有数字的数[1]。注意到 3.6 节介绍的 set( ) 函数可以接收一个字符串作为参数，有一种聪明的方法是调用此函数并返回组成该字符串的字符集合。

```
>>> set("1231231234")
{'2', '4', '3', '1'}
```

请注意，对于集合而言，重复的元素会被直接忽略，同时元素的顺序不重要。因此可以通过将数字转换为字符串（如 4.1.2 节中所述），然后将其与包含所有数字的集合进行比较，来检测一个数字是否包含所有 10 个数字。

```
>>> str(132459360782)
'132459360782'
>>> set(str(132459360782))
{'8', '7', '9', '3', '4', '0', '2', '6', '1', '5'}
>>> set(str(130245936782)) == set("0123456789")
True
```

---

[1] 感谢汤姆 · 雷佩蒂提供的这个例子以及他在编写本节内容时的协助。

函数返回第一次出现的元素的实例将在代码清单 5.19 中展示，示例演示了它在一个整数短列表上的运行方式。请注意，代码清单 5.19 使用了与代码清单 5.3 相同的技术，一旦特定条件满足就立即从函数跳出。

代码清单 5.19　寻找包含所有 10 个数字的数

```
>>> def has_all_digits(numbers):
...     for n in numbers:
...         if set(str(n)) == set("0123456789"):
...             return n
...     return None
...
>>> has_all_digits([1424872341, 1236490835741, 12341960523])
1236490835741
```

现在使用函数来寻找第一个包含所有数字 0 ～ 9 的完全平方数。一种方法是创建一个列表，其中包含直到某个数为止的所有数字；因为不知道要多大的数，所以先假定为 10^8（加 1 是因为 range（n）结束于 n－1，但这并不重要）。结果显示如代码清单 5.20 所示。

代码清单 5.20　创建一个平方数列表

```
>>> squares = []
>>> for n in range(10**8 + 1):
...     squares.append(n)
...
>>>
```

（将在 6.4.1 节中看到生成此列表的更好方法。）就此时而言，即使在新计算机上，运行上述代码也需要很长时间，以至于只能按 Ctrl+C 来跳出循环。（事实证明，不必一直运行到 10^8，这里仅演示原理。）

代码清单 5.20 中的解决方案需要运行很长时间是因为迭代的范围大，并且整个列表必须在内存中创建。一个更妙的解决方案是使用 yield 创建生成器，仅在需要时提供下一个平方数。如代码清单 5.21 中所示创建一个平方数生成器，请注意，示例省略了 return，默认将返回 None。

代码清单 5.21　平方数生成器

```
>>> def squares_generator():
...     for n in range(10**8 + 1):
...         yield n**2
...
>>> squares = squares_generator()
```

顺便提一下，为什么在代码清单 5.21 中调用 range() 函数不会创建整个列表？答案是，过去确实会创建它，必须使用 xrange() 来避免占用过多内存。但从 Python 3 开始，range() 函数会按需产生范围之内的下一个元素。这种模式称为惰性计算，实际上也是生成器产生的行为。

通过代码清单 5.21 中最后的赋值，已经准备好得到第一个包含所有数字的完全平方数了：

```
>>> has_all_digits(squares)
1026753849
```

为了增加可读性，添加逗号后的显示结果是 1,026,753,849，可以使用 math.sqrt( ) 确认它等于 $32{,}043^2$。

练习

1. 在 Python 解释器中，确定当前系统是否支持使用代码清单 5.17 中 ispalindrome( ) 函数中的表情符号。如果支持表情符号内容，运行结果应该类似图 5.7。（请注意，如果表情符号在水平翻转后保持不变，则它是一个"回文"，因此狐狸脸表情符号是回文，而赛车表情符号不是，尽管单词"racecar"是回文。）

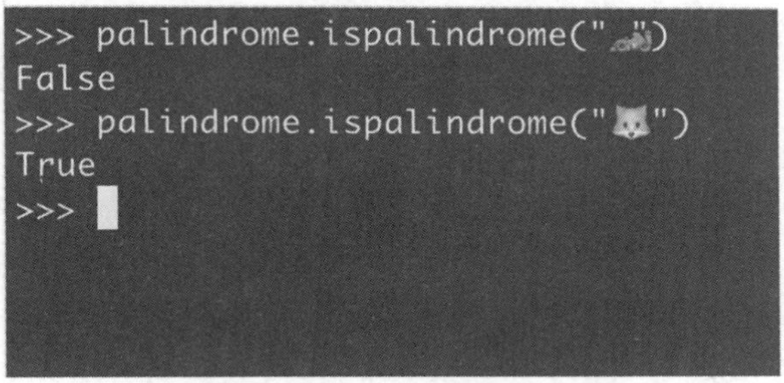

```
>>> palindrome.ispalindrome("🏎")
False
>>> palindrome.ispalindrome("🦊")
True
>>>
```

图 5.7　检测回文表情符号

2. 使用代码清单 5.22 中的代码，展示如何使用在 3.3 节讨论过的高级切片操作符 [::−1]，用一行表达 ispalindrome( ) 函数。（有些 Python 程序员可能更倾向于这种方法，但减少代码长度并不是降低程序清晰度的理由。）

代码清单 5.22　ispalindrome( ) 的一个简洁但相对晦涩的版本

palindrome.py

```
def ispalindrome(string):
    """Return True for a palindrome, False otherwise."""
    return string.lower() == string.lower()[::-1]
```

3. 编写一个生成器函数，返回前 50 个偶数。

Chapter 6 第6章

函数式编程

前面我们学习了如何定义函数，并将其应用到不同的场景中，本章将通过学习函数式编程的基础知识来提升我们的编程水平。函数式编程是一种强调函数的编程模式。正如所见，Python 中的函数式编程经常使用一种强大（而且非常 Python 式）的技术类，称为推导，它通常涉及使用函数来方便地构建具有特定元素的 Python 对象。最常见的推导是列表推导和字典推导，分别用于创建列表和字典。接下来，将通过一个示例展示如何使用生成器推导来复制 5.3 节的结果，并对集合推导进行简要的介绍。

本章内容颇具挑战性，需要进行一些反复练习才能完全理解（方框 6.1），不过内容却相当实用。

方框 6.1 反复练习

在学习武术、象棋或者语言的过程中，常常遇到不论进行再多分析或反思都无法再进一步的问题，这时，唯一需要做的就是多次反复练习。

令人惊讶的是，刚尝试某件事情时，可能有点明白但并不十分清楚，然后再次尝试，取得了很大的进步。有时这意味着重新阅读特别棘手的部分或章节，甚至是重新阅读整本书。

反复练习重要的一点是放下自我评判——允许自己当下的表现不出色。(许多人，包括自己在内，通常需要勤加练习才能将一件事情做得很好。)

给自己一点时间休息，坚持练习，技术会日渐精进。

入门函数式编程的一般技巧是先执行包含一系列命令的任务（称为“命令式编程”[㊀]），

㊀ 来自拉丁语 imper-at-ivus，“从一个命令开始”。

然后展示如何使用函数式编程来完成相同的事情。

为了方便操作，将为此创建一个文件，而不是在 REPL 中键入所有内容：

```
(venv) $ touch functional.py
```

6.1 列表推导式

现在开启 Python 函数式编程的学习之旅，这里将运用一种技巧，这种技巧称为列表推导式，它允许使用单一的命令来构建列表。其效果与 *Learn Enough JavaScript to be Dangerous* 和 *Learn Enough Ruby to be Dangerous* 一书中介绍的 map 函数类似。实际上，Python 本身也支持 map，但列表推导式更具 Python 风格。

来看一个具体的例子。假设有一个大小写混合的字符串列表，想要创建一个与之对应的全小写字符串列表，字符串之间用短横线字符连接（以使结果适用于 URL 环境），示例如下：

```
"North Dakota" -> "north-dakota"
```

使用本书前面介绍的方法，可按如下方式操作：

1. 定义一个变量，其中包含一个字符串列表。

2. 为 URL 字符串列表定义第二个变量（初值为空）。

3. 对于第一个列表中的每个元素，使用 append() 函数（3.4.3 节）将其转化为小写字符串版本（2.5 节），元素之间以空格进行拆分（4.3 节），然后再用连字符将元素连接（3.4.4 节）。（也可以用空格 " " 进行拆分（4.3 节），但是用空格进行拆分更加不易出错，所以默认情况下最好使用它。）

请在 REPL 中构建这个过程，然后将其写入文件。接下来从单个 state 的第三步操作开始演示。

```
(venv) $ python3
>>> state = "North Dakota"
>>> state.lower()
'north dakota'
>>> state.lower().split()
['north', 'dakota']
>>> "-".join(state.lower().split())
'north-dakota'
```

请注意上例使用了组合 lower().split()，它在方法链中连续应用两种方法。虽然这在 Python 中并不像其他面向对象语言那样普遍使用（因为多数 Python 程序使用迭代器（5.3 节）），但确实值得了解。

将此 join() 与上述其他步骤相结合，得到的结果如代码清单 6.1 所示。这段代码有些复杂，阅读此代码能够测试你的 Python 技术水平是否有进步。（如果难以理解，启动 Python

解释器并在 REPL 中运行命令。)

代码清单 6.1　将列表转换为适合 URL 的字符串

functional.py

```
states = ["Kansas", "Nebraska", "North Dakota", "South Dakota"]

# urls：命令版本
def imperative_urls(states):
    urls = []
    for state in states:
      urls.append("-".join(state.lower().split()))
    return urls

print(imperative_urls(states))
```

代码清单 6.1 的运行结果如下：

```
(venv) $ python3 functional.py
['kansas', 'nebraska', 'north-dakota', 'south-dakota']
```

接下来看看如何用列表推导式完成相同的操作。从一些更简单的示例开始，首先复制 list() 函数，示例如下：

```
>>> list(range(10))                         # list()函数
[0, 1, 2, 3, 4, 5, 6, 7, 8, 9]
>>> [n for n in range(10)]                  # 列表推导式
[0, 1, 2, 3, 4, 5, 6, 7, 8, 9]
```

第二个命令，即列表推导式，创建一个列表，其中包含范围 0 ～ 9 中的每个 n。它比 list() 更加灵活，还可以与其他操作一起使用，例如平方运算：

```
>>> [n*n for n in range(10)]
[0, 1, 4, 9, 16, 25, 36, 49, 64, 81]
```

将相似的技巧应用于字符串列表，通过依次调用每个字符串的 lower() 方法（这只是一种函数类型），来创建一个小写版本的列表：

```
>>> [s.lower() for s in ["ALICE", "BOB", "CHARLIE"]]
['alice', 'bob', 'charlie']
```

回到主要示例，可以将“转换为小写，再拆分，再连接”这一系列转换操作视为单个操作，并使用列表推导式依次将该操作应用于列表中的每个元素。结果是如此紧凑，很适合 REPL：

```
>>> states = ["Kansas", "Nebraska", "North Dakota", "South Dakota"]
>>> ["-".join(state.lower().split()) for state in states]
['kansas', 'nebraska', 'north-dakota', 'south-dakota']
```

将这段内容粘贴到 functional.py 中，该文件内容非常简短，如代码清单 6.2 所示。

代码清单 6.2　添加一个使用列表推导式的函数技巧

functional.py

```
states = ["Kansas", "Nebraska", "North Dakota", "South Dakota"]

# urls：命令版本
def imperative_urls(states):
    urls = []
    for state in states:
      urls.append("-".join(state.lower().split()))
    return urls

print(imperative_urls(states))

# urls：函数版本
def functional_urls(states):
    return ["-".join(state.lower().split()) for state in states]

print(functional_urls(states))
```

可以在命令行验证运行结果：

```
(venv) $ python3 functional.py
['kansas', 'nebraska', 'north-dakota', 'south-dakota']
['kansas', 'nebraska', 'north-dakota', 'south-dakota']
```

使用 Python 列表推导式，可以在没有 map 的情况下处理这些州名。

最后作为改进，将负责使字符串具有 URL 兼容性的方法链拆分成一个名为 urlify() 的单独辅助函数：

```
def urlify(string):
    """Return a URL-friendly version of a string.

    Example: "North Dakota" -> "north-dakota"

"""
return "-".join(string.lower().split())
```

请注意，这是一个包含了多行的文本字符串，其中包括成功操作的示例。在 functional.py 中定义此函数，并在命令解释器和函数中运行，详见代码清单 6.3。

代码清单 6.3　定义辅助函数

functional.py

```
states = ["Kansas", "Nebraska", "North Dakota", "South Dakota"]

def urlify(string):
    """Return a URL-friendly version of a string.

    Example: "North Dakota" -> "north-dakota"
    """
```

```
    return "-".join(string.lower().split())

# urls: 命令版本
def imperative_urls(states):
    urls = []
    for state in states:
        urls.append(urlify(state))
    return urls

print(imperative_urls(states))

# urls: 函数版本
def functional_urls(states):
    return [urlify(state) for state in states]

print(functional_urls(states))
```

运行结果仍旧未变：

```
(venv) $ python3 functional.py
['kansas', 'nebraska', 'north-dakota', 'south-dakota']
['kansas', 'nebraska', 'north-dakota', 'south-dakota']
```

与命令版本相比，函数版本只有四分之一的代码行数（只有 1 行而不是 4 行），不会改变任何变量（这通常是命令编程中易出错的步骤），并且完全消除了中间列表（urls）。这是令人非常高兴的事情。

练习

使用列表推导式编写一个函数，该函数接收 states 变量并返回一个 URL 列表，形如 https://example.com/<urlified form>。

6.2 条件列表推导式

除了支持使用 for 循环创建列表外，Python 列表推导式还支持使用 if 语句选择只满足特定条件的元素。Python 通过这种带有条件的列表推导式，可以复制 JavaScript 的 filter 和 Ruby 的 select 操作。（实际上与 map 一样，Python 直接支持 filter，且推导式版本更具 Python 风格。）

例如，想要选择 states 列表中由多个单词组成的字符串，同时保留只有一个词的州名称。如 6.1 节所示，先编写一个命令式代码版本：

1. 定义一个列表来存储单个词的字符串。

2. 对于列表中的每个元素，如果将其按空格分割后得到的列表长度为 1，则调用 append() 将其添加到存储列表中。

结果如代码清单 6.4 所示。请注意，从代码清单 6.4 开始，垂直的省略号表示省略的代码。

代码清单 6.4　通过命令解决过滤问题

function.py

```
states = ["Kansas", "Nebraska", "North Dakota", "South Dakota"]
.
.
.
# singles：命令版本
def imperative_singles(states):
    singles = []
    for state in states:
        if len(state.split()) == 1:
            singles.append(state)
    return singles

print(imperative_singles(states))
```

在代码清单 6.4 中出现了代码清单 6.1 中熟悉的模式：首先定义一个辅助变量 states；然后循环遍历原始列表，并在必要时更改变量；然后返回更改后的结果。此操作并不完美但很有效：

```
(venv) $ python3 functional.py
['kansas', 'nebraska', 'north-dakota', 'south-dakota']
['kansas', 'nebraska', 'north-dakota', 'south-dakota']
['Kansas', 'Nebraska']
```

现在看看如何使用列表推导式完成相同的任务。就像 6.1 节中一样，先从 REPL 的一个简单数字示例开始。模运算符 % 返回一个整数除以另一个整数后的余数。换句话说，17% 5（读作"十七模五"）是 2，因为 5 除 17 三次（得到 15），剩下 17 − 15=2。特别地，考虑到整数模 2，结果被分为两个等价类：偶数（余数为 0（模 2））和奇数（余数为 1（模 2））。代码如下：

```
>>> 16 % 2  # even
0
>>> 17 % 2  # odd
1
>>> 16 % 2 == 0  # even
True
>>> 17 % 2 == 0  # odd
False
```

可以在列表推导式中使用运算符 % 来处理数字列表，并且元素只包含偶数：

```
>>> [n for n in range(10) if n % 2 == 0]
[0, 2, 4, 6, 8]
```

这与常规的列表推导式完全相同，只多了一个 if 条件。同理可见，代码清单 6.4 中的函数版本更加简洁——事实上，如代码清单 6.2 一样，代码被压缩成了一行，与 REPL 中所示相同：

```
>>> [state for state in states if len(state.split()) == 1]
['Kansas', 'Nebraska']
```

将结果放入示例文件中，再次强调函数版本比命令版本代码要更紧凑（代码清单 6.5）。

代码清单 6.5　通过函数解决选择问题

functional.py

```
states = ["Kansas", "Nebraska", "North Dakota", "South Dakota"]
.
.
.
# singles：命令版本
def imperative_singles(states):
    singles = []
    for state in states:
        if len(state.split()) == 1:
            singles.append(state)
    return singles

print(imperative_singles(states))

# singles：函数版本
def functional_singles(states):
    return [state for state in states if len(state.split()) == 1]

print(functional_singles(states))
```

根据需要，结果是相同的。

```
(venv) $ python3 functional.py
['kansas', 'nebraska', 'north-dakota', 'south-dakota']
['kansas', 'nebraska', 'north-dakota', 'south-dakota']
['Kansas', 'Nebraska']
['Kansas', 'Nebraska']
```

尽管列表推导式很紧凑，值得注意的是，它们的使用存在局限性。特别是，随着列表推导式的逻辑变得越来越复杂，代码很快会变得笨拙。因此，建立复杂的列表推导被认为是非 Python 式的；如果试图将太多的内容压缩到一个单一的推导式中，可考虑使用传统的 for 循环来代替。

练习

编写两个等效列表推导式返回 Dakota：一个使用 in（2.5 节）测试字符串“Dakota”是否存在，另一个测试拆分列表的长度是否为 2。

6.3　字典推导式

下一个示例是使用字典推导式的函数式编程，这大致等同于 *Learn Enough JavaScript to be Dangerous* 和 *Learn Enough Ruby to be Dangerous* 书籍中的 reduce 和 inject 函数。熟悉这些书籍相应内容的读者可能会感觉字典推导式简单很多。（Python 2 中包含一个 reduce() 方法，但它已从默认的 Python 3 中删除；但仍然可以通过 functools 模块获得。）

本节示例基于 6.1 节和 6.2 节中涉及美国州名的列表推导式。特别是，将创建一个字典，将州名与每个名称的长度关联起来，结果如下所示[⊖]：

```
{
    "Kansas": 6,
    "Nebraska": 8,
    "North Dakota": 12,
    "South Dakota": 12
}
```

通过初始化一个 lengths 长度对象，然后迭代州名来实现，将 lengths[dictionary] 设置为相应的长度：

```
lengths[state] = len(state)
```

完整代码示例参考代码清单 6.6。

代码清单 6.6　州 - 长度的命令式解决方案

functional.py

```
.
.
.
# lengths：命令版本
def imperative_lengths(states):
    lengths = {}
    for state in states:
        lengths[state] = len(state)
    return lengths

print(imperative_lengths(states))
```

如果在命令行运行程序，结果将输出预期的字典：

```
(venv) $ python3 functional.py
.
.
.
{'Kansas': 6, 'Nebraska': 8, 'North Dakota': 12, 'South Dakota': 12}
```

⊖ 请注意，关于格式化字典的约定差异很大，最好选择一个并坚持下去。

函数版本极其简单。与列表推导式一样，使用 for 循环创建每个元素来帮助理解列表元素；对于字典推导式，只需使用花括号而不是方括号，以及键 - 值配对而不是单个元素。在当前 REPL 环境中，代码如下：

```
>>> {state: len(state) for state in states}
{'Kansas': 6, 'Nebraska': 8, 'North Dakota': 12, 'South Dakota': 12}
```

将这段内容粘贴到文件中，然后生成代码清单 6.7：

代码清单 6.7 州 - 长度的函数式解决方案

functional.py

```
.
.
.
# lengths：命令版本
def imperative_lengths(states):
    lengths = {}
    for state in states:
        lengths[state] = len(state)
    return lengths

print(imperative_lengths(states))

# lengths：函数版本
def functional_lengths(states):
    return {state: len(state) for state in states}

print(functional_lengths(states))
```

在命令行中运行程序得到的预期结果如下：

```
(venv) $ python3 functional.py
.
.
.
{'Kansas': 6, 'Nebraska': 8, 'North Dakota': 12, 'South Dakota': 12}
{'Kansas': 6, 'Nebraska': 8, 'North Dakota': 12, 'South Dakota': 12}
```

与 6.1 节和 6.2 节中的示例一样，字典推导式将命令版本的功能压缩到了一行。虽然并非总是如此，但这种大规模压缩是函数式编程的常见特征之一。这也是为什么用“LOC”或“代码行数”作为衡量程序大小或程序员能力的指标，是不可靠的。

练习

使用字典推导式编写一个函数，该函数将 states 中的每个元素与其 URL 兼容版本关联起来。提示：重用代码清单 6.3 中定义的 urlify() 函数。

6.4　生成器推导式和集合推导式

本节将使用推导式重现 5.3 节的结果。首先是使用列表推导式，然后使用生成器推导式。本节还包含集合推导式的简单示例。

6.4.1　生成器推导式

回顾 5.3 节，定义一个函数查找包含所有 0 ～ 9 的数字，如代码清单 6.8 所示。

代码清单 6.8　查找包含所有 0 ～ 9 的数字（回顾）

```
>>> def has_all_digits(numbers):
...     for n in numbers:
...         if set(str(n)) == set("0123456789"):
...             return n
...     return None
```

在代码清单 5.20 中，采用命令式建立完全平方数列表较为耗时。掌握 6.1 节相关技术后，现在可以用列表推导式来创建相同的列表：

```
>>> squares = [n**2 for n in range(10**8 + 1)]
```

不幸的是，尽管这段代码语句构成更佳，但仍然需要遍历整个范围，并在内存中创建了整个列表。这与 5.3 节中的示例存在同样的问题，不得不在代码执行完毕之前按下 Ctrl+C 键来中断执行。

类比代码清单 5.21 中的示例，它使用 yield 逐个产生平方数。可使用生成器推导式更方便地创建，该方法看起来像列表推导式，但是使用括号而不是方括号。

```
>>> squares = (n**2 for n in range(10**8 + 1))
```

就像代码清单 5.21 中的生成器一样，仅在需要时创建下一个数字，这意味着像 5.3 节中的操作那样，可以找到所有 10 个数字的第一个完全平方数：

```
>>> has_all_digits(squares)
1026753849
```

运行结果相同 $1{,}026{,}753{,}849=32{,}043^2$，但代码要简洁得多。

6.4.2　集合推导式

如果规则可以简单指定，集合推导式可以用于快速创建集合。带条件或者不带条件的语法，几乎与 6.1 节和 6.2 节中列表推导式的语法相同，只是用大括号代替方括号。

例如，可以按照以下方式制作一个包含 5 ～ 20 之间所有数字的集合。

```
>>> {n for n in range(5, 21)}
{5, 6, 7, 8, 9, 10, 11, 12, 13, 14, 15, 16, 17, 18, 19, 20}
```

也可以按照以下方式制作一个包含大于 0 的偶数的集合：

```
>>> {n for n in range(10) if n % 2 == 0}
{0, 2, 4, 6, 8}
```

集合操作，如交集（&），正常运行：

```
>>> {n for n in range(5, 21)} & {n for n in range(10) if n % 2 == 0}
{8, 6}
```

练习

创建一个生成器推导式，返回前 50 个偶数。

6.5 其他函数相关技术

当然，推导式是 Python 中最常见和最强大的函数技术之一，但 Python 语言中还包括许多其他技术。其中一个例子是对列表（或范围）中的元素求和，我们可以使用代码清单 6.9 中的代码进行迭代。请注意熟悉的模式，即初始化一个变量（在这种情况下是 total），然后以某种方式向其添加内容（在这种情况下是直接加一个数字）[⊖]。

代码清单 6.9 整数求和的命令式解决方案

functional.py

```
.
.
.
numbers = range(1, 101)      # 1～100

# sum：命令式解决方案
def imperative_sum(numbers):
    total = 0
    for n in numbers:
      total += n
    return total

print(imperative_sum(numbers))
```

输出结果为 5050：

```
(venv) $ python3 functional.py
.
.
.
5050
```

⊖ 依照惯例对 1 ～ 100 之间的数字求和，在代码清单 6.9 中使用了 range(1, 101) 来生成 1 ～ 100 的数字范围。当然，如果我们使用 range（101），答案仍然相同，因为加 0 不会改变总和。

整数求和使用内置的 sum() 函数的（非常符合 Python 式）解决方案：

```
>>> sum(range(1, 101))
5050
```

文件中使用这个函数添加了额外的一行，具体参考代码清单 6.10。

代码清单 6.10　一个完全 Python 化的整数求和解决方案

functional.py

```
.
.
.
numbers = range(1, 11)  # 1～10

# sum：命令式解决方案
def imperative_sum(numbers):
    total = 0
    for n in numbers:
      total += n
    return total

print(imperative_sum(numbers))
print(sum(numbers))
```

可在命令行运行程序，结果一致：

```
(venv) $ python3 functional.py
.
.
.
5050
5050
```

相似的工具是 math 模块中的 prod() 函数，它返回列表元素的乘积。itertools 模块包含了大量类似工具。

函数式编程和 TDD

在许多情况下，命令式提供了解决问题的最直接方法。尽管命令通常比函数的代码更长，但它们是学习编程很不错的开端。通常情况是为完成特定任务编写相关执行命令，例如代码清单 6.9 中所示的求和，然后发现函数也可以实现（本例使用内置的 sum() 函数）。但对正常工作的代码进行更改可能存在风险，因此人们不一定愿意更改为函数式代码。

我偏爱的用于应对这一挑战的技术是测试驱动开发（TDD），它涉及编写自动化测试代码，以捕捉期望的行为。然后，可以使用任何方法以使测试通过，包括不美观但易于理解的命令式解决方案。这时候，可以重构代码——改变代码形式但不改变功能——采用更简洁的函数式解决方案。只要测试仍然通过，即可确认代码仍有效。

在第 8 章，将把此具体技术应用到第 7 章开发的主体对象上。特别是使用 TDD 技术对 ispalindrome() 函数进行意想不到的扩展，此函数首次出现在 5.3 节中，它可以检测像“A man, a plan, a canal—Panama!”这样复杂的回文。

练习

使用 math.prod() 找出范围为 1 ～ 10 的数字的乘积。这与 math.factorial（10）相比结果如何？

第7章 Chapter 7

对象和类

此前已经对诸多 Python 对象的实例进行了学习，接下来将学习如何利用 Python 类来构建符合定制化需求的对象。这类对象拥有与其相关联的数据（属性）以及函数（方法）。与此同时，还将学习如何为类定义一个专属的迭代器。最后，还将了解如何通过继承来实现函数的复用。

7.1 定义类

类是具有相同属性和方法的对象集合。在 Python 中，可以使用两个基本元素来创建类：

1. 使用 class 关键字来定义类。
2. 使用特殊的 __init__ 方法（通常称为初始化函数）来指定如何初始化一个类。

具体例子是一个带有 content 属性的 Phrase 类，在文件 palindrome.py 中（见 5.3 节）。接下来逐步构建类（为了简单起见，暂时省略了 reverse() 和 ispalindrome() 函数）。第一个元素是 class 类本身（代码清单 7.1）。

代码清单 7.1 定义 Phrase 类

palindrome.py

```
class Phrase:
    """A class to represent phrases."""

if __name__ == "__main__":
    phrase = Phrase()
    print(phrase)
```

在代码清单 7.1 中，创建一个 Phrase 类的实例（特定对象）：

```
phrase = Phrase()
```

该语法会在后台自动调用 __init__ 方法：

```
if __name__ == "__main__":
```

如果文件在命令行下运行，则安排执行后续代码，而当该类被加载到其他文件时则不执行。这种约定非常符合 Python 式，但可能有些晦涩难懂；大多数 Python 开发者通过示例学会了此技巧。如果对解释详情感兴趣，可参考官方文档 https://docs.python.org/3/library/__main__.html。

与此同时，代码清单 7.1 中的最后一个 print() 语句展示了命令行下的具体执行结果。

```
$ source venv/bin/activate
(venv) $ python3 palindrome.py
<__main__.Phrase object at 0x10267afa0>
```

这演示了 Python Phrase 类的一个基本实例的抽象内部表示。（你的结果是否完全匹配？）还可以看到 if name == "main" 中的值 "main" 的来源——它是“顶级代码环境”，即 Python 脚本执行的环境（包含类、函数、变量等）。

在开始代码清单 7.1 的编码之前说明一下，与变量和方法不同，Python 类使用驼峰命名法（首字母大写）而不是蛇形命名法（2.2 节）。驼峰命名法以其大写字母看起来像骆驼驼峰的外形而得名，它使用大写字母将单词分开，而不是下划线。由于 Phrase 只有一个单词，很难看出规律，7.3 节将更细致地说明此原则，本节定义了一个名为 TranslatedPhrase 的类。

最后，使用 Phrase 来表示一个短语，例如“ Madam, I'm Adam.”，即使它不是正向和反向完全相同，但也可以称为回文。开始时，只需要定义一个名为 Phrase 的初始化函数，该函数接收一个参数（content）并设置一个名为 content[㊀]的数据属性。正如后面所见，可以使用与方法相同的点符号表示法来访问对象的属性。

为了添加属性，首先需要定义 __init__ 方法，在用 Phrase() 初始化对象时将调用该方法（见 7.2 节）。在 Python 中使用双下划线是一种惯例，表示内部用于定义对象行为的“魔法”方法。在 7.2 节将看到更多这样的魔法或“笨拙”（双下划线）方法的例子。（无论是双下划线还是单下划线，对于 Python 属性和方法都具有特殊含义。具体内容详见 7.4 节。）

代码清单 7.2 初始化了一个名为 content 的数据属性，该属性通过附加到 self 对象来加以区分，在类内部代表对象本身[㊁]。请注意，将它们都称为 content 只是一种约定；也可以这样写：

㊀ Python 的数据属性对应的是 Ruby 的实例变量和 JavaScript 的属性。Ruby 采用的是 @ 符号，JavaScript 则运用 this 符号（后面跟一个点），而 Python 却是使用 self（后面也跟一个点）。

㊁ 如果正在编写具有许多属性的类，请看看 dataclasses 模块。数据类使用一个特殊的装饰器称为 @dataclass 来自动创建像 __init__ 这样的方法，省去了输入 self.<something> = <something> 初始化操作的麻烦。

```python
    def __init__(self, foo):
        self.bar = foo
```

代码清单 7.2 定义 __init__ 方法

palindrome.py

```python
class Phrase:
    """A class to represent phrases."""
    def __init__(self, content):
        self.content = content

if __name__ == "__main__":
    phrase = Phrase("Madam, I'm Adam.")
    print(phrase.content)
```

这可能会让读者感到困惑，但 Python 不会受任何影响。根据代码清单 7.2 中的定义，现在有了一个可运行的示例：

```
(venv) $ python3 palindrome.py
Madam, I'm Adam.
```

现在也可以直接使用点符号对 content 赋值，如代码清单 7.3 所示。

代码清单 7.3 为对象属性赋值

palindrome.py

```python
class Phrase:
    """A class to represent phrases."""

    def __init__(self, content):
        self.content = content

if __name__ == "__main__":
    phrase = Phrase("Madam, I'm Adam.")
    print(phrase.content)

    phrase.content = "Able was I, ere I saw Elba."
    print(phrase.content)
```

结果正如猜想的那样：

```
(venv) $ python3 palindrome.py
Madam, I'm Adam.
Able was I, ere I saw Elba.
```

此时准备恢复在 Phrase 初始定义中所展示的 reverse() 和 ispalindrome() 函数，如代码清单 7.4 所示（尽管可以保留，该部分还删除了对 print() 及相关行的调用。基于 if __name__ == "__main__" 法宝，只有当文件以脚本形式运行时它才会执行）。

代码清单 7.4 初始化 Phrase 类定义

palindrome.py

```
class Phrase:
    """A class to represent phrases."""

    def __init__(self, content):
        self.content = content

def reverse(string):
    """Reverse a string."""
    return "".join(reversed(string))

def ispalindrome(string):
    """Return True for a palindrome, False otherwise."""
    processed_content = string.lower()
    return processed_content == reverse(processed_content)
```

作为显示检验，运行 REPL 是个不错的想法，它能够捕捉到任何语法错误。

```
(venv) $ source venv/bin/activate
(venv) $ python3
>>> import palindrome
>>> phrase = palindrome.Phrase("Racecar")
>>> phrase.content
'Racecar'
>>> palindrome.ispalindrome(phrase.content)
True
```

下一步，将 ispalindrome() 函数移入 Phrase 对象，并将其作为一个方法添加。(因为 reverse() 具有普适性，因此将其放在类的外部。请注意，即使放在类定义后面，它也可以在类内部使用。) 我们需要做的事情是将该方法更改为不带参数的方法，以及使用 Phrase 内容而不是 string 变量。后者操作参考代码清单 7.5。

代码清单 7.5 移动函数 ispalindrome() 至 Phrase 类

palindrome.py

```
class Phrase:
    """A class to represent phrases."""

    def __init__(self, content):
        self.content = content

    def ispalindrome(self):
        """Return True for a palindrome, False otherwise."""
        processed_content = self.content.lower()
        return processed_content == reverse(processed_content)
```

```
def reverse(string):
    """Reverse a string."""
    return "".join(reversed(string))
```

与代码清单 7.2 中的赋值一样，代码清单 7.5 显示了在 ispalindrome() 方法内部，可以通过 self 访问 content 的值。

代码清单 7.5 的结果是现在可以直接在 phrase 实例上调用 ispalindrome()。在重新加载 5.3 节 palindrome 模块后，可以在 REPL 中确认结果：

```
>>> from importlib import reload
>>> reload(palindrome)
>>> phrase = palindrome.Phrase("Racecar")
>>> phrase.ispalindrome()
True
```

太棒了！通过字符串“Racecar”初始化的 phrase 实例被判定为一个回文。

代码清单 7.5 中的回文检测器相对简单，但现在有了一个很好的基础，可以在第 8 章中构建（并测试）一个更复杂的回文检测器。

练习

1. 通过代码清单 7.6 中的编码，为 Phrase 对象添加一个 louder() 方法，返回其内容的 LOUDER 版本（均大写）。确认在 REPL 中运行结果如代码清单 7.7 所示。提示：使用 2.5 节适合的字符串方法。

代码清单 7.6　将内容转化为大写 LOUDER

palindrome.py

```
class Phrase:
    """A class to represent phrases."""

    def __init__(self, content):
        self.content = content

    def ispalindrome(self):
        """Return True for a palindrome, False otherwise."""
        processed_content = self.content.lower()
        return processed_content == reverse(processed_content)

    def louder(self):
      """Make the phrase LOUDER."""
      # FILL IN

def reverse(string):
    """Reverse a string."""
    return "".join(reversed(string))
```

代码清单 7.7 在 REPL 中使用 louder() 方法

```
>>> reload(palindrome)
>>> p = palindrome.Phrase("yo adrian!")
>>> p.louder()
'YO ADRIAN!'
```

2. 恢复代码清单 7.3 中的 if __name__ == "__main__" 部分，并确认在导入 palindrome.py 时不会运行。

7.2 自定义迭代器

前面已经介绍了如何遍历几种不同的 Python 对象，包括字符串迭代（2.6 节）、列表迭代（3.5 节）和字典迭代（4.4.1 节），也在 5.3 节展示了迭代器。本节将学习如何向自定义类添加一个迭代器。

使用代码清单 7.5 中定义的类，可以直接遍历其内容（因为它只是一个字符串）：

```
>>> phrase = palindrome.Phrase("Racecar")
>>> for c in phrase.content:
...     print(c)
...
R
a
c
e
c
a
r
```

这大致等同于遍历字典的键：

```
for key in dictionary.keys():      # 非Python式
    print(key)
```

回想 4.4.1 节中内容，可在不调用 keys() 方法的情况下完成：

```
for key in dictionary:             # Python式
    print(key)
```

如果能够用 Phrase 实例完成同样的操作，是很不错的选择：

```
phrase = palindrome.Phrase("Racecar")
for c in phrase:
    print(c)
```

可以通过自定义迭代器来实现。迭代器的一般要求有两个：

1. 一个 __iter__ 方法，用于执行必要的设置然后返回 self。
2. 一个 __next__ 方法，用于返回序列中的下一个元素。

请注意，与 __init__ 一样，用于执行迭代的方法通常使用双下划线，以此表示它们是定义 Python 对象行为的魔法。

特定情况下仍需要 iter() 函数，该函数将普通对象转换为迭代器。在 REPL 中展示如何实现字符串迭代：

```
>>> phrase_iterator = iter("foo")      # 创建字符串迭代器
>>> type(phrase_iterator)              # 使type()查找该类型
<class 'str_iterator'>
>>> next(phrase_iterator)
'f'
>>> next(phrase_iterator)
'o'
>>> next(phrase_iterator)
'o'
>>> next(phrase_iterator)
Traceback (most recent call last):
  File "<stdin>", line 1, in <module>
StopIteration
```

由 type() 函数可知，iter() 接收一个字符串并返回字符串迭代器。调用 next() 将返回序列中的下一个元素，直到遍历到字符串末尾，此时将引发特殊的 StopIteration 异常。

为 Phrase 类添加迭代器的策略如下：

1. 在 __iter__ 中，调用 iter() 方法创建一个基于 content 属性的 phrase 迭代器，然后按照 Python 迭代器的工作方式返回 self。

2. 在 __next__ 中，调用 phrase 迭代器的 next() 方法并返回结果。

将上述步骤转换为代码，得到的结果见代码清单 7.8。

代码清单 7.8 为 Phrase 类添加迭代器

palindrome.py

```
class Phrase:
    """A class to represent phrases."""

    def __init__(self, content):
        self.content = content

    def ispalindrome(self):
        """Return True for a palindrome, False otherwise."""
        processed_content = self.content.lower()
        return processed_content == reverse(processed_content)

    def __iter__(self):
        self.phrase_iterator = iter(self.content)
        return self

    def __next__(self):
        return next(self.phrase_iterator)
```

```
def reverse(string):
    """Reverse a string."""
    return "".join(reversed(string))
```

运行代码清单 7.8，重新加载回文模块，看看是否有效：

```
>>> reload(palindrome)
>>> phrase = palindrome.Phrase("Racecar")
>>> for c in phrase:
...     print(c)
R
a
c
e
c
a
r
```

没错！此刻可以对 Phrase 对象进行循环访问，而且无须明确指定 content 属性。

练习

使用 REPL，判定 list（phrase）在用户自定义迭代器后是否有效，如清单 7.8 所示。使用“”.join（phrase）连接空字符串结果如何？

7.3 继承

在学习 Python 类时，通过使用 __class__ 和 __mro__ 属性来研究类层次结构很有帮助，其中后者代表方法解析顺序，它将打印出需要的确切层次结构。

接下来以一个熟悉的字符串对象为例加以说明：

```
>>> s = "foobar"
>>> type(s)         #获得类的一种方式
<class 'str'>
>>> s.__class__     #获得类的另一种方式
<class 'str'>
>>> s.__class__.__mro__
(<class 'str'>, <class 'object'>)
```

字符串是 str 类的实例，而 str 类本身是 object 类的实例。后者称为超类，因为通常认为它位于 str 类的“上方”。

图 7.1 显示了生成的类层次结构图。可以看到 str 的超类是 object，这也是层次结构的终点。这种模式对每个 Python 对象均适用：只要追溯类层次结构足够深，总会到达 object，object 本身没有超类。

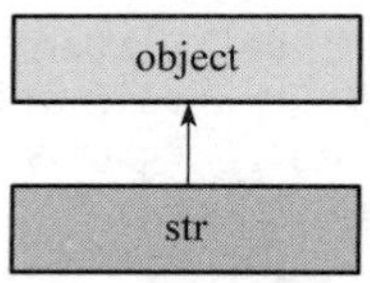

object

str

图 7.1　str 类的继承层次结构

Python 类层次结构的工作方式为，每个类都继承了层次结构中更高级别类的属性和方法。上例展示了如何找到类型为 str 对象的类：

```
>>> "honey badger".__class__
<class 'str'>
```

但 __class__ 属性是从哪里继承而来的呢？ str 类从 object 类本身继承了 __class__ 属性：

```
>>> object().__class__
<class 'object'>
```

拥有 object 作为超类的每个对象的类都将其类名存储在 __class__ 属性中。

现在回到 7.1 节中定义的 Phrase 类。按照目前的定义，Phrase 类有一个 content 属性，从面向对象编程的术语来看，这称为具有关系。这样的设计称为组合，其中 Phrase 由一个 content 属性（可能还有其他内容）组成。从另一个角度来看，Phrase 是一个字符串，称为一种关系。在此情况下，可以像代码清单 7.9[1]那样，让 Phrase 类继承 Python 的原生字符串类 str。对应的类层次结构如图 7.2 和图 7.3 所示（为简洁起见，用 Phrase 代替 palindrome.Phrase）。

代码清单 7.9 继承自 str

palindrome.rb

```
class Phrase(str):
    """A class to represent phrases."""
    .
    .
    .
```

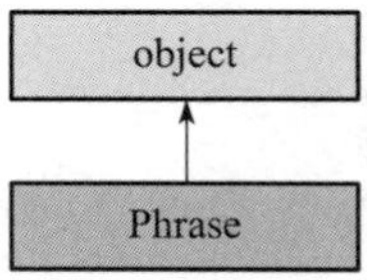

图 7.2 具有组合关系的 Phrase 类的类层次结构

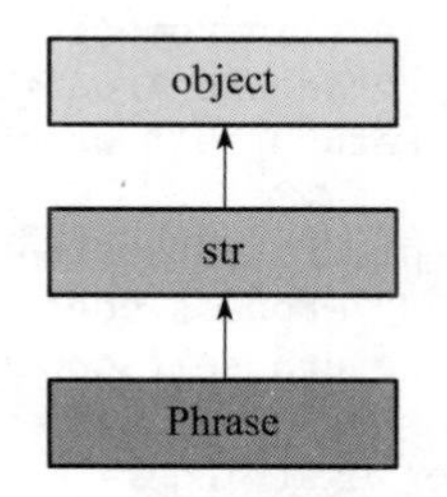

图 7.3 从 str 类继承的 Phrase 类的类层次结构

采用哪种设计取决于程序员的偏好和相应编程社区的一般实践。特别是，不同的语言社区对继承自内置对象（如 str）持有不同的积极性。例如，在 Ruby 社区，这样的做法很常见，甚至可以向基类 String[2]添加方法。

相比之下，许多 Python 社区成员更倾向于使用组合。在调查 Pythonista 时，有些人认为

[1] 正如 7.4 节所示，Python 实现继承的方法就是简单地将超类作为参数包含进来（此例为 str）。

[2] Ruby 中的 String 类与 Python 中的 str 类相对应。

从 str 继承是可以接受的，但大多数人认为这是不符合 Python 风格的，甚至表示这像是“一个 Ruby 开发者写 Python 程序”。让 Phrase 从 str 继承是相当简单的，但让 TranslatedPhrase 从 Phrase 继承（7.4 节）则非常棘手（采用 Ruby 甚至 JavaScript 实现要容易得多）。为了避免此复杂性，基于实践经验，本章使用组合而非继承。

练习

列表和字典的类层次结构是什么?

7.4 派生类

在 7.3 节的基础上构建一个继承 Phrase 的类 TranslatedPhrase。这个派生类（或子类）的目标是尽可能重用 Phrase，同时具备灵活性，例如，测试一个翻译是否是回文。

首先将 processed_content() 分解为一个单独的方法，如代码清单 7.10 所示。为了简洁起见，代码清单 7.10 还删除了 7.2 节中的自定义迭代器，用户也可以选择保留它。

代码清单 7.10 将 processed_content() 分解为一个单独的方法

palindrome.py

```
class Phrase:
    """A class to represent phrases."""

    def __init__(self, content):
        self.content = content

    def ispalindrome(self):
        """Return True for a palindrome, False otherwise."""
        return self.processed_content() == reverse(self.processed_content())

    def processed_content(self):
        """Process content for palindrome testing."""
        return self.content.lower()

def reverse(string):
    """Reverse a string."""
    return "".join(reversed(string))
```

以下示例从 phrase 继承，通过将超类的名称作为参数传递给派生类开始:

```
class TranslatedPhrase(Phrase):
    """A class to represent phrases with translation."""
    pass
```

就像这样使用 TranslatedPhrase:

```
TranslatedPhrase("recognize", "reconocer")
```

其中，第一个参数是 phrase 内容，第二个参数是 translation。因此，TranslatedPhrase 实例需要一个 translation 属性，可以像代码清单 7.2 中的 content 一样通过定义 __init__ 来创建：

```
class TranslatedPhrase(Phrase):
    """A class to represent phrases with translation."""

    def __init__(self, content, translation):
        # 在此处处理content
        self.translation = translation
```

请注意，__init__ 接收两个参数，content 和 translation。Translation 的处理和普通属性一样，但是该如何处理 content 呢？答案是使用特殊的 Python 函数 super()：

```
class TranslatedPhrase(Phrase):
    """A class to represent phrases with translation."""

    def __init__(self, content, translation):
        super().__init__(content)
        self.translation = translation
```

这将调用超类的 __init__ 方法，此例的超类是 Phrase。content 的属性设置如代码清单 7.10 所示。

把所有内容整合在一起，得到代码清单 7.11 中展示的 TranslatedPhrase 类。

代码清单 7.11 定义 TranslatedPhrase 类

palindrome.py

```
class Phrase:
    """A class to represent phrases."""

    def __init__(self, content):
        self.content = content

    def ispalindrome(self):
        """Return True for a palindrome, False otherwise."""
        return self.processed_content() == reverse(self.processed_content())

    def processed_content(self):
        return self.content.lower()

class TranslatedPhrase(Phrase):
    """A class to represent phrases with translation."""

    def __init__(self, content, translation):
        super().__init__(content)
        self.translation = translation

def reverse(string):
    """Reverse a string."""
    return "".join(reversed(string))
```

由于 TranslatedPhrase 继承自 Phrase 对象，因此 TranslatedPhrase 的实例自动拥有 Phrase 实例所有的方法，包括 ispalindrome()。接下来创建一个名为 frase 的变量，看看它是如何工作的（代码清单 7.12）。

代码清单 7.12 定义 TranslatedPhrase

```
>>> reload(palindrome)
>>> frase = palindrome.TranslatedPhrase("recognize", "reconocer")
>>> frase.ispalindrome()
False
```

此例中，frase 确实有一个名为 ispalindrome() 的方法，并且由于“recognize”不是一个回文，它返回了 False。

如何判定一个翻译后的短语是否是回文呢？可以将 processed_content() 分解为一个单独的方法（代码清单 7.10），通过在 TranslatedPhrase 中重写 processed_content() 方法来实现，示例如代码清单 7.13 所示。

代码清单 7.13 重写方法

palindrome.py

```
class Phrase:
    """A class to represent phrases."""

    def __init__(self, content):
        self.content = content

    def processed_content(self):
        """Process the content for palindrome testing."""
        return self.content.lower()

    def ispalindrome(self):
        """Return True for a palindrome, False otherwise."""
        return self.processed_content() == reverse(self.processed_content())

class TranslatedPhrase(Phrase):
    """A class to represent phrases with translation."""

    def __init__(self, content, translation):
        super().__init__(content)
        self.translation = translation

    def processed_content(self):
        """Override superclass method to use translation."""
        return self.translation.lower()

def reverse(string):
    """Reverse a string."""
    return "".join(reversed(string))
```

代码清单 7.13 中的重点在于类 TranslatedPhrase 的 processed_content() 方法中使用了 self.translation。因此 Python 知道要使用当前那个而不是 Phrase 中的内容。由于翻译“reconocer”后是一个回文，结果与代码清单 7.12 中不同，如代码清单 7.14 所示。

代码清单 7.14　重写 processed_content() 后调用 ispalindrome()

```
>>> reload(palindrome)
>>> frase = palindrome.TranslatedPhrase("recognize", "reconocer")
>>> frase.ispalindrome()
True
```

得到的继承层次结构如图 7.4 所示。

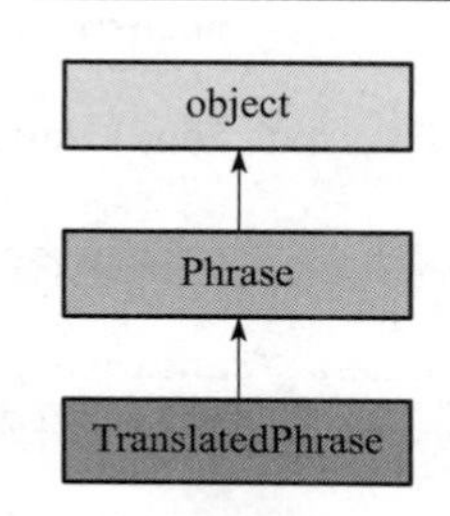

图 7.4　TranslatedPhrase 类的继承层次结构

重写方法增加了代码灵活性，可以对比两种不同情况下的 frase.ispalindrome() 执行情况：

例 1：代码清单 7.11 和代码清单 7.12

1. frase.ispalindrome() 调用了 TranslatedPhrase 类的实例 frase 上的 ispalindrome() 方法。由于 TranslatedPhrase 中没有 ispalindrome() 方法，Python 会使用从 Phrase 类中继承的该方法。

2. Phrase 类中的 ispalindrome() 方法调用 processed_content 方法。由于 TranslatedPhrase 对象中没有 processed_content() 方法，Python 会使用 Phrase 中的方法。

3. 比较 TranslatedPhrase 实例字符串处理后的版本与其自身的逆序版本中的运行结果。由于“recognize”不是一个回文，所以结果是 False。

例 2：代码清单 7.13 和代码清单 7.14

1. frase.ispalindrome() 调用了 TranslatedPhrase 类的实例 frase 上的 ispalindrome() 方法。与例 1 一样，在 TranslatedPhrase 对象中没有 ispalindrome() 方法，因此 Python 使用的是 Phrase 类中的方法。

2. Phrase 类中的 ispalindrome() 方法调用 processed_content 方法。由于 TranslatedPhrase 对象中有 processed_content() 方法，Python 会使用 TranslatedPhrase 中的方法而不是 Phrase 中的方法。

3. 比较 self.translation 方法在修改后的版本与其自身的逆序版本中的运行结果。由于“reconocer”是一个回文，所以结果为 True。

练习

1. processed_content() 方法仅在类的内部使用。许多面向对象的编程语言有一种将这些方法标记为私有的方式，称之为封装。Python 没有真正的私有方法，但它有一种惯例，可以用前导下划线来表示私有。练习在将 processed_content() 更改为 _processed_content() 后，类仍然可以正常工作，如代码清单 7.15 所示。

代码清单 7.15 私有方法采用惯例表示

palindrome.py

```
class Phrase:
    """A class to represent phrases."""

    def __init__(self, content):
        self.content = content

    def _processed_content(self):
        """Process the content for palindrome testing."""
        return self.content.lower()

    def ispalindrome(self):
        """Return True for a palindrome, False otherwise."""
        return self._processed_content() == reverse(self._processed_content())

class TranslatedPhrase(Phrase):
    """A class to represent phrases with translation."""

    def __init__(self, content, translation):
        super().__init__(content)
        self.translation = translation

    def _processed_content(self):
        """Override superclass method to use translation."""
        return self.translation.lower()

def reverse(string):
    """Reverse a string."""
    return "".join(reversed(string))
```

注意：Python 还有第二种惯例，称为名称修饰，使用两个前导下划线表示。依据此惯例，Python 会自动以标准方式更改方法的名称，以使该方法不能通过对象实例轻易访问。

2. 在迭代 TranslatedPhrase 时，使用翻译而不是未翻译的内容也许更合理。通过在派生类中重写 __iter__ 方法（代码清单 7.16）实现。使用 Python 解释器确认更新后的迭代器正常工作。(代码清单 7.16 包含了采用惯例表示的私有方法。)

代码清单 7.16 重写 __iter__ 方法

palindrome.py

```
class Phrase:
    """A class to represent phrases."""
    .
    .
    .
    def __iter__(self):
        self.phrase_iterator = iter(self.content)
```

```
        return self

    def __next__(self):
        return next(self.phrase_iterator)

class TranslatedPhrase(Phrase):
    """A class to represent phrases with translation."""

    def __init__(self, content, translation):
        super().__init__(content)
        self.translation = translation

    def _processed_content(self):
        """Override superclass method to use translation."""
        return self.translation.lower()

    def __iter__(self):
        self.phrase_iterator = FILL_IN
        return self

def reverse(string):
    """Reverse a string."""
    return "".join(reversed(string))
```

Chapter 8 第 8 章

测试和测试驱动开发

尽管在入门编程教程中很少涉及自动化测试，但它是现代软件开发中最重要的内容之一。本章将介绍在 Python 中进行的测试，包括测试驱动开发（TDD）。

测试驱动开发在 6.5 节中简要提到过，并承诺通过测试技术增加一个重要的功能，即实现复杂的回文检测，例如“ A man, a plan, a canal—Panama! ”或“ Madam, I'm Adam. ”。本章将兑现这一承诺。

事实证明，学习如何编写 Python 测试还将让我们有机会学习如何创建（并发布！）Python 软件包，这是另一项在入门教程中很少涵盖但极其有用的 Python 技能。

以下是测试当前回文代码并将其扩展到更复杂短语的策略：

1. 设置初始软件包（8.1 节）。
2. 为现有的 ispalindrome() 功能编写自动化测试用例（8.2 节）。
3. 为增强型回文检测器编写一个失败的测试用例（RED)(8.3 节）。
4. 编写（可能不是美观的）代码以通过测试（GREEN)(8.4 节）。
5. 重构代码使其更美观，同时确保保持通过全流程测试（8.5 节）。

8.1 测试设置

从 1.5 节可知，Python 系统中包括许多独立的软件包。本节将基于第 7 章开发的回文检测器创建一个软件包。作为其中的一部分，将建立一个测试集用以测试代码。

Python 软件包具有标准结构，可以像代码清单 8.1 所示进行可视化（如 pyproject.toml 之类的通用元素和 palindrome_YOUR_USERNAME_HERE 之类的非通用元素）。该结构包括若干配置文件（稍后讨论）及两个目录：src 源代码目录和 tests 测试目录。src 目录包含用于回文软件包的目录，其中包括一个名为 __init__.py 的特殊必要文件和 Palindrome_YOUR_USERNAME_HERE 模块本身[㊀]。（可通过消除软件包目录来简化目录结构，但代码清单 8.1 中的结构设计相当标准。）代码清单 8.1 中的目录结构包含了在第 7 章开发的 Phrase 类。

```
from palindrome_mhartl.phrase import Phrase
```

代码清单 8.1　Python 软件包的文件和目录结构示例

```
python_package_tutorial/
├── LICENSE
├── pyproject.toml
├── README.md
├── src/
│   └── palindrome_YOUR_USERNAME_HERE/
│       ├── __init__.py
│       └── phrase.py
└── tests/
    └── test_phrase.py
```

通过命令 mkdir 和 touch 的组合手动创建代码清单 8.1 中的结构，如代码清单 8.2 所示。

代码清单 8.2　设置 Python 软件包

```
$ cd ~/repos      # 在Cloud9上使用~/environment/repos
$ mkdir python_package_tutorial
$ cd python_package_tutorial
$ touch LICENSE pyproject.toml README.md
$ mkdir -p src/palindrome_YOUR_USERNAME_HERE
$ touch src/palindrome_YOUR_USERNAME_HERE/__init__.py
$ touch src/palindrome_YOUR_USERNAME_HERE/phrase.py
$ mkdir tests
$ touch tests/test_phrase.py
```

此时，将在几个文件中加入更多信息，包括项目配置文件 pyproject.toml（代码清单 8.3），README 文件 README.md（代码清单 8.4）和许可证文件 LICENSE（代码清单 8.5）[㊁]。其中一些文件只是模板，因此需要以使用的用户名替换 pyproject.toml 中的 <username>，用计划项目的 URL 替换 url 字段等（文件模版是技术熟练度的优秀应用）。如果需要查看具体示例，可以参考 GitHub 仓库中此软件包版本的相关信息（https://github.com/mhartl/python_package_tutorial）。

㊀ 从技术上讲，Python 的软件包和模块之间存在一些区别，但不太重要。请参考 Stack Overflow 注释（https://stackoverflow.com/questions/7948494/whatsthe-difference-between-a-python-module-and-a-python-package/49420164#49420164）了解关于此主题的一些细节。

㊁ 当前不必担心 pyproject.toml 之类文件的细节。相关代码从文档（方框 1.2）中复制而来。

代码清单 8.3 Python 软件包的项目配置文件

~/python_package_tutorial/project.toml

```
[build-system]
requires = ["hatchling"]
build-backend = "hatchling.build"

[project]
name = "example_package_YOUR_USERNAME_HERE"
version = "0.0.1"
authors = [
  { name="Example Author", email="author@example.com" },
]
description = "A small example package"
readme = "README.md"
requires-python = ">=3.7"
classifiers = [
    "Programming Language :: Python :: 3",
    "License :: OSI Approved :: MIT License",
    "Operating System :: OS Independent",
]

[project.urls]
"Homepage" = "https://github.com/pypa/sampleproject"
"Bug Tracker" = "https://github.com/pypa/sampleproject/issues"
```

代码清单 8.4 Python 软件包的 README 文件

~/python_package_tutorial/README.md

```
# Palindrome Package

This is a sample Python package for
[*Learn Enough Python to Be Dangerous*](https://www.learnenough.com/python)
by [Michael Hartl](https://www.michaelhartl.com/).
```

代码清单 8.5 Python 软件包的许可证文件

~/python_package_tutorial/LICENSE

```
Copyright (c) YYYY Your Name

Permission is hereby granted, free of charge, to any person obtaining a copy
of this software and associated documentation files (the "Software"), to deal
in the Software without restriction, including without limitation the rights
to use, copy, modify, merge, publish, distribute, sublicense, and/or sell
copies of the Software, and to permit persons to whom the Software is
furnished to do so, subject to the following conditions:

The above copyright notice and this permission notice shall be included in all
copies or substantial portions of the Software.

THE SOFTWARE IS PROVIDED "AS IS", WITHOUT WARRANTY OF ANY KIND, EXPRESS OR
```

```
IMPLIED, INCLUDING BUT NOT LIMITED TO THE WARRANTIES OF MERCHANTABILITY,
FITNESS FOR A PARTICULAR PURPOSE AND NONINFRINGEMENT. IN NO EVENT SHALL THE
AUTHORS OR COPYRIGHT HOLDERS BE LIABLE FOR ANY CLAIM, DAMAGES OR OTHER
LIABILITY, WHETHER IN AN ACTION OF CONTRACT, TORT OR OTHERWISE, ARISING FROM,
OUT OF OR IN CONNECTION WITH THE SOFTWARE OR THE USE OR OTHER DEALINGS IN THE
SOFTWARE.
```

所有配置完成后，现在可以为开发和测试配置环境了。与 1.3 节中一样，将使用命令 venv 来创建虚拟环境。还将使用 pytest 进行测试，以及使用 pip 来安装。相应的命令如代码清单 8.6 所示。

代码清单 8.6　Python 软件包的环境设置（包括测试环境）

```
$ deactivate     #避免虚拟环境处于激活状态
$ python3 -m venv venv
$ source venv/bin/activate
(venv) $ pip install --upgrade pip
(venv) $ pip install pytest==7.1.3
```

此时，如 1.5 节所述，创建一个 .gitignore 文件是个明智的选择（代码清单 8.7），将项目放在 Git 版本控制下（代码清单 8.8），并在 GitHub 上创建一个存储库（图 8.1）。这最后一步还将提供代码清单 8.3 中配置文件的 URL。

代码清单 8.7　忽视特定的文件和目录

.gitignore

```
venv/

*.pyc
__pycache__/

instance/

.pytest_cache/
.coverage
htmlcov/

dist/
build/
*.egg-info/

.DS_Store
```

代码清单 8.8　初始化软件包存储库

```
$ git init
$ git add -A
$ git commit -m "Initialize repository"
```

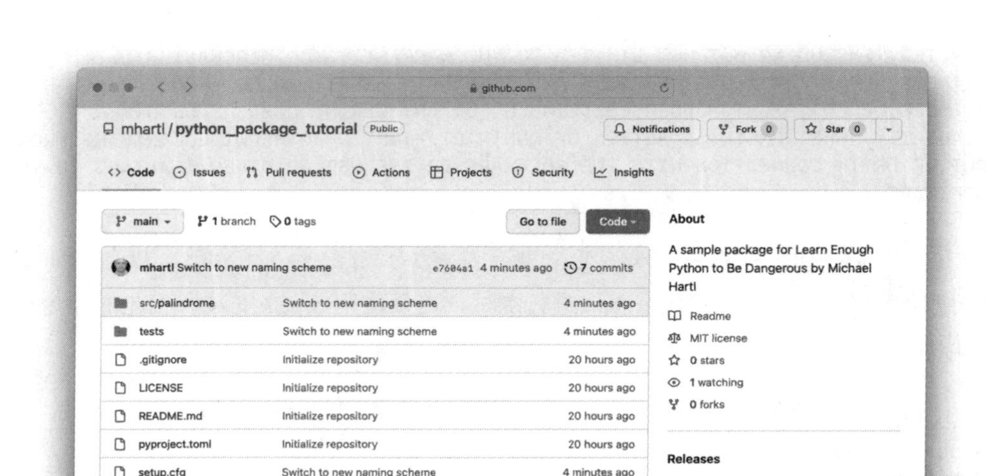

图 8.1 软件包存储库以及 GitHub 中的 README 文件

练习

使用正确的软件包名称更新代码清单 8.3，并在 url 和 Bug Tracker 字段中填入相应的 GitHub 网址（Bug Tracker 的 URL 只是在基本的 URL 后加上 /issues）。同样，在 8.5 节中以正确的用户姓名和当前年份信息更新许可证文件。完成后，提交并推送更改至 GitHub。

8.2 初始化测试范围

设置完成基础的软件包结构，准备好开始测试了。安装完成必要的 pytest 软件包后，可以立即运行（尚不存在）测试。

```
(venv) $ pytest
============================== test session starts ==============================
platform darwin -- Python 3.10.6, pytest-7.1.3, pluggy-1.0.0
rootdir: /Users/mhartl/repos/python_package_tutorial
collected 0 items

============================= no tests ran in 0.00s =============================
```

具体细节会有所不同（因此后续的示例中将省略细节），但输出结果类似。

现在编写一个最小失败的测试，然后使其执行通过。之前已创建了一个包含测试文件

test_phrase.py（见 8.2 节）的 tests 目录，文件如代码清单 8.9 所示。

代码清单 8.9　初始化测试集（RED，测试未通过）

test/test_phrase.py

```
def test_initial_example():
    assert False
```

代码清单 8.9 定义了一个包含声明 assert 的函数，当某条件具有布尔值 True 时正常执行，否则触发异常。因为代码清单 8.9 中字面上声明 False 为 True，所以设计失败。

这个测试本身并不实用，但它演示了声明的概念，接下来将演示一个有用的测试。

许多系统，用红色显示测试不通过。因此，测试不通过的代码清单标题被标记为 RED，这有助于跟踪执行进展，如代码清单 8.9 和代码清单 8.10 所示。

代码清单 8.10　RED，测试未通过

```
(venv) $ pytest
============================ test session starts =============================
collected 1 item

tests/palindrome_test.py F                                              [100%]

================================== FAILURES ===================================
_____________________________ test_non_palindrome _____________________________

    def test_non_palindrome():
>       assert False
E       assert False

tests/palindrome_test.py:4: AssertionError
=========================== short test summary info ============================
FAILED tests/palindrome_test.py::test_non_palindrome - assert False
============================= 1 failed in 0.01s ===============================
```

要从测试不通过转变为通过状态，可将代码清单 8.9 中的 False 改为 True，具体见代码清单 8.11。

代码清单 8.11　一个通过的测试（GREEN，测试通过）

test/test_phrase.py

```
def test_initial_example():
    assert True
```

不出所料，这项测试通过了。

因为许多系统用绿色显示测试通过。与 RED 测试集一样，测试通过的代码清单标题将被标记为 GREEN，如代码清单 8.11 和代码清单 8.12。

代码清单 8.12　GREEN，测试通过

```
(venv) $ pytest
============================= test session starts ==============================
collected 1 item

tests/test_phrase.py .                                                   [100%]

============================== 1 passed in 0.00s ===============================
```

除了声明满足条件为 True 之外，使用条件不满足 not False 实现也很方便（2.4.1 节），如代码清单 8.13 所示。

代码清单 8.13　另一种测试通过方式（GREEN，测试通过）

test/test_phrase.py

```python
def test_initial_example():
    assert not False
```

和前面一样，这个测试是绿色的，如代码清单 8.14 所示。

代码清单 8.14　GREEN，测试通过

```
(venv) $ pytest
============================= test session starts ==============================
collected 1 item

tests/test_phrase.py .                                                   [100%]

============================== 1 passed in 0.00s ===============================
```

8.2.1　一个有用的通过测试

学习了 GREEN 和 RED 测试的基本机制后，接下来编程实现一个有用的测试案例。计划测试 Phrase 类，首先打开 phrase.py 文件并编写定义 Phrase 类的源代码。本案例将从仅包含 Phrase 类开始（不包括 TranslatedPhrase 类），如代码清单 8.15 所示。为了简便起见，此处省略 5.3 节中的迭代相关代码。

代码清单 8.15　在软件包中定义 Phrase 类

~/src/palindrome/phrase.py

```python
class Phrase:
    """A class to represent phrases."""

    def __init__(self, content):
        self.content = content

    def processed_content(self):
```

```
        """Process the content for palindrome testing."""
        return self.content.lower()

    def ispalindrome(self):
        """Return True for a palindrome, False otherwise."""
        return self.processed_content() == reverse(self.processed_content())

def reverse(string):
    """Reverse a string."""
    return "".join(reversed(string))
```

此时，尝试导入 Phrase 类到测试文件中。根据代码清单 8.1 中的软件包结构，Phrase 类可以从 palindrome 软件包中导入，而 palindrome 包可以通过 palindrome.phrase[㊀]语句调用。导入操作语句见代码清单 8.16，该代码清单还替代了代码清单 8.13 中的示例测试。

代码清单 8.16 导入软件包 palindrome（RED，测试未通过）

test/test_phrase.py

```
from palindrome_mhartl.phrase import Phrase
```

不幸的是，测试仍未运行通过（代码清单 8.17）：

代码清单 8.17 RED，测试未通过

```
(venv) $ pytest
============================= test session starts ==============================
collected 0 items / 1 error

==================================== ERRORS ====================================
__________________ ERROR collecting tests/test_phrase.py ___________________
ImportError while importing test module
'/Users/mhartl/repos/python_package_tutorial/tests/test_phrase.py'.
Hint: make sure your test modules/packages have valid Python names.
Traceback:
lib/python3.10/importlib/__init__.py:126: in import_module
    return _bootstrap._gcd_import(name[level:], package, level)
tests/test_phrase.py:1: in <module>
    from palindrome_mhartl.phrase import Phrase
E   ImportError: cannot import name 'Phrase' from 'palindrome.palindrome'
(/Users/mhartl/repos/python_package_tutorial/src/palindrome/phrase.py)
=========================== short test summary info ============================
ERROR tests/test_phrase.py
!!!!!!!!!!!!!!!!!!!! Interrupted: 1 error during collection !!!!!!!!!!!!!!!!!!!!
=============================== 1 error in 0.03s ===============================
```

㊀ 你并不一定能猜到这一点；这只是 Python 包基于代码清单 8.1 中所示的目录结构进行工作的方式（即，phrase.py 文件位于名为 palindrome 的目录中）。

问题在于 Python 包需要安装在本地环境中，才能执行代码清单 8.16 中的 import 操作。由于所需软件包尚未安装，测试处于错误状态。虽然从技术上讲这与失败状态不同，但错误状态通常仍被称为 RED。

为了修复错误，需要在本地安装 palindrome 包，可使用代码清单 8.18 中的命令来完成。

代码清单 8.18　在本地安装 palindrome 包

```
(venv) $ pip install -e .
```

从运行命令 pip install --help（或查看 pytest 文档）可以了解到，-e 选项会以可编辑模式安装软件包，因此在编辑文件时，它会自动更新。安装位置位于当前目录，由命令结尾的 .（点）指示。

此时，测试显示应该是 GREEN，或者至少不再是 RED。

```
(venv) $ pytest
============================= test session starts ==============================
collected 0 items

============================ no tests ran in 0.00s =============================
```

现在开始进行测试，检验代码清单 8.15 中的代码是否正常工作。先从一个反例开始，检查一个非回文字符串是否被正确地分类为非回文：

```
def test_non_palindrome():
    assert not Phrase("apple").ispalindrome()
```

在这里，使用 assert 来声明“apple”不是一个回文字符串。

同样，可以使用另一个 assert 来测试一个真正的回文字符串（前后完全相同的字符串）：

```
def test_literal_palindrome():
    assert Phrase("racecar").ispalindrome()
```

将以上代码结合起来，得到代码清单 8.19。

代码清单 8.19　一个真正有用的测试

Test/test_phrase.py

```
from palindrome_mhartl.phrase import Phrase


def test_non_palindrome():
    assert not Phrase("apple").ispalindrome()

def test_literal_palindrome():
    assert Phrase("racecar").ispalindrome()
```

接下来执行测试（代码清单 8.20）：

代码清单 8.20　GREEN，测试通过

```
(venv) $ pytest
============================== test session starts ===============================
platform darwin -- Python 3.10.6, pytest-7.1.3, pluggy-1.0.0
rootdir: /Users/mhartl/repos/python_package_tutorial
collected 2 items

tests/test_phrase.py ..                                                     [100%]

============================== 2 passed in 0.00s =================================
```

测试运行为绿色 GREEN，表示测试通过。这意味着代码正在运行！

8.2.2　挂起的测试

在继续之前，先添加几个挂起的测试，它们是后续将编写的测试的占位符 / 提醒。编写挂起测试的方法是使用 skip() 函数，可以直接从 pytest 包中导入，如代码清单 8.21 所示。

代码清单 8.21　添加两个挂起的测试

test/test_phrase.py

```python
from pytest import skip

from palindrome_mhartl.phrase import Phrase


def test_non_palindrome():
    assert not Phrase("apple").ispalindrome()

def test_literal_palindrome():
    assert Phrase("racecar").ispalindrome()

def test_mixed_case_palindrome():
    skip()

def test_palindrome_with_punctuation():
    skip()
```

重新运行测试文件（代码清单 8.21），运行结果如代码清单 8.22 所示：

代码清单 8.22　代码清单 8.21 中的挂起测试通过

```
(venv) $ pytest
============================== test session starts ===============================
collected 4 items

tests/test_phrase.py ..ss                                                   [100%]

========================= 2 passed, 2 skipped in 0.00s ===========================
```

请注意测试运行程序如何为两个跳过的测试显示字母 s。有时，挂起测试被称为 YELLOW，类似红 - 黄 - 绿交通信号灯颜色方案，尽管通常将任何非 RED 的测试称为 GREEN。

编写用来检测包含混合大小写的回文字符串测试程序（答案见代码清单 8.25）。再编写第二个挂起测试程序并使其运行通过，这是 8.3 节和 8.4 节将要介绍的主题。

练习

1. 编写代码清单 8.23 中的代码，测试一个包含大小写字母的字符串，如 “RaceCar” 是否为回文词。测试显示是否仍然是 GREEN（或 YELLOW）的？

2. 为了确保测试百分之百执行规定的测试内容，一个好的测试实践是编写一个失败的测试（RED）。故意更改应用程序代码，运行测试确认测试失败，然后修改原始代码后测试再次变为 GREEN。在前面练习中，失败测试如代码清单 8.24 所示。（编写测试的一个优势是 RED-GREEN 循环会自动发生。）

代码清单 8.23 添加一个混合大小写的回文字符串测试用例

test/test_phrase.py

```
from pytest import skip

from palindrome_mhartl.phrase import Phrase


def test_non_palindrome():
    assert not Phrase("apple").ispalindrome()

def test_literal_palindrome():
    assert Phrase("racecar").ispalindrome()

def test_mixed_case_palindrome():
    FILL_IN

def test_palindrome_with_punctuation():
    skip()
```

代码清单 8.24 故意破坏测试不通过（RED，测试未通过）

src/palindrome/phrase.py

```
class Phrase:
    """A class to represent phrases."""

    def __init__(self, content):
        self.content = content

    def processed_content(self):
        """Process the content for palindrome testing."""
        return self.content#.lower()
```

```python
    def ispalindrome(self):
        """Return True for a palindrome, False otherwise."""
        return self.processed_content() == reverse(self.processed_content())

def reverse(string):
    """Reverse a string."""
    return "".join(reversed(string))
```

8.3 RED（测试未通过）

本节内容将迈出重要的一步，检测更复杂的回文，例如“Madam, I'm Adam.”和“A man, a plan, a canal—Panama!”。与之前遇到的字符串不同，即使忽略大小写，这些包含空格和标点符号的短语从字面上讲并不是严格意义上的回文。需要找到一种方法，只选择字母，并检查结果字母正反是否相同。

实现这个功能的代码相当棘手，但测试却很简单，这就是测试驱动开发特别出色的地方之一（方框 8.1）。可以先编写简单的破坏测试，从而得到 RED 状态，然后以任何方式编写应用代码来达到 GREEN 状态（8.4 节）。此时，有了这些测试就可以放心地修改应用程序代码，以免出现未发现的错误（8.5 节）。

方框 8.1　何时测试

在决定何时以及如何进行测试时，了解为什么要进行测试很有帮助。编写自动化测试主要有三个好处：

1. 测试可以防止回归，即正常的功能由于某种原因停止工作。
2. 测试可以使对代码的重构更具信心（即改变代码形式而不改变其功能）。
3. 测试作为应用代码的客户端，有助于确定其设计以及与系统其他部分的接口。

虽然上述好处不要求提前编写测试代码，但在许多情况下，测试驱动开发（TDD）是一个很有价值的工具。何时以及如何进行测试取决于编写测试代码的熟练程度。许多开发人员发现，随着编写测试代码愈加娴熟，他们更倾向于先编写测试程序。另外，这还取决于测试代码相对于应用代码的难度、功能的明确程度，以及该功能在未来是否容易出现问题。

在此背景下，制定一套何时应该先测试（或者是否应该测试）的规则很有帮助。以下是基于个人研发经验的建议：

- 相对于应用程序代码而言，当测试特别简短或简单时，倾向于先编写测试代码。
- 当所需功能还不够清晰时，倾向于先编写应用程序，然后编写测试代码以规范结果。
- 每当发现一个错误，编写测试复现错误并防止回归，然后编写程序代码来修复它。
- 在重构代码之前编写测试，重点测试特别容易出错的代码。

首先编写一个带标点符号的回文测试，这个测试与代码清单 8.19 中的测试类似：

```
def test_palindrome_with_punctuation():
    assert palindrome.ispalindrome("Madam, I'm Adam.")
```

更新后的测试见代码清单 8.25，其中包括代码清单 8.23 中几个练习的解决方案。

代码清单 8.25 为带标点符号的回文添加测试（RED，测试未通过）

Test/test_phrase.py

```
from pytest import skip

from palindrome_mhartl.phrase import Phrase


def test_non_palindrome():
    assert not Phrase("apple").ispalindrome()

def test_literal_palindrome():
    assert Phrase("racecar").ispalindrome()

def test_mixed_case_palindrome():
    assert Phrase("RaceCar").ispalindrome()

def test_palindrome_with_punctuation():
    assert Phrase("Madam, I'm Adam.").ispalindrome()
```

根据需要，测试显示红色 RED（代码清单 8.26，输出略有简化）：

代码清单 8.26 RED，测试未通过

```
(venv) $ pytest
============================ test session starts ==============================
collected 4 items

tests/test_phrase.py ...F                                                [100%]

================================== FAILURES ===================================
_______________________ test_palindrome_with_punctuation ______________________

    def test_palindrome_with_punctuation():
>       assert Phrase("Madam, I'm Adam.").ispalindrome()
E       assert False

tests/test_phrase.py:14: AssertionError
========================== short test summary info ============================
FAILED tests/test_phrase.py::test_palindrome_with_punctuation - assert False
========================= 1 failed, 3 passed in 0.01s =========================
```

此刻，可以开始考虑如何编写应用程序代码并实现 GREEN 状态。目前的策略是编写一个 letters() 方法，该方法返回字符串中的字母。

```
Phrase("Madam, I'm Adam.").letters()
```

换句话说，代码的计算结果应该是这样的：

```
"MadamImAdam"
```

达到这个状态后，可以使用当前的回文检测器来确定原始短语是否是回文。

在制定了这个规范后，现在可以编写一个简单的 letters() 测试，声明如下：

```
assert Phrase("Madam, I'm Adam.").letters() == "MadamImAdam"
```

新测试与其他测试如代码清单 8.27 所示：

代码清单 8.27　为 letters() 方法添加一个测试

test/test_phrase.py

```
from pytest import skip

from palindrome_mhartl.phrase import Phrase


def test_non_palindrome():
    assert not Phrase("apple").ispalindrome()

def test_literal_palindrome():
    assert Phrase("racecar").ispalindrome()

def test_mixed_case_palindrome():
    assert Phrase("RaceCar").ispalindrome()

def test_palindrome_with_punctuation():
    assert Phrase("Madam, I'm Adam.").ispalindrome()

def test_letters():
    assert Phrase("Madam, I'm Adam.").letters() == "MadamImAdam"
```

同时，尽管还未准备好定义具体的 letters() 方法，但可以先添加一个占位方法：一个尚不起作用但至少存在的方法。为了简单起见，方法不返回值（使用特殊的 pass 关键字），如代码清单 8.28 所示。

代码清单 8.28　letters() 占位方法

src/palindrome/phrase.py

```
class Phrase:
    """A class to represent phrases."""

    def __init__(self, content):
        self.content = content
```

```
    def ispalindrome(self):
        """Return True for a palindrome, False otherwise."""
        return self.processed_content() == reverse(self.processed_content())

    def processed_content(self):
        """Return content for palindrome testing."""
        return self.content.lower()

    def letters(self):
        """Return the letters in the content."""
        pass

def reverse(string):
    """Reverse a string."""
    return "".join(reversed(string))
```

新的 letters() 函数的测试结果与预期一样是 RED（代码清单 8.29），这也表明代码清单 8.28 中 pass 语句的返回值为 None。

代码清单 8.29　RED，测试未通过

```
(venv) $ pytest
============================ test session starts =============================
collected 5 items

tests/test_phrase.py ...FF                                               [100%]

================================== FAILURES ==================================
_______________________ test_palindrome_with_punctuation _____________________

    def test_palindrome_with_punctuation():
>       assert Phrase("Madam, I'm Adam.").ispalindrome()
E       assert False

tests/test_phrase.py:14: AssertionError
________________________________ test_letters ________________________________

    def test_letters():
>       assert Phrase("Madam, I'm Adam.").letters() == "MadamImAdam"
E       assert None == 'MadamImAdam'
tests/test_phrase.py:17: AssertionError
========================== short test summary info ===========================
FAILED tests/test_phrase.py::test_palindrome_with_punctuation - assert False
FAILED tests/test_phrase.py::test_letters - assert None == 'MadamImAdam'
========================= 2 failed, 3 passed in 0.01s ========================
```

通过两个 RED 测试捕捉到了所需的行为，接下来继续编写应用程序代码，并尝试将其状态变为 GREEN。

练习

请确认，在代码清单 8.28 中注释掉 letters() 的存在会导致失败状态而不是错误状态。（这种行为相对不太常见，在许多其他语言中，会区分不可用的方法和完全缺失的方法。但在 Python 中，无论哪种情况，结果都是相同的失败状态。）

8.4　GREEN（测试通过）

现在可以通过 RED 测试来捕捉回文检测器的增强行为，是时候让它变成 GREEN 了。TDD 的部分理念是让它们测试通过，而不是一开始过于担心实现的质量。一旦测试显示 GREEN，就可以在不引入回归的情况下对其进行完善（方框 8.1）。

主要的挑战是实现 letters()，它返回由字母（但不包括其他字符）组成的字符串 content，即选择与特定模式相匹配的字符。这听起来像是正则表达式的工作（4.3 节）。

在此情况下，使用带有正则表达式引用的在线正则表达式匹配器是一个很好的主意，如图 4.4 所示。匹配器使实现变得非常简单，例如当参考中恰好包含所需的正则表达式（图 8.2）。

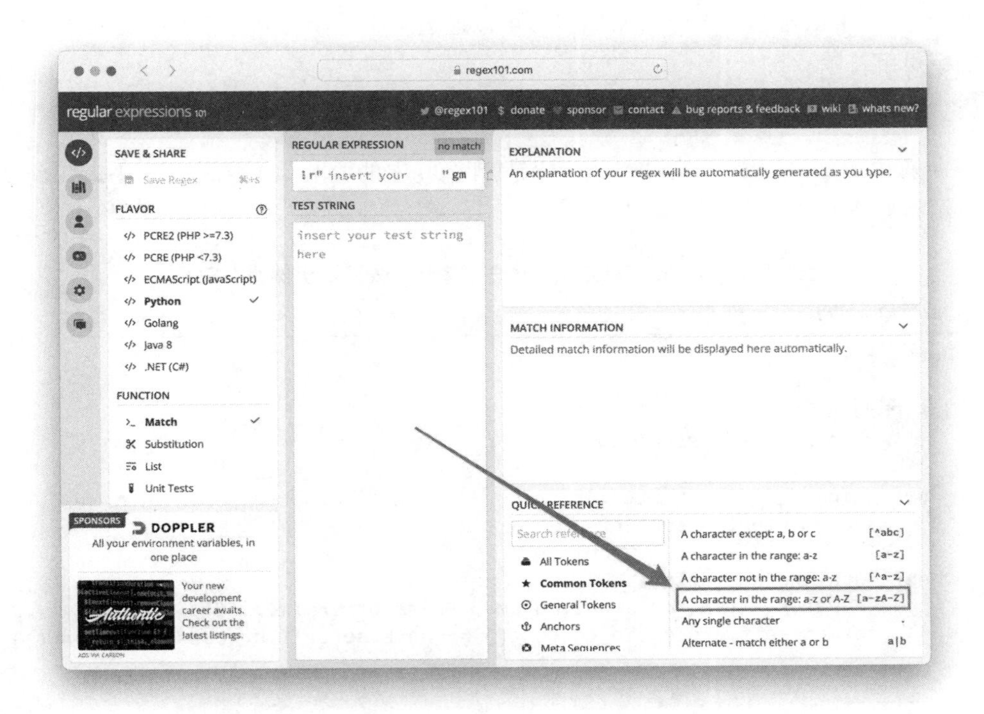

图 8.2　所需的正则表达式

然后在控制台中进行测试，以确保满足条件（使用 4.3 节介绍的 re.search() 方法）[1]：

```
$ source venv/bin/activate
(venv) $ python3
>>> import re
>>> re.search(r"[a-zA-Z]", "M")
<re.Match object; span=(0, 1), match='M'>
>>> bool(re.search(r"[a-zA-Z]", "M"))
True
>>> bool(re.search(r"[a-zA-Z]", "d"))
True
>>> bool(re.search(r"[a-zA-Z]", ","))
False
```

现在构建一个匹配大写或小写字母的字符数组。最直接的方法是使用 2.6 节介绍的 for 循环方法。从包含字母的数组开始，然后迭代 content 字符串，如果当前字符与字符正则表达式匹配，则将字符 push 到数组中（3.4.3 节）：

```
# 运行但不是Python式
the_letters = []
for character in self.content:
    if re.search(r"[a-zA-Z]", character):
        the_letters.append(character)
```

此时，the_letters 是一个字符串数组，可以通过空字符串将其连接起来，形成原始字符串中的字母字符串。

```
"".join(the_letters)
```

将所有内容放在一起，就得到了代码清单 8.30 中的 letters() 方法（其中添加了一个高亮，表示新方法的开头）。

代码清单 8.30　letters() 方法（整个测试显示仍然为 RED）

src/palindrome/phrase.py

```
import re

class Phrase:
    """A class to represent phrases."""

    def __init__(self, content):
        self.content = content

    def ispalindrome(self):
        """Return True for a palindrome, False otherwise."""
        return self.processed_content() == reverse(self.processed_content())
```

[1] 请注意这不适用于非 ASCII 字符。如果需要匹配包含此类字符的词，在 Google 搜索 python unicode 字母正则表达式可能会有所帮助。感谢读者 Paul Gemperle 指出此问题。

```
    def processed_content(self):
        """Return content for palindrome testing."""
        return self.content.lower()

    def letters(self):
        """Return the letters in the content."""
        the_letters = []
        for character in self.content:
            if re.search(r"[a-zA-Z]", character):
                the_letters.append(character)
        return "".join(the_letters)

def reverse(string):
    """Reverse a string."""
    return "".join(reversed(string))
```

尽管整个测试显示仍为 RED，但 letters() 方法的测试现在应该是 GREEN，因为失败的测试数量从 2 变为 1（代码清单 8.31）：

代码清单 8.31　RED，测试未通过

```
(venv) $ pytest
============================= test session starts ==============================
platform darwin -- Python 3.10.6, pytest-7.1.3, pluggy-1.0.0
rootdir: /Users/mhartl/repos/python_package_tutorial
collected 5 items

tests/test_phrase.py ...F.                                               [100%]

=================================== FAILURES ===================================
_______________________ test_palindrome_with_punctuation _______________________

    def test_palindrome_with_punctuation():
>       assert Phrase("Madam, I'm Adam.").ispalindrome()
E       assert False

tests/test_phrase.py:14: AssertionError
=========================== short test summary info ============================
FAILED tests/test_phrase.py::test_palindrome_with_punctuation - assert False
========================= 1 failed, 4 passed in 0.01s ==========================
```

可以在 processed_content() 方法中使用 self.letters() 替换 self.content，以使最后一个 RED 测试通过。结果如代码清单 8.32 所示。

代码清单 8.32　一个有效的 ispalindrome() 方法（GREEN，测试通过）

src/palindrome/phrase.py

```
import re


class Phrase:
```

```
    """A class to represent phrases."""

    def __init__(self, content):
        self.content = content

    def ispalindrome(self):
        """Return True for a palindrome, False otherwise."""
        return self.processed_content() == reverse(self.processed_content())

    def processed_content(self):
        """Return content for palindrome testing."""
        return self.letters().lower()

    def letters(self):
        """Return the letters in the content."""
        the_letters = []
        for character in self.content:
            if re.search(r"[a-zA-Z]", character):
                the_letters.append(character)
        return "".join(the_letters)

def reverse(string):
    """Reverse a string."""
    return "".join(reversed(string))
```

代码清单 8.32 的结果为 GREEN（代码清单 8.33）：

代码清单 8.33 GREEN，测试通过

```
(venv) $ pytest
============================= test session starts ==============================
collected 5 items

tests/test_phrase.py .....                                              [100%]

============================== 5 passed in 0.00s ===============================
```

上面的 GREEN 表示代码正常工作。

练习

使用与代码清单 8.16 相同的代码，将 Phrase 类导入 Python REPL 环境中，并验证 ispalindrome( ) 方法能够成功识别形式为“Madam, I'm Adam.”的回文。

8.5 重构

代码清单 8.32 中的代码虽然通过 GREEN 测试，可以正常工作，但它依赖于一个烦琐的 for 循环，列表是通过将字符逐个追加到列表而不是一次性创建的。本节将对代码进行重构，该过程只改变代码的形式而不改变其功能。

通过在任何重大更改后运行测试，可以快速捕获任何回归，从而确保重构代码的最终形式仍然正确。在本节，建议逐步进行更改，并在每次更改后运行测试，以确认结果仍然是 GREEN。

根据第 6 章的内容，在代码清单 8.32 中创建一个列表的更 Python 式方法是使用列表推导式。特别是，代码清单 8.32 中的循环与代码清单 6.4 中的 imperative_singles() 函数非常相似：

```
states = ["Kansas", "Nebraska", "North Dakota", "South Dakota"]
.
.
.
# singles：命令版本
def imperative_singles(states):
    singles = []
    for state in states:
        if len(state.split()) == 1:
            singles.append(state)
    return singles
```

正如代码清单 6.5 所示，可以使用带有条件的列表推导式来替代这个部分内容：

```
# singles：函数版本
def functional_singles(states):
    return [state for state in states if len(state.split()) == 1]
```

在 REPL 环境下如何实现相同的功能：

```
>>> content = "Madam, I'm Adam."
>>> [c for c in content]
['M', 'a', 'd', 'a', 'm', ',', ' ', 'I', "'", 'm', ' ', 'A', 'd', 'a', 'm', '.']
>>> [c for c in content if re.search(r"[a-zA-Z]", c)]
['M', 'a', 'd', 'a', 'm', 'I', 'm', 'A', 'd', 'a', 'm']
>>> "".join([c for c in content if re.search(r"[a-zA-Z]", c)])
'MadamImAdam'
```

这里可以看到，将列表推导式与条件和 join() 函数相结合，能够实现 letters() 函数的当前功能。事实上，在 join() 函数的参数中，可以省略方括号，并且用生成器推导式（6.4 节）代替：

```
>>> "".join(c for c in content if re.search(r"[a-zA-Z]", c))
'MadamImAdam'
```

这导致了代码清单 8.34 所示的更新方法。正如通常情况下使用推导式解决方案一样，可将命令式解决方案压缩为一行代码。

代码清单 8.34 将 letters() 重构为一行代码（GREEN，测试通过）

src/palindrome/phrase.py

```
import re


class Phrase:
    """A class to represent phrases."""

    def __init__(self, content):
        self.content = content

    def ispalindrome(self):
        """Return True for a palindrome, False otherwise."""
        return self.processed_content() == reverse(self.processed_content())

    def processed_content(self):
        """Return content for palindrome testing."""
        return self.letters().lower()

    def letters(self):
        """Return the letters in the content."""
        return "".join(c for c in self.content if re.search(r"[a-zA-Z]", c))

def reverse(string):
    """Reverse a string."""
    return "".join(reversed(string))
```

正如第 6 章中所指出的，函数式编程逐步构建更难，这也是为什么用测试检查更改后的代码运行结果是否与预期一致（代码清单 8.35）：

代码清单 8.35 GREEN，测试通过

```
(venv) $ pytest
============================= test session starts ==============================
collected 5 items

tests/test_phrase.py .....                                               [100%]

============================== 5 passed in 0.01s ===============================
```

测试执行通过，所以上述代码中的 letters() 方法有效，这是一个重大的改进。

还有一种方法“重构”展示了 Python 的强大功能。回顾 4.3 节内容，正则表达式有一个 findall() 方法，可以直接从字符串中选择与正则表达式匹配的字符：

```
>>> re.findall(r"[a-zA-Z]", content)
['M', 'a', 'd', 'a', 'm', 'I', 'm', 'A', 'd', 'a', 'm']
>>> "".join(re.findall(r"[a-zA-Z]", content))
'MadamImAdam'
```

通过将 findall() 与本节一直使用的正则表达式结合，然后使用空字符串进行连接，可以消除列表推导式来进一步简化应用程序代码，如代码清单 8.36 所示。

代码清单 8.36　使用 re.findall（GREEN，测试通过）

src/palindrome/phrase.py

```
import re


class Phrase:
    """A class to represent phrases."""

    def __init__(self, content):
        self.content = content

    def ispalindrome(self):
        """Return True for a palindrome, False otherwise."""
        return self.processed_content() == reverse(self.processed_content())

    def processed_content(self):
        """Return content for palindrome testing."""
        return self.letters().lower()

    def letters(self):
        """Return the letters in the content."""
        return "".join(re.findall(r"[a-zA-Z]", self.content))

def reverse(string):
    """Reverse a string."""
    return "".join(reversed(string))
```

再运行一次测试以确认程序仍然完美运行（代码清单 8.37）：

代码清单 8.37　GREEN，测试通过

```
(venv) $ pytest
============================= test session starts ==============================
collected 5 items

tests/test_phrase.py .....                                               [100%]

============================== 5 passed in 0.01s ===============================
```

发布 Python 软件包

最后一步与软件的交付理念一致，把 palindrome 软件包发布到 Python 包索引，也就是众所周知的 PyPI。

与其他编程语言不同，Python 有一个专门的测试包索引 TestPyPI，这意味着用户可以

发布（和使用）测试包而无须上传到真实的包索引。在继续之前，需要在 TestPyPI 上先注册一个账户并验证电子邮件地址有效。

注册账户成功后，准备构建和发布软件包。将使用 build 和 twine 包，相关包安装如下：

```
(venv) $ pip install build==0.8.0
(venv) $ pip install twine==4.0.1
```

第一步，按如下方式构建包：

```
(venv) $ python3 -m build
```

这里使用 pyproject.toml 中的信息（代码清单 8.3）来创建一个 dist（“distribution”）目录，其中包含的文件与当前软件包的名称和版本号有关。例如，当前演示系统上的 dist 目录如下所示：

```
(venv) $ ls dist
palindrome\_mhartl-0.0.1.tar.gz
palindrome_mhartl-0.0.1-py3-none-any.whl
```

这些分别是 tarball 和 wheel 文件，用户不需要特别了解这些文件；只需要知道 build 步骤是将软件包发布到 TestPyPI 上所必要的。

发布软件包涉及 twine 命令的使用，命令如下（从 TestPyPI 文档中复制而来）[㊀]：

```
(venv) $ twine upload --repository testpypi dist/*
```

对于之后的上传操作，可能需要使用 rm 命令删除旧版本的软件包，因为 TestPyPI 不允许文件名重用。

此时，软件包已经发布，可以在本地系统上执行安装并测试。由于已经在主虚拟环境（代码清单 8.18）中有一个可编辑和可测试的版本，所以在临时目录中启动一个新的虚拟环境，展示如下：

```
$ cd
$ mkdir -p tmp/test_palindrome
$ cd tmp/test_palindrome
$ python3 -m venv venv
$ source venv/bin/activate
(venv) $
```

现在，可以使用 --index-url 选项安装软件包，告诉 pip 使用测试索引而非真实的索引：

```
(venv) $ pip install <package> --index-url https://test.pypi.org/simple/
```

例如，可以按照以下方式安装测试软件包版本，它被称为 palindrome_mhartl[㊁]：

㊀ 此时，系统将提示输入用户名和密码或 API 密钥。对于后者，请参阅 TestPyPI 页面上关于令牌的更多信息。

㊁ mhartl 来自 pyproject.toml 文件中的名称设置，此处为 palindrome-mhartl。如果安装的版本包与本书相同，可能会注意到版本号高于 0.0.1，这是由于前述的包名重用的问题所致。因为在编写本书内容时作者进行了一些较大的更改，所以多次更新了版本号（pyproject.toml 中的 version 信息）。

```
(venv) $ pip install palindrome_mhartl --index-url https://test.pypi.org/simple/
```

为了测试安装情况，可以在 REPL 中加载软件包：

```
(venv) $ python3
>>> from palindrome_mhartl.phrase import Phrase
>>> Phrase("Madam, I'm Adam.").ispalindrome()
True
```

命令执行成功！(如果执行失败——这是完全可能的，因为很多事情都可能出错——唯一的解决办法就是利用掌握的知识来解决不一致。)

对于普通的 Python 软件包，可继续添加功能并发布新的版本。只需要在 pyproject.toml 中递增版本号以反映代码更改。关于版本号递增相关指导，建议学习语义版本规则（方框 8.2）。

方框 8.2 语义版本规则

在此部分，读者可能已经注意到此处新软件包使用了版本号 0.1.0。开头的零表示当前软件包处于早期阶段，通常称为“测试版”（甚至对于非常早期的项目也可称之为“内部测试版”）。

可通过增加版本号中间的数字来表示更新，例如从 0.1.0 增加到 0.2.0、0.3.0 等。修复 Bug 则是通过增加最右边的数字来表示，如 0.2.1、0.2.2 等。而一个稳定成熟的版本（可以发布使用，并且可能与之前的版本不兼容）则以 1.0.0 表示。

在 1.0.0 版本后，后续的更改遵循统一的规则：1.0.1 代表小的变动（“补丁发布”），1.1.0 代表新增的（但是向后兼容的）功能（“次要发布”），2.0.0 则代表重大或者向后不兼容的变化（“主要发布”）。这些编号约定被称为语义版本控制或简称为版本规则。想要了解更多信息，请参考 semver.org。

最后，如果开发的包不仅仅适用于本章中的测试，可以将其发布到真实的 Python 包索引（PyPI）上。虽然有丰富的 PyPI 文档可供参考，但读者依然有充分的机会运用所掌握的技术。

练习

1. 通过添加检测整数回文的功能来泛化回文检测器，例如 12321。通过在代码清单 8.38 中写入 FILL_IN，编写测试用例来检测整数非回文和回文。通过代码清单 8.39 将两个测试用例结果转换为 GREEN，该代码添加了 str 函数的调用以确保内容为字符串，且正则表达式中包含 \d 以匹配数字和字母（请注意相应地更新 letters() 方法的名称）。

2. 在 pyproject.toml 中增加版本号，提交并推送更改，使用 build 构建包，并使用 twine 上传。在临时目录中，使用代码清单 8.40 中的命令升级包，并在 REPL 中确认整数回文检测是否正常工作。注意：代码清单 8.40 中的反斜杠 \ 是一个续行符，应按原样直接输入，但右尖括号 > 应该由 Shell 程序自动添加，无须手动输入。

代码清单 8.38 测试整数回文（RED，测试未通过）

tests/test_phrase.py

```
from pytest import skip

from palindrome_mhartl.phrase import Phrase


def test_non_palindrome():
    assert not Phrase("apple").ispalindrome()

def test_literal_palindrome():
    assert Phrase("racecar").ispalindrome()

def test_mixed_case_palindrome():
    assert Phrase("RaceCar").ispalindrome()

def test_palindrome_with_punctuation():
    assert Phrase("Madam, I'm Adam.").ispalindrome()

def test_letters_and_digits():
    assert Phrase("Madam, I'm Adam.").letters_and_digits() == "MadamImAdam"

def test_integer_non_palindrome():
    FILL_IN Phrase(12345).ispalindrome()

def test_integer_palindrome():
    FILL_IN Phrase(12321).ispalindrome()
```

代码清单 8.39 添加整数回文的检测（GREEN，测试通过）

src/palindrome/phrase.py

```
import re


class Phrase:
    """A class to represent phrases."""

    def __init__(self, content):
        self.content = str(content)

    def ispalindrome(self):
        """Return True for a palindrome, False otherwise."""
        return self processed_content() == reverse(self processed_content())

    def processed_content(self):
        """Return content for palindrome testing."""
        return self.letters_and_digits().lower()

    def letters_and_digits(self):
        """Return the letters and digits in the content."""
```

```
        return "".join(re.findall(r"[a-zA-Z]", self.content))

def reverse(string):
    """Reverse a string."""
    return "".join(reversed(string))
```

代码清单 8.40　升级测试包

```
(venv) $ pip install --upgrade your-package \
> --index-url https://test.pypi.org/simple/
```

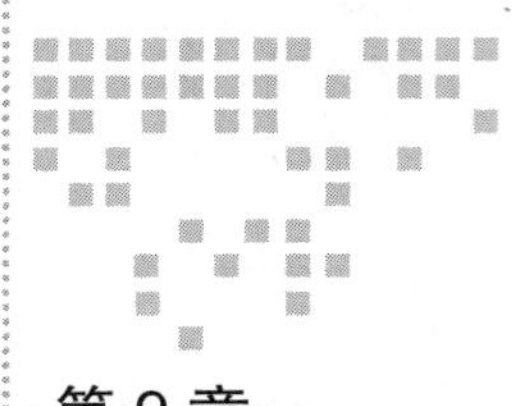

Chapter 9 第 9 章

Shell 脚本编程

本章在 1.4 节基础上，将编写三个 Shell 脚本程序。前两个程序（9.1 节和 9.2 节）将采用第 8 章中开发的 Python 软件包，检测两个不同来源的回文：文件和 Web。在此过程中，将学习如何用 Python 实现文件的读取和写入，以及如何读取实时 Web URL。最后，在 9.3 节中，将编写一个现实生活的实用程序，介绍了如何在 Web 浏览器之外的上下文中操作文档对象模型（DOM）。

9.1 读取文件信息

第一个任务是读取和处理文件的内容。这个示例很简单，但它展示了必要的原则，并提供了阅读更高级文档所需的背景知识。

首先使用 curl 下载一个包含简单短语的文件（请注意，该文件位于第 8 章之前使用的 python_tutorial 目录中，而不是回文目录中）：

```
$ cd ~/repos/python_tutorial/
$ curl -OL https://cdn.learnenough.com/phrases.txt
```

通过在命令行中运行“less phrases.txt”，可以确认此文件包含大量的短语——其中一些恰好是回文。

当前具体任务是编写一个回文检测器，遍历文件中的每一行，并打印出所有为回文的短语（并忽略其他短语）。程序运行顺序为先打开文件并读取文件内容。然后，使用第 8 章中开发的软件包来确定哪些短语是回文。

Python 通过 open() 函数在本地处理文件操作，创建并打开一个文件，使用 read() 函数读取文件内容，然后使用 close() 函数关闭文件，如代码清单 9.1 所示。

代码清单 9.1　在 REPL 中打开和关闭文件

```
$ source venv/bin/activate
(venv) $ python3
>>> file = open("phrases.txt")     # 非完全Python式
>>> text = file.read()
>>> file.close()
```

读取 parases.txt 的文件内容并将其放入文本变量中。可以使用 3.1 节中介绍的 splitlines() 方法（代码清单 3.2）确认赋值是否有效。

```
>>> len(text)
1373
>>> text.splitlines()[0]     # 拆分换行符并提取第一个短语
'A butt tuba'
```

这里的第二个命令将文本按换行符 \n 分割，并选择零索引元素，显示了文件中神秘的第一行 “A butt tuba”。

正如代码清单 9.1 所示，这种方式打开文件并不完全符合 Python 式风格。原因是每次打开文件后必须记得关闭它，如果忘记关闭可能会导致不可预测的结果。可以使用特殊的 with 和 as 关键字以及所需的文件名来避免此类问题出现。

```
>>> with open("phrases.txt") as file:     # Python式
...     text = file.read()
...
>>> len(text)
1373
```

这段代码将在 with 语句执行结束自动关闭文件，并且执行结果与之前相同。

从 Python 解释器中获得灵感，将命令放入脚本中执行，检测 phrases.txt 中的回文：

```
(venv) $ touch palindrome_file
(venv) $ chmod +x palindrome_file
```

然后添加必要的 shebang 行（1.4 节）并导入回文包，如代码清单 9.2 所示。如果可能的话建议使用自己的软件包，但如果在 8.5 节中尚未发布个人软件包，可以使用 palindrome-mhartl。

```
(venv) $ pip install palindrome_mhartl --index-url https://test.pypi.org/simple/
```

代码清单 9.2　包含 shebang 行和软件包

palindrome_file

```
#!/usr/bin/env python3
from palindrome_mhartl.phrase import Phrase


print("hello, world!")
```

代码清单 9.2 中的最后一行代码为个人习惯，意在继续编写代码之前先确保当前脚本正常工作。

```
(venv) $ ./palindrome_file
hello, world!
```

在早期的 Python 版本中，此命令执行失败，因此对代码进行一些修改以使其运行成功。这就是“ Hello, World! ”程序的伟大之处——代码是如此简单，如果执行失败，代码肯定存在问题。

从 phrases.txt 文件中读取和检测回文的脚本非常简单：打开文件，按换行符拆分文件内容，然后遍历结果数组，打印出任何是回文的行。结果如代码清单 9.3 所示。

代码清单 9.3　读取并处理文件的内容

palindrome_file

```
#!/usr/bin/env python3
from palindrome_mhartl.phrase import Phrase


with open("phrases.txt") as file:
    text = file.read()
    for line in text.splitlines():     # 可以说不是Python式
        if Phrase(line).ispalindrome():
            print(f"palindrome detected: {line}")
```

在命令行运行脚本，可以确认文件中有相当多的回文：

```
(venv) $ ./palindrome_file
.
.
.
palindrome detected: Dennis sinned.
palindrome detected: Dennis and Edna sinned.
palindrome detected: Dennis, Nell, Edna, Leon, Nedra, Anita, Rolf, Nora,
Alice, Carol, Leo, Jane, Reed, Dena, Dale, Basil, Rae, Penny, Lana, Dave,
Denny, Lena, Ida, Bernadette, Ben, Ray, Lila, Nina, Jo, Ira, Mara, Sara,
Mario, Jan, Ina, Lily, Arne, Bette, Dan, Reba, Diane, Lynn, Ed, Eva, Dana,
Lynne, Pearl, Isabel, Ada, Ned, Dee, Rena, Joel, Lora, Cecil, Aaron, Flora,
Tina, Arden, Noel, and Ellen sinned.
palindrome detected: Go hang a salami, I'm a lasagna hog.
palindrome detected: level
palindrome detected: Madam, I'm Adam.
palindrome detected: No "x" in "Nixon"
palindrome detected: No devil lived on
palindrome detected: Race fast, safe car
palindrome detected: racecar
palindrome detected: radar
palindrome detected: Was it a bar or a bat I saw?
palindrome detected: Was it a car or a cat I saw?
```

```
palindrome detected: Was it a cat I saw?
palindrome detected: Yo, banana boy!
palindrome detected:
```

这是一个良好的开端，实际上文件有一个 readlines() 方法，它默认读取所有行，而不需要调用 splitlines()。将其应用于代码清单 9.3 可得到代码清单 9.4。

代码清单 9.4 切换到 readlines() 方法

palindrome_file

```
#!/usr/bin/env python3
from palindrome_mhartl.phrase import Phrase

with open("phrases.txt") as file:
    for line in file.readlines():      # Python式
        if Phrase(line).ispalindrome():
            print(f"palindrome detected: {line}")
```

在命令行确认结果几乎相同：

```
(venv) $ ./palindrome_file
.
.
.
palindrome detected: Was it a bar or a bat I saw?

palindrome detected: Was it a car or a cat I saw?

palindrome detected: Was it a cat I saw?

palindrome detected: Yo, banana boy!
```

输出的回文行之间有额外的换行符，这是因为 open（...）.readlines() 中每个元素实际上都包含换行符。

为了复现代码清单 9.3 的输出，可以应用常见且有效的小技巧，即对每个字符串进行隔离，移除开头或结尾的任何空白符号，正如在解释器中所见：

```
>>> greeting = "    hello, world!   \n"
>>> greeting.strip()
'hello, world!'
```

将此技术应用于代码清单 9.4 会得到代码清单 9.5（使用 readlines() 函数版本也许是最具有 Python 式的解决方案，但它需要调用 strip() 函数，所以代码清单 9.3 中使用 splitlines() 有一定道理）。

代码清单 9.5 使用 strip() 函数移除换行符

palindrome_file

```
#!/usr/bin/env python3
from palindrome_mhartl.phrase import Phrase
```

```
with open("phrases.txt") as file:
    for line in file.readlines():
        if Phrase(line).ispalindrome():
            print(f"palindrome detected: {line.strip()}")
```

此时，palindrome_file 的输出应该只包含回文行，没有额外的换行符，末尾没有空白回文行。

```
(venv) $ ./palindrome_file
.
.
.
palindrome detected: Was it a bar or a bat I saw?
palindrome detected: Was it a car or a cat I saw?
palindrome detected: Was it a cat I saw?
palindrome detected: Yo, banana boy!
```

最后，简单介绍在 Python 中如何编写文件，模板如下：

```
file.write(content_string)
```

可以将 readlines() 的输出定向到一个单独的变量（称为 lines）中，并使用带有条件的列表推导式来构建一个由回文行组成的内容字符串（6.2 节）。示例如下：

```
with open("phrases.txt") as file:
    lines = file.readlines()
    for line in lines:
        if Phrase(line).ispalindrome():
            print(f"palindrome detected: {line.strip()}")

palindromes = [line for line in lines if Phrase(line).ispalindrome()]
```

以空字符串作为分隔符将 palindromes 列表进行连接，并将生成的字符串写入名为 palindromes_file.txt 的文件中。实现只需要两行代码，结果如代码清单 9.6。

代码清单 9.6　写入回文

palindrome_file

```
#!/usr/bin/env python3
from palindrome_mhartl.phrase import Phrase


with open("phrases.txt") as file:
    lines = file.readlines()
    for line in lines:
        if Phrase(line).ispalindrome():
            print(f"palindrome detected: {line.strip()}")

palindromes = [line for line in lines if Phrase(line).ispalindrome()]
with open("palindromes_file.txt", "w") as file:
    file.write("".join(palindromes))
```

运行该脚本会产生一个附加效果，即写入文件：

```
(venv) $ ./palindrome_file
.
.
.
palindrome detected: Madam, I'm Adam.
palindrome detected: No "x" in "Nixon"
palindrome detected: No devil lived on
palindrome detected: Race fast, safe car
palindrome detected: racecar
palindrome detected: radar
palindrome detected: Was it a bar or a bat I saw?
palindrome detected: Was it a car or a cat I saw?
palindrome detected: Was it a cat I saw?
palindrome detected: Yo, banana boy!
(venv) $ tail palindromes_file.txt
Madam, I'm Adam.
No "x" in "Nixon"
No devil lived on
Race fast, safe car
racecar
radar
Was it a bar or a bat I saw?
Was it a car or a cat I saw?
Was it a cat I saw?
Yo, banana boy!
```

练习

1. 代码清单 9.6 中存在一些重复操作：首先检测所有的回文，逐一写入文件，然后通过列表推导式再找出所有的回文列表。接下来在代码清单 9.7 中展示如何使用更紧凑的代码来消除上例中的重复。(因为回文内容本身已经以换行符结尾，所以在代码清单 9.7 中，调用 print() 函数时使用了 end=“” 选项，以避免重复的换行符。

2. 在 Python Shell 脚本中，一种常见的模式是将主要步骤放在一个单独的函数中（通常称之为 main()），然后当文件本身作为 Shell 脚本被调用时才调用这个 main() 函数。使用 7.1 节介绍的特殊语法，可以将代码清单 9.7 中的 Shell 脚本转换为代码清单 9.8。当在命令行执行程序时，是否会得到相同的结果？

3. 一些 Python 程序员更倾向于将脚本内容放在一个不同的函数中，然后用 main() 调用该函数，如代码清单 9.9 中所见。这段代码的执行结果与之前的示例相同。

代码清单 9.7　以非重复的方式写入回文

palindrome_file

```
#!/usr/bin/env python3
from palindrome_mhartl.phrase import Phrase
```

```
with open("phrases.txt") as file:
    palindromes = [line for line in file.readlines()
                   if Phrase(line).ispalindrome()]

palindrome_content = "".join(palindromes)
print(palindrome_content, end="")

with open("palindromes_file.txt", "w") as file:
    file.write(palindrome_content)
```

代码清单 9.8 在命令行中调用 main() 函数

palindrome_file

```
#!/usr/bin/env python3
from palindrome_mhartl.phrase import Phrase


def main():
    with open("phrases.txt") as file:
        palindromes = [line for line in file.readlines()
                       if Phrase(line).ispalindrome()]

    palindrome_content = "".join(palindromes)
    print(palindrome_content, end="")

    with open("palindromes_file.txt", "w") as file:
        file.write(palindrome_content)

if __name__ == "__main__":
    main()
```

代码清单 9.9 在脚本和 main() 函数之间添加另一层

palindrome_file

```
#!/usr/bin/env python3
from palindrome_mhartl.phrase import Phrase


def main():
    detect_palindromes()

def detect_palindromes():
    with open("phrases.txt") as file:
        palindromes = [line for line in file.readlines()
                       if Phrase(line).ispalindrome()]

    palindrome_content = "".join(palindromes)
    print(palindrome_content, end="")

    with open("palindromes_file.txt", "w") as file:
        file.write(palindrome_content)
```

```
if __name__ == "__main__":
    main()
```

9.2　读取 URL 信息

本节将编写一个脚本程序，实现与 9.1 节中的脚本相同的功能，不同点是它直接从公网 URL 读取 phrases.txt 文件内容。这个程序并没有添加特别复杂的代码，但实现的功能非常奇特：程序实现并不特定于当前访问的 URL。学完本节之后，读者将有能力编写应用程序、实现对任何网站的访问和处理。（这种操作有时称为“网络爬虫”，需谨慎对待。）

代码实现关键在于使用 Requests 包，包的安装可以使用 pip 命令：

```
(venv) $ pip install requests==2.28.1
```

Requests 包包含一个 get() 方法，该方法用于获取一个 URI（也称为 URL，这两者之间的区别可忽略）：

```
>>> import requests
>>> url = "https://cdn.learnenough.com/phrases.txt"
>>> response = requests.get(url)
>>> response.text
'A butt tuba\nA bad penny always turns up.\n...Yo, banana boy!\n'
```

上例中，response 对象包含一个名为 text 的属性，还包含由 requests.get() 方法返回的文本，可以与代码清单 9.3 中的 splitlines() 方法结合使用以提取行内容。

可以按照 9.1 节的方式创建脚本：

```
$ touch palindrome_url
$ chmod +x palindrome_url
```

代码实现除了没有调用 with 语句，其他与代码清单 9.3 类似，如代码清单 9.10 所示。

代码清单 9.10　从 URL 网页读取信息

palindrome_file

```
#!/usr/bin/env python3
import requests

from palindrome_mhartl.phrase import Phrase

URL = "https://cdn.learnenough.com/phrases.txt"


for line in requests.get(URL).text.splitlines():
    if Phrase(line).ispalindrome():
        print(f"palindrome detected: {line}")
```

在命令行中试运行此脚本：

```
$ ./palindrome_url
.
.
.
palindrome detected: Madam, I'm Adam.
palindrome detected: No "x" in "Nixon"
palindrome detected: No devil lived on
palindrome detected: Race fast, safe car
palindrome detected: racecar
palindrome detected: radar
palindrome detected: Was it a bar or a bat I saw?
palindrome detected: Was it a car or a cat I saw?
palindrome detected: Was it a cat I saw?
palindrome detected: Yo, banana boy!
```

结果几乎与 9.1 节所示的一样，但此例实现了从实时的网页直接获取数据。

还有一个小细节，即字符串“A man, a plan, a canal—Panama!”中字符破折号（图 9.1）的显示不正确。这表示当前的字符编码存在问题，经过一些调查研究发现，requests.get() 还可以使用 content 属性进行下载，并且可以解码破折号等特殊字符。具体来说，可以使用 decode() 方法指定字符编码为 UTF-8，如代码清单 9.11 所示。（第 10 章还将介绍 UTF-8，在 HTML 网页中将其作为标准元素引入，*Learn Enough HTML to be Dangerous* 一书中也包含相关内容。）

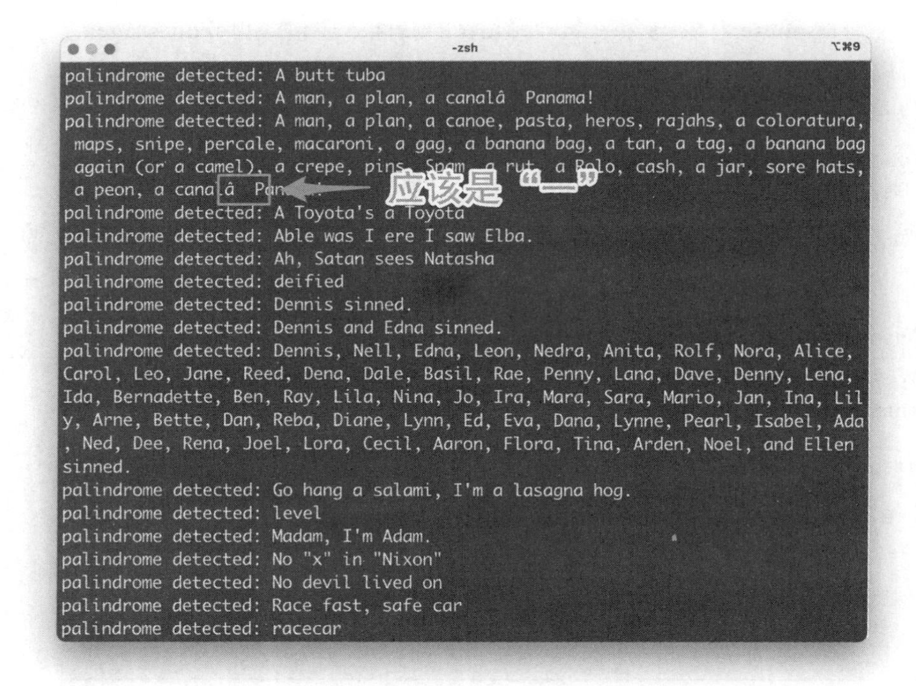

图 9.1　错误的字符

代码清单 9.11　对 content 内容进行解码

palindrome_file

```
#!/usr/bin/env python3
import requests

from palindrome_mhartl.phrase import Phrase

URL = "https://cdn.learnenough.com/phrases.txt"

for line in requests.get(URL).content.decode("utf-8").splitlines():
    if Phrase(line).ispalindrome():
        print(f"palindrome detected: {line}")
```

输出结果正是我们期望的字符破折号：

```
$ ./palindrome_url
.
.
.
palindrome detected: A man, a plan, a canal--Panama!
.
.
.
```

另外，如果实际访问的网页 URL 是 cdn.learnenough.com/phrases.txt，系统会通过 301 重定向转发到 Amazon 的简单存储服务（S3）上的一个页面，如图 9.2 所示。幸运的是，在代码清单 9.10 中使用的 requests.get() 方法会自动进行此类重定向，所以脚本可以正常工作，但并不是所有 URL 库均具备这种行为。根据当前使用的具体库，手动配置网络请求器以支持重定向。

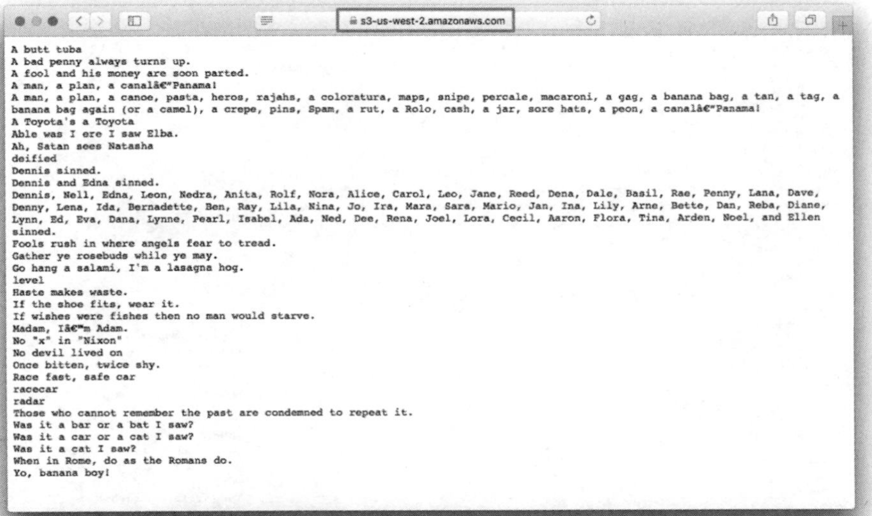

```
s3-us-west-2.amazonaws.com

A butt tuba
A bad penny always turns up.
A fool and his money are soon parted.
A man, a plan, a canalâ€"Panama!
A man, a plan, a canoe, pasta, heros, rajahs, a coloratura, maps, snipe, percale, macaroni, a gag, a banana bag, a tan, a tag, a
banana bag again (or a camel), a crepe, pins, Spam, a rut, a Rolo, cash, a jar, sore hats, a peon, a canalâ€"Panama!
A Toyota's a Toyota
Able was I ere I saw Elba.
Ah, Satan sees Natasha
deified
Dennis sinned.
Dennis and Edna sinned.
Dennis, Nell, Edna, Leon, Nedra, Anita, Rolf, Nora, Alice, Carol, Leo, Jane, Reed, Dena, Dale, Basil, Rae, Penny, Lana, Dave,
Denny, Lena, Ida, Bernadette, Ben, Ray, Lila, Nina, Jo, Ira, Mara, Sara, Mario, Jan, Ina, Lily, Arne, Bette, Dan, Reba, Diane,
Lynn, Ed, Eva, Dana, Lynne, Pearl, Isabel, Ada, Ned, Dee, Rena, Joel, Lora, Cecil, Aaron, Flora, Tina, Arden, Noel, and Ellen
sinned.
Fools rush in where angels fear to tread.
Gather ye rosebuds while ye may.
Go hang a salami, I'm a lasagna hog.
level
Haste makes waste.
If the shoe fits, wear it.
If wishes were fishes then no man would starve.
Madam, Iâ€™m Adam.
No "x" in "Nixon"
No devil lived on
Once bitten, twice shy.
Race fast, safe car
racecar
radar
Those who cannot remember the past are condemned to repeat it.
Was it a bar or a bat I saw?
Was it a car or a cat I saw?
Was it a cat I saw?
When in Rome, do as the Romans do.
Yo, banana boy!
```

图 9.2　访问短语的 URL

练习

1. 类比代码清单 9.6，在代码清单 9.10 中添加代码，将输出写入文件 palindromes_url.txt。然后使用 diff 工具（https://www.learnenough.com/command-line-tutorial/manipulating_files#sec-redirecting_and_appending）比较并确认输出内容与 9.1 节中的 palindromes_file.txt 文件内容完全相同。

2. 使用代码清单 9.7 中更紧凑的编程风格（包括写文件的步骤），修改代码清单 9.10。

9.3 在命令行执行 DOM 操作

本节将充分运用 9.2 节中的 URL 读取技巧，编写一个不同版本的实用工具脚本程序。首先解释该脚本产生的背景以及它所解决的问题。

近年来，外语学习资源呈爆炸式增长，包括 Duolingo、谷歌翻译软件，以及支持多语言文本到语音（TTS）翻译的操作系统等。几年前，我决定利用工具资源来复习高中和大学时学的西班牙语。

我常使用的一个网站资源是维基百科，上面有大量非英语文章。从西班牙语版的维基百科（图 9.3）复制文本内容并粘贴到谷歌翻译软件（图 9.4）中非常有效。通过使用谷歌翻

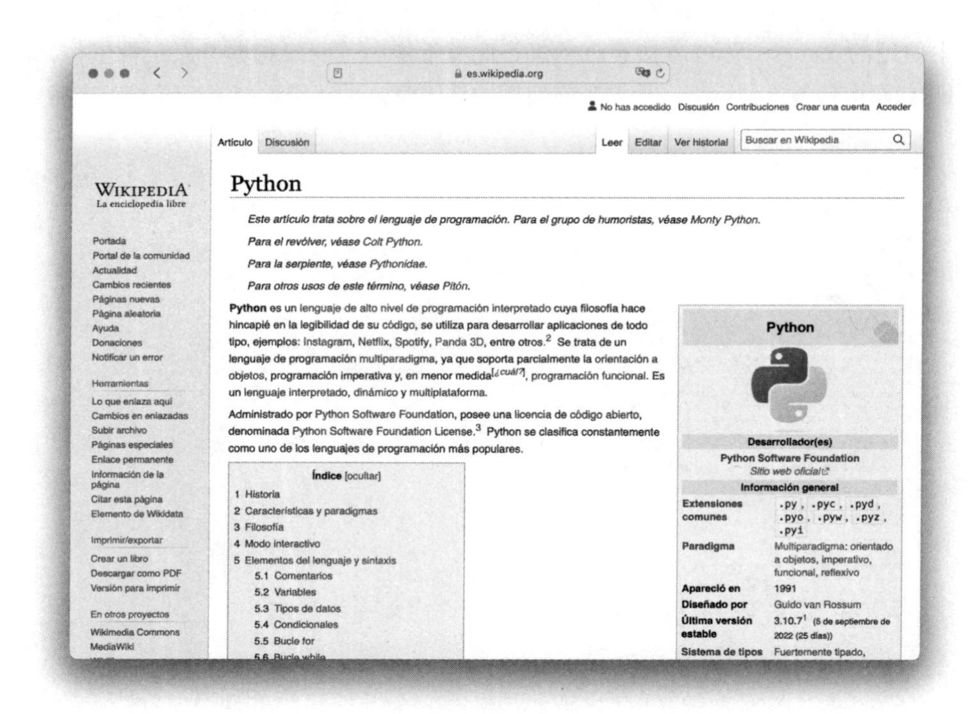

图 9.3 关于 Python 的文章

译软件（图 9.4 中左下角的方框）或 macOS 的从文本到语音的转换功能可以听到西班牙语发音，同时跟着原文或者翻译跟读，非常有用。

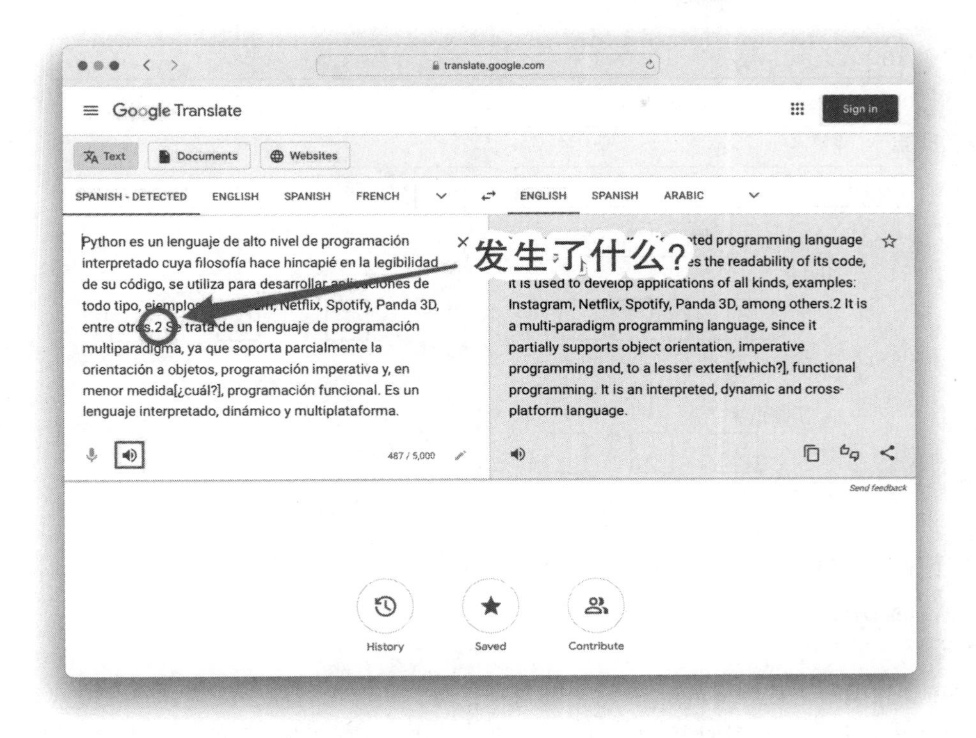

图 9.4　一篇关于 Python 的文章复制到谷歌翻译

后来发现了两个持续存在的问题：

1. 手动复制大量段落内容很麻烦。
2. 手动复制文本经常会选择不想要的内容，特别是引用编号。

这种缺陷和不便促使产生了很多实用的脚本工具，wikp（“维基百科段落”）由此应运而生，它用于下载维基百科文章的 HTML 源代码，提取其中的段落信息，删除引用编号，并将所有结果输出到屏幕上。

原始的 wikp 程序是用 Ruby 编写的。这里展示一个稍简化的版本。尝试思考一下它的工作原理。

从代码清单 9.10 中学习了如何下载 URL 的源代码。剩下的任务是：

1. 从命令行中接收一个任意的 URL 参数。
2. 使用 DOM（图 9.5）来操作下载后的 HTML。
3. 删除引用。
4. 收集并打印段落。

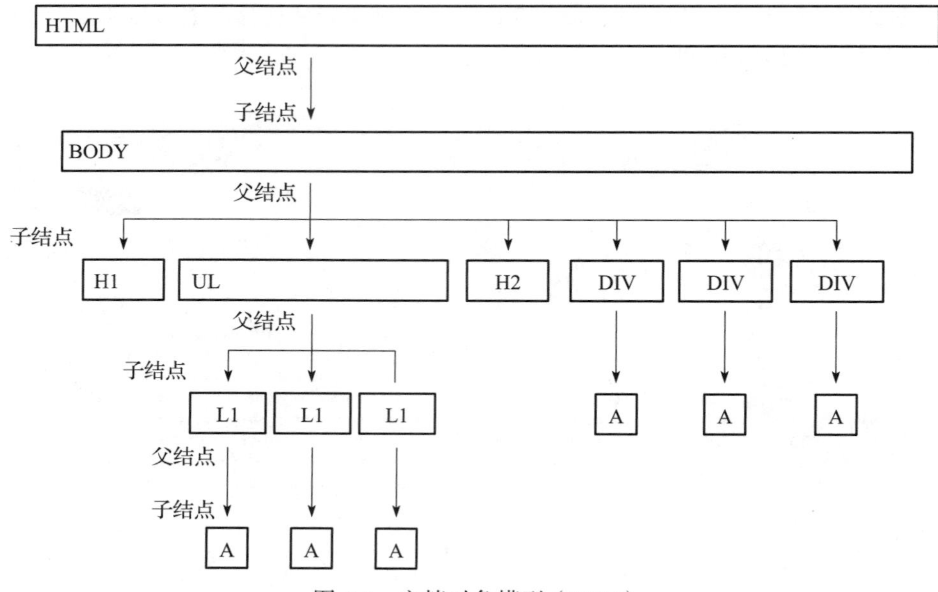

图 9.5　文档对象模型（DOM）

接下来创建初始脚本：

```
$ touch wikp
$ chmod +x wikp
```

现在开始编写主程序 main。针对上述每项任务，将介绍可能会用到的谷歌搜索类型。

在 Python 中，有几种处理 HTML 的选项；其中一种最强大且备受推崇的方式被称为 Beautiful Soup（参考《爱丽丝梦游仙境》第 9 章的一首歌曲），它可以调用 DOM。本书使用 Python4 实现，它与 Python3 兼容：

```
(venv) $ pip install beautifulsoup4==4.11.1
```

Beautiful Soup 包本身可以通过缩写名称 bs4 获得。

当前首要任务有时被称为“ HTML 解析”，而 Beautiful Soup 配备了强大的 HTML 解析器。官方的 Beautiful Soup 网站上提供了许多实用的教程，最重要的方法实现如代码清单 9.12 所示。

代码清单 9.12　解析若干 HTML

```
>>> from bs4 import BeautifulSoup
>>> html = '<p>lorem<sup class="reference">1</sup></p><p>ipsum</p>'
>>> doc = BeautifulSoup(html)
```

生成的 doc 变量是一个 Beautiful Soup 文档，当前示例有两段，其中一个包含带有 CSS 类 reference 的 sup（上标）标签。

操作 Beautiful Soup 文档有多种方式，本书选择元素的方法是 find_all，它允许使用直观的语法提取 HTML 标签（beautiful soup 选择 html 标签）。例如：

```
>>> doc.find_all("p")
[<p>lorem<sup class="reference">1</sup></p>, <p>ipsum</p>]
```

此操作很常见，将参数直接传递给文档对象是默认的操作：

```
>>> doc("p")
[<p>lorem<sup class="reference">1</sup></p>, <p>ipsum</p>]
>>> len(doc("p"))
2
>>> doc("p")[0].text
'lorem1'
```

从最后一行可见，可以使用 text 属性获取特定结果的文本，其中包括引用编号 1。同时，可以使用 class_ 选项获取具有“reference”类的元素（此例只有一个）。

```
>>> doc("sup", class_="reference")
[<sup class="reference">1</sup>]
>>> len(doc("sup", class_="reference"))
1
```

现在解析 HTML 文档并选择所有的段落和所有的引用（假设它们均包含 reference 类）。只需要一种方法将文档中的引用删除。幸运的是，使用 decompose() 方法（beautiful soup 删除元素）完全不难实现，如代码清单 9.13 所示。

代码清单 9.13 删除 DOM 元素

```
>>> for reference in doc("sup", class_="reference"):
...     reference.decompose()
...
>>> doc
<html><body><p>lorem</p><p>ipsum</p></body></html>
```

然后，可以使用 doc(“p”) 收集所有的段落内容，并逐段打印内容（代码清单 9.14）。

代码清单 9.14 打印段落内容

```
>>> for paragraph_tag in doc("p"):
...     print(paragraph_tag.text)
...
lorem
ipsum
```

现在准备好开始编写脚本。通过使用 sys（系统）库（Python 脚本命令行参数）将 URL 作为命令行的参数传入，如代码清单 9.15 所示。请注意，程序添加了一个打印行作为临时方法以确保参数被正确接收。与 9.2 节的程序不同，这里还使用了一个小写的 url 名称，代表它是一个变量而不是常量。(URL 或 url 都可以，大小写的选择只是一种约定。)

代码清单 9.15 接收命令行参数

wikp

```
#!/usr/bin/env python3
import sys

import requests
from bs4 import BeautifulSoup


# 从维基百科的链接中返回这些段落，并删除引用编号
# 对于文本转换特别有用

# 从命令行获取URL
url = sys.argv[1]
print(url)
```

如下可见，代码清单 9.15 中的代码正常运行：

```
$ ./wikp https://es.wikipedia.org/wiki/Python
https://es.wikipedia.org/wiki/Python
```

然后，打开 URL 并读取其内容，这在 9.2 节中介绍过（代码清单 9.11），可以使用以下代码完成：

```
requests.get(url).content.decode("utf-8")
```

将结果传递给 BeautifulSoup() 函数，结果如代码清单 9.16 所示。请注意，程序明确指定了解析器为 HTML，它是默认值，但如果省略该指定则可能导致警告消息的出现。

代码清单 9.16 使用 BeautifulSoup() 解析实时 URL

wikp

```
#!/usr/bin/env python3
import sys

import requests
from bs4 import BeautifulSoup


# 从维基百科的链接中返回这些段落，并删除引用编号
# 对于文本转换特别有用

# 从命令行获取URL
url = sys.argv[1]
# 从实时URL创建BeautifulSoup文档
content = requests.get(url).content.decode("utf-8")
doc = BeautifulSoup(content, features="html.parser")
```

现在需要运用代码清单 9.13 和代码清单 9.14 以删除引用并收集段落。如上所述，维基

百科使用 .reference 类来标识其引用，也可通过使用 Web 检查器（https://www.learnenough.com/css-and-layout-tutorial/templates_and_frontmatter#sec-pages-folders）（图 9.6）进行确认。这启发了如何删除引用，详见代码清单 9.17。

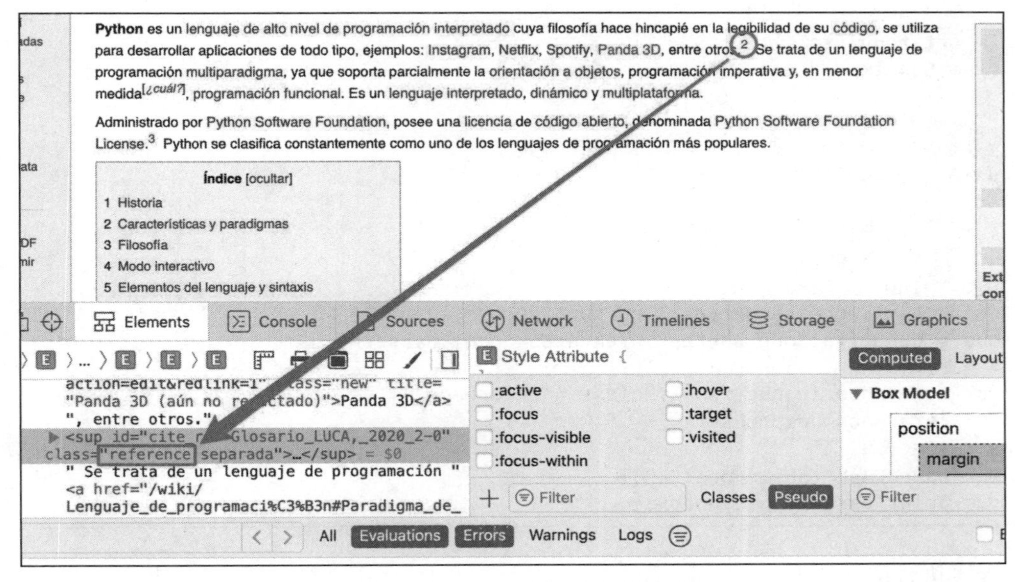

图 9.6　在 Web 检查器中查看引用

代码清单 9.17　删除引用

wikp

```
#!/usr/bin/env python3
import sys

import requests
from bs4 import BeautifulSoup


# 从维基百科的链接中返回这些段落，并删除引用编号
# 对于文本转换特别有用

# 从命令行获取URL
url = sys.argv[1]
# 从实时URL创建Beautiful Soup文档
content = requests.get(url).content.decode("utf-8")
doc = BeautifulSoup(content, features="html.parser")
# 删除引用
for reference in doc("sup", class_="reference"):
    reference.decompose()
```

现在只剩下提取段落内容并将其打印出来（代码清单 9.18）。

代码清单 9.18 打印段落内容

wikp

```
#!/usr/bin/env python3
import sys

import requests
from bs4 import BeautifulSoup


# 从维基百科的链接中返回这些段落，并删除引用编号
# 对于文本转换特别有用

# 从命令行获取URL
url = sys.argv[1]
# 从实时URL创建Beautiful Soup文档
content = requests.get(url).content.decode("utf-8")
doc = BeautifulSoup(content, features="html.parser")
# 删除引用
for reference in doc("sup", class_="reference"):
    reference.decompose()
# 打印段落内容
for paragraph_tag in doc("p"):
    print(paragraph_tag.text)
```

程序执行结果如下：

```
$ ./wikp https://es.wikipedia.org/wiki/Python
Python es un lenguaje de alto nivel de programación interpretado cuya
filosofía hace hincapié en la legibilidad de su código, se utiliza para
desarrollar aplicaciones de todo tipo, ejemplos: Instagram, Netflix, Spotify,
Panda 3D, entre otros. Se trata de un lenguaje de programación multiparadigma,
ya que soporta parcialmente la orientación a objetos, programación imperativa
y, en menor medida[?`cuál?], programación funcional. Es un lenguaje
interpretado, dinámico y multiplataforma.
.
.
.
Existen diversas implementaciones del lenguaje:

A lo largo de su historia, Python ha presentado una serie de incidencias, de
las cuales las más importantes han sido las siguientes:
```

运行成功！在输出终端上下滚动鼠标，选择所有文本并将其粘贴到谷歌翻译软件或文本编辑器中。在 macOS 上，可以更好地利用管道（https://www.learnenough.com/command-line-tutorial/inspecting_files#sec-wordcount_and_pipes）将结果传递给 pbcopy，它会自动将结果复制到 macOS 的剪贴板上。

```
$ ./wikp https://es.wikipedia.org/wiki/Python | pbcopy
```

此时，将会粘贴整个文本到谷歌翻译软件。

代码清单 9.18 中的脚本有些棘手，想要程序在本地系统的调试中正常工作，可能需要上网搜索资料并在执行过程中使用大量 print 语句——但程序实际上只有六行代码，本地调试并不是特别困难。然而，学会如何查找问题，并将程序调试运行成功的技能确实很有用。此外，相关基本技能不仅包括编程，还包括技术熟练度（可用谷歌搜索）——解锁大量潜在的应用。

练习

1. 通过移动文件或更改系统配置，将 wikp 脚本添加到环境参数 PATH 中。[可以在 *Learn Enough Text Editor to be Dangerous*（https://www.learnenough.com/text-editor-tutorial/advanced_text_editing#sec-writing_an_executable_script）中找到有关步骤的帮助信息。] 确认可以在命令名之前不加“ ./”来运行 wikp。注意：如果在学习 *Learn Enough Ruby to be Dangerous*（https://www.learnenough.com/ruby）时遇到与之冲突的 wikp 程序，建议将其替换，从而体现文件名即用户界面的原则，并在实现过程中更改语言而不影响用户。

2. 如果不带参数运行 wikp 会发生什么？向脚本中添加代码，以检测是否缺少命令行参数，并输出使用说明。提示：在打印出使用说明后，需要退出运行。

3. 文本中提到的“ pbcopy 管道”技巧只适用于 macOS，但任何兼容 Unix 的系统都可以将输出重定向到文件。将 wikp 的输出重定向到文件 article.txt 的命令是什么？（然后打开这个文件，全部选中内容，然后复制内容，这与通过管道将内容复制到 pbcopy 具有相同的输出结果。）

Chapter 10 第10章

实时 Web 应用程序

本章将使用在1.5节中介绍并在5.2节中进一步应用的Flask框架，开发一个基于Python的动态Web应用程序。尽管简单，但Flask是一个可以投入生产的Web框架，被Netflix、Lyft和reddit等公司使用。对于像Django这样更复杂的框架，Flask也是极好的轻量级学习工具。学完本章，读者可以基本理解Web应用程序的工作原理，包括布局（10.3节）、模板（10.4节）、测试和部署[⊖]。

示例Web应用程序将通过开发一个基于Web的回文检测器来充分利用在第8章中开发的自定义Python包。在此过程中，将学习如何使用Python模板创建动态内容。

从Web中检测回文需要使用后端Web应用程序来处理表单提交，这正是Flask擅长的任务。回文应用程序还将包含两个页面——主页和关于页面——它们将提供学习如何使用基于Flask的站点布局的机会。作为其中的一部分，将应用和扩展第8章知识，为应用程序编写自动化测试。

最后，将把完整的回文应用程序部署到实际的Web上，并提供进一步学习Python、Flask和其他主题（如JavaScript和Django）的资源指引。

10.1 设置

第一步将应用程序设置为概念性验证，并将其部署到生产环境中。首先从创建一个目录开始：

⊖ 需要学习的另一个主要内容是如何使用数据库存储和检索信息，这代表了一项新技术，但并不涉及任何新的基本原则。无论是在Flask还是在像Django这样更全功能的框架中，都可以使用数据库。

```
$ cd ~/repos                # 在云IDE上执行cd ~/environments/repos
$ mkdir palindrome_app
$ cd palindrome_app/
```

接着，配置系统以便进行 Flask 开发，并为回文检测器创建一个子目录。

```
$ python3 -m venv venv
$ source venv/bin/activate
(venv) $ pip install --upgrade pip
(venv) $ pip install Flask==2.2.2
(venv) $ mkdir palindrome_detector
(venv) $ touch palindrome_detector/__init__.py
(venv) $ touch setup.py
(venv) $ touch MANIFEST.in
```

这个目录结构在很大程度上与官方的 Flask 教程相似，并且允许比 1.5 节中“Hello, World!”应用程序（仅是目录中用于其他用途的单个文件）更复杂的设计实践（如模板和测试）。

作为应用程序设置的一部分，还需要填写一些设置文件。特别要注意的是，截至目前，Flask 文档包括 setup.py 和 manifest 文件（代码清单 10.1 和代码清单 10.2），而不是按照“最佳实践”将配置设置集中在 pyproject.toml 中（第 8 章）。实践经验表明，在部署应用程序时，偏离官方文档是非常不明智的，但需注意 Flask 自身的约定可能会在此之后发生变化。如果现在尚不理解也不必担心，就像阅读文档一样，选择性忽略绝对是技术熟练度的一部分（方框 1.2）。

代码清单 10.1　配置文件

setup.py

```python
from setuptools import find_packages, setup

setup(
    name='palindrome_detector',
    version='1.0.0',
    packages=find_packages(),
 include_package_data=True,
    zip_safe=False,
 install_requires=[
        'flask',
    ],
)
```

代码清单 10.2　manifest 文件

MANIFEST.in

```
graft palindrome_detector/static
graft palindrome_detector/templates
global-exclude *.pyc
```

编写应用程序前，请按照代码清单 10.3[㊀]所示先编写 “Hello，World!”。代码清单 10.3 的大部分内容是 Flask 的模板代码，来自官方文档，因此不必担心细节。顺便说一下，函数定义之前的 @app.route ("/") 语法被称为修饰符，除了定义 Flask 路由之外，它在 Python 中还有很多用途。

代码清单 10.3 在 Flask 中编写 “Hello，World!”

```
import os

from flask import Flask


def create_app(test_config=None):
    """Create and configure the app."""
    app = Flask(__name__, instance_relative_config=True)

    if test_config is None:
        # 在未进行测试时加载实例配置
        app.config.from_pyfile("config.py", silent=True)
    else:
        # 如果已传入，加载测试配置
        app.config.from_mapping(test_config)

    # 确认实例文件夹存在
    try:
        os.makedirs(app.instance_path)
    except OSError:
        pass

    @app.route("/")
    def index():
        return "hello, world!"

    return app

app = create_app()
```

然后执行 Flask 命令运行应用程序（代码清单 10.4）。

代码清单 10.4 运行 Flask 程序

```
(venv) $ flask --app palindrome_detector --debug run
 * Running on http://127.0.0.1:5000/
```

访问 127.0.0.1：5000/ 的结果如图 10.1 所示。

最后，按照通常的部署做法，使用 Git 对项目进行版本控制，为部署到 Fly.io 做准备。

㊀ os 包中包括用于处理底层操作系统（OS）的实用工具。

与 1.5 节一样，需要一个 .gitignore 文件告诉 Git 要忽略哪些文件和目录（代码清单 10.5）。

图 10.1　初始化应用程序

代码清单 10.5　忽略特定的文件和目录

.gitignore

```
venv/

*.pyc
__pycache__/

instance/

.pytest_cache/
.coverage
htmlcov/

dist/
build/
*.egg-info/

.DS_Store
```

下一步，初始化存储库：

```
(venv) $ git init
(venv) $ git add -A
(venv) $ git commit -m "Initialize repository"
```

建议在 GitHub 上建立一个新的存储库。

如 1.5 节中所述，安装 Gunicorn 服务器：

```
(venv) $ pip install gunicorn==20.1.0
```

然后，为 Fly.io 创建 requirements.txt 文件（代码清单 10.6）。

代码清单 10.6　指定应用程序的需求

requirements.txt

```
click==8.1.3
Flask==2.2.2
gunicorn==20.1.0
itsdangerous==2.1.2
Jinja2==3.1.2
MarkupSafe==2.1.1
Werkzeug==2.2.2
```

现在登录（代码清单 10.7）并启动应用程序以创建环境配置（代码清单 10.8）。编辑生成的 Procfile 文件以使用回文应用程序的名称（代码清单 10.9）。

代码清单 10.7　登录 Fly.io

```
(venv) $ flyctl auth login --interactive
```

代码清单 10.8　启动应用（本地配置）

```
(venv) $ flyctl launch
```

代码清单 10.9　Procfile 文件

```
web: gunicorn palindrome_detector:app
```

此时，基本准备好生产环境的部署了。唯一的问题是，用户可能已经在 1.5 节定义了一个应用程序，但编写 Fly.io 时只允许一个应用程序使用免费版。因此，有可能不得不删除旧的应用程序，可在 Fly.io 仪表板上找到它（图 10.2）：点击应用名称 > 设置（Settings）> 删除应用程序（Delete app）。（构建器可以重复使用，所以没有必要将其一并删除。）

建议将配置变更提交到 Git（在本章中继续进行提交和推送）：

```
(venv) $ git add -A
(venv) $ git commit -m "Add configuration"
```

现在准备好进行实际部署了：

```
(venv) $ flyctl deploy
(venv) $ flyctl open      # 不会在云IDE上工作，所以使用显示的URL
```

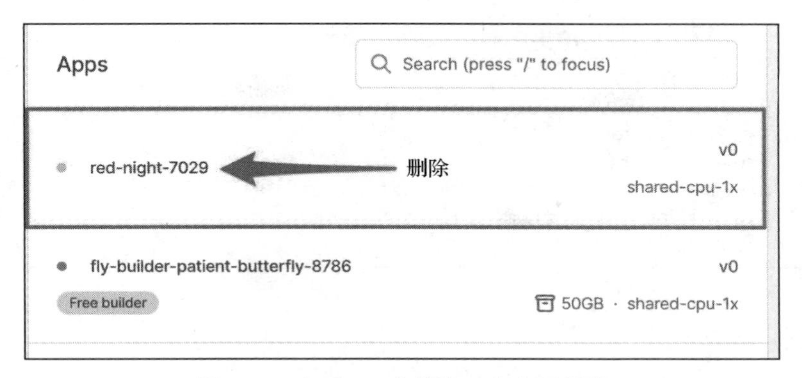

图 10.2　在 Fly.io 中删除一个应用程序

结果是一个在生产环境中运行的应用程序，如图 10.3 所示。为了简洁起见，虽然在 10.5 节之前省略了进一步的部署操作，但建议在学习本章的过程中定期进行部署，以尽快发现任何生产问题。

图 10.3　最初的应用程序正在运行

练习

有一个很好的技巧，可以使用 pip -r 命令从生成的 requirements.txt 文件中安装应用程序的所有需求。确认代码清单 10.10 能够恢复并得到一个正常工作的应用程序。

代码清单 10.10　拆除并重新构建应用环境

```
(venv) $ deactivate
$ rm -rf venv/
$ python3 -m venv venv
$ source venv/bin/activate
(venv) $ pip install -r requirements.txt
(venv) $ flask --app palindrome_detector --debug run
 * Running on http://127.0.0.1:5000/
```

10.2　网站页面

前面介绍了设置和部署回文应用程序所涉及的所有操作，接下来从为网站创建三个页面：Home、About 和回文检测器开始，可以快速完成最终的应用程序。与前述 Flask 应用程序不同，它只是简单地返回字符串作为 GET 请求的响应，对于完整的应用程序，本节将采用被称之为模板的更强大的技术。最初，这些模板由静态 HTML 组成，10.3 节中将添加代码以消除重复，并且在 10.4 节中将添加动态内容。

为了准备制作网站页面，接下来在命令行创建一个模板文件（目前内容为空），该文件位于 palindrome_detector 目录下 templates 子目录中：

```
(venv) $ mkdir palindrome_detector/templates
(venv) $ cd palindrome_detector/templates
(venv) $ touch index.html about.html palindrome.html
(venv) $ cd -
```

（正如在 *Learn Enough Command Line to be Dangerous* 中所提到的，cd - 命令会切换到上次操作的目录，无论它是什么；当前环境下是 palindrome_app，即 Web 应用程序的基础目录。）

初始，这些模板只是静态的 HTML，从 10.4 节将学习如何使用模板动态生成 HTML。在 Flask 程序中渲染模板可以使用 render_template 功能。例如，在根 URL/ 上呈现首页，可以编写以下代码：

```
@app.route("/")
def index():
    return render_template("index.html")
```

这段代码使 Flask 在 templates 目录中查找 index.html。

由于渲染三个模板的代码基本相同，因此将同时添加它们，如代码清单 10.11 所示。请注意，除了 Flask 类本身，还添加了一条额外的语句用于从 Flask 包中导入 render_template。

代码清单 10.11　渲染三个模板

palindrome_app/palindrome_detector/__init__.py

```
import os

from flask import Flask, render_template
```

```
def create_app(test_config=None):
    """Create and configure the app."""
    app = Flask(__name__, instance_relative_config=True)
    .
    .
    .

    @app.route("/")
    def index():
        return render_template("index.html")

    @app.route("/about")
    def about():
        return render_template("about.html")

    @app.route("/palindrome")
    def palindrome():
        return render_template("palindrome.html")

    return app

app = create_app()
```

代码清单 10.11 中的文件实际上是一个控制器，它在应用程序的不同部分之间进行协调、定义应用程序支持的 URL（或路由）、响应请求等。而模板有时也称为视图，它们决定了实际返回给浏览器的 HTML 内容。总而言之，视图和控制器共同构成了用于开发 Web 应用程序的模型 – 视图 – 控制器（MVC）架构。

下一步，用 HTML 填充这三个模板文件。操作直接但有点烦琐，建议从代码清单 10.12、代码清单 10.13 和代码清单 10.14 中复制和粘贴相关代码。如果当前不是在线阅读本文，可以在第 1 章提及的参考网站上找到相关源代码：https://github.com/learnenough/learn_enough_python_code_listings。顺便说一句，body 标签材料的缩进长度是错误的，将在 10.3 节中介绍原因。请注意，在缩进时使用两个空格，这在 HTML 标记中很常见，传统的 Python 代码中使用四个空格。

值得注意的是，超链接引用（href）URL 为硬编码，示例如下

```
<link rel="stylesheet" type="text/css" href="/static/stylesheets/main.css">
```

对于本章小的应用程序来说，这样做可行。更强大（也更复杂）的方法请查看 Flask 文档中关于 url_for 的说明（https://flask.palletsprojects.com/en/2.2.x/api/#flask.Flask.url_for）以及 Stack Overflow 相关说明（https://stackoverflow.com/questions/7478366/create-dynamic-urls-in-flask-with-url-for/35936261#35936261）。

代码清单 10.12　初始化 Home（index）视图

palindrome_detector/templates/index.html

```
<!DOCTYPE html>
<html>
```

```
  <head>
    <meta charset="utf-8">
    <title>Learn Enough Python Sample App</title>
    <link rel="stylesheet" type="text/css" href="/static/stylesheets/main.css">
    <link href="https://fonts.googleapis.com/css?family=Open+Sans:300,400"
          rel="stylesheet">
  </head>
  <body>
    <a href="/" class="header-logo">
      <img src="/static/images/logo_b.png" alt="Learn Enough logo">
    </a>
    <div class="container">
      <div class="content">

  <h1>Sample Flask App</h1>

  <p>
    This is the sample Flask app for
    <a href="https://www.learnenough.com/python-tutorial"><em>Learn Enough Python
    to Be Dangerous</em></a>. Learn more on the <a href="/about">About</a> page.
  </p>

  <p>
    Click the <a href="https://en.wikipedia.org/wiki/Sator_Square">Sator
    Square</a> below to run the custom <a href="/palindrome">Palindrome
    Detector</a>.
  </p>
  <a class="sator-square" href="/palindrome">
    <img src="/static/images/sator_square.jpg" alt="Sator Square">
  </a>
      </div>
    </div>
  </body>
</html>
```

代码清单 10.13 初始化 About 模板

palindrome_detector/templates/about.html

```
<!DOCTYPE html>
<html>
  <head>
    <meta charset="utf-8">
    <title>Learn Enough Python Sample App</title>
    <link rel="stylesheet" type="text/css" href="/static/stylesheets/main.css">
    <link href="https://fonts.googleapis.com/css?family=Open+Sans:300,400"
          rel="stylesheet">
  </head>
  <body>
    <a href="/" class="header-logo">
      <img src="/static/images/logo_b.png" alt="Learn Enough logo">
    </a>
    <div class="container">
```

```
      <div class="content">

  <h1>About</h1>

  <p>
    This site is the final application in
    <a href="https://www.learnenough.com/python-tutorial"><em>Learn Enough Python
    to Be Dangerous</em></a>
    by <a href="https://www.michaelhartl.com/">Michael Hartl</a>,
    a tutorial introduction to the
    <a href="https://www.python.org/">Python programming language</a> that
    is part of
    <a href="https://www.learnenough.com/">LearnEnough.com</a>.
  </p>
      </div>
    </div>
  </body>
</html>
```

代码清单 10.14 初始化回文检测器模板

palindrome_detector/templates/palindrome.html

```
<!DOCTYPE html>
<html>
  <head>
    <meta charset="utf-8">
    <title>Learn Enough Python Sample App</title>
    <link rel="stylesheet" type="text/css" href="/static/stylesheets/main.css">
    <link href="https://fonts.googleapis.com/css?family=Open+Sans:300,400"
          rel="stylesheet">
  </head>
  <body>
    <a href="/" class="header-logo">
      <img src="/static/images/logo_b.png" alt="Learn Enough logo">
    </a>
    <div class="container">
      <div class="content">

  <h1>Palindrome Detector</h1>

  <p>This will be the palindrome detector.</p>

      </div>
    </div>
  </body>
</html>
```

访问 127.0.0.1：5000 会使 Flask 呈现默认的（index）页面，如图 10.4 所示。要访问 About 页面，可以在浏览器地址栏中输入 127.0.0.1：5000/about，如图 10.5 所示。

图 10.4 和图 10.5 显示了最基本的工作网页，代码清单 10.12 和随后的代码清单示例中

包含了图片和 CSS 文件，这些文件目前不在本地系统中。可以从 *Learn Enough CDN* 下载所需的文件并放到 static 目录中来解决这个问题，这是处理此类静态资产的标准选择。

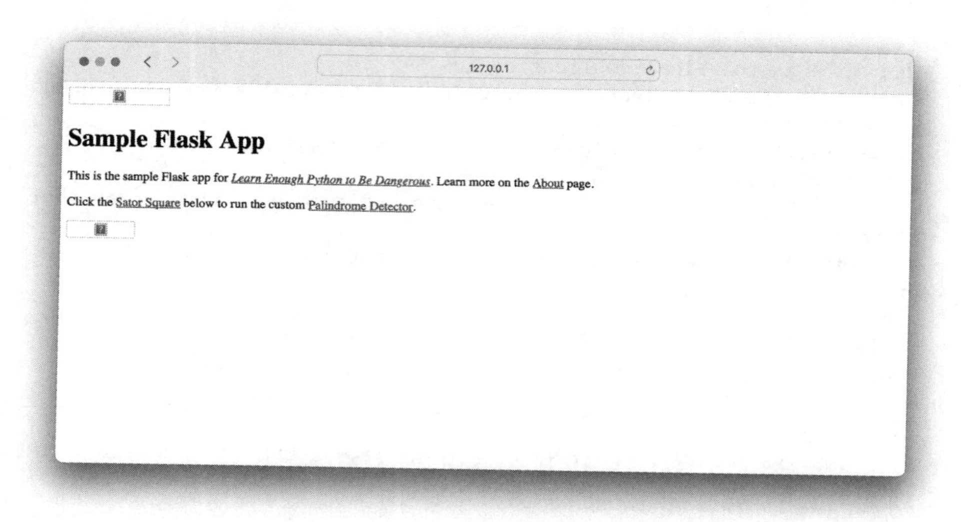

图 10.4 初始化 Home 页面

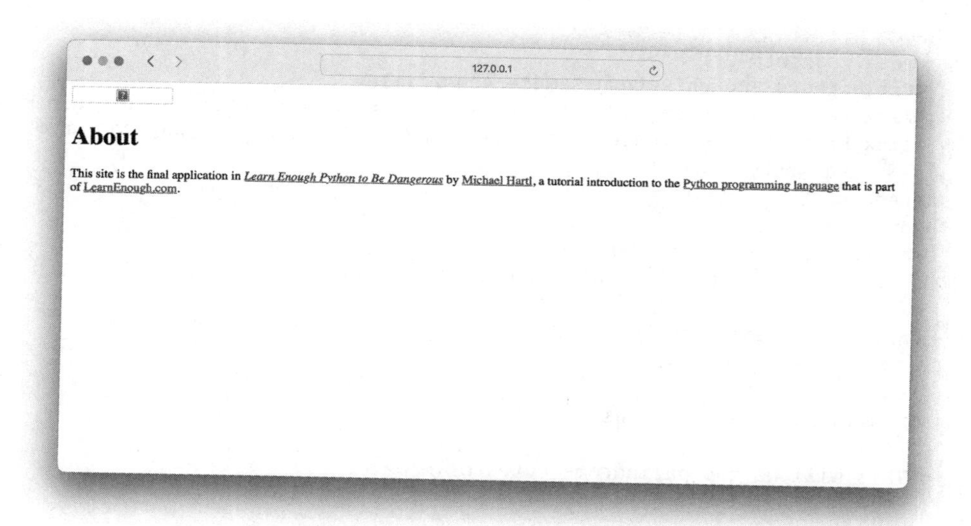

图 10.5 初始化 About 页面

实现方法是使用 curl 命令来获取一个 tar 包，它类似 ZIP 文件，并且在类 Unix 系统上很常见：

```
(venv) $ curl -OL https://cdn.learnenough.com/le_python_palindrome_static.tar.gz
```

该类型的文件由命令 tar 创建。同时，gz 扩展名是指用于压缩文件的重要命令 gzip。解压缩文件的方法是使用 tar zxvf 命令，命令全称是“tape archive gzip extract verbose file”。如 8.5 节中简要介绍的，反斜杠 \ 代表一个连续字符，应按字面含义输入，但右尖括号 > 由 Shell 程序自动添加，无须手动输入[⊖]：

```
(venv) $ tar zxvf le_python_palindrome_static.tar.gz \
> --directory palindrome_detector/
x static/
x static/static/images/
x static/static/stylesheets/
x static/static/stylesheets/main.css
x static/static/images/sator_square.jpg
x static/static/images/logo_b.png
(venv) $ rm -f le_python_palindrome_static.tar.gz
```

随着编程经验的增加，可能倾向于省略参数 -v，建议初始阶段使用详细输出，以便查看命令执行中正发生的情况。注意 tar 本身只是字母，没有其他大多数 Unix 命令的前导连字符。在许多系统中，允许使用连字符参数，如 tar -z -x -v -f< 文件名 >，但命令 tar 通常省略它们。

从上面的详细输出可见，解压文件创建了一个静态目录：

```
(venv) $ ls palindrome_detector/static
images      stylesheets
```

刷新 About 页面，确认标识图片和 CSS 正常工作（图 10.6）。升级版 Home 页面会更加引人注目，如图 10.7 所示。

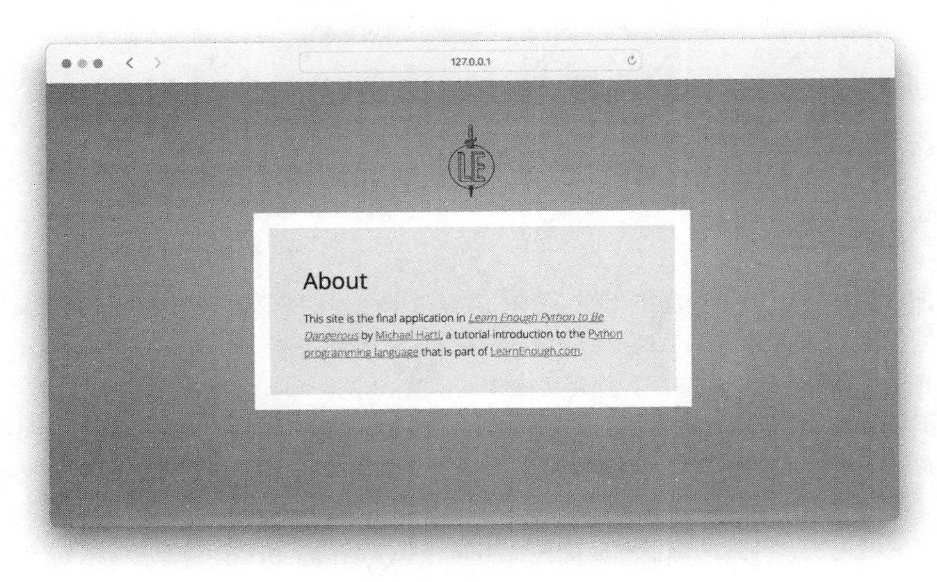

图 10.6　一个更美观的 About 页面

⊖ 使用命令 tar zcf< 文件名 >.tar.gz 创建 tar 包，其中 c 代表创建。

图 10.7　升级版 Home 页面

练习

1. 访问 /palindrome 的 URL，确认 CSS 和图片是否正常工作。
2. 进行一次代码提交并部署更改。

10.3　布局

目前为止，应用程序看起来相当不错，但有两个明显的瑕疵：三个页面的 HTML 代码高度重复，并且在页面之间手动导航相当麻烦。本节将解决第一个问题，在 10.4 节中解决第二个问题（当然，我们的应用程序还不能检测回文，这是 10.5 节的主题）。

根据 *Learn Enough CSS & Layout to be Dangerous* 一书中的内容，标题中的 Layout 通常指页面布局——使用层叠样式表在页面上移动元素、对齐等。要做到这一点需要定义布局模版、捕捉常见模式并消除重复的布局。

在当前情况下，网站的每个页面都具有相同的基本结构，如代码清单 10.15 所示。

代码清单 10.15　网页的 HTML 结构

```
<!DOCTYPE html>
<html>
```

```
  <head>
    <meta charset="utf-8">
    <title>Learn Enough Python Sample App</title>
    <link rel="stylesheet" type="text/css" href="/static/stylesheets/main.css">
    <link href="https://fonts.googleapis.com/css?family=Open+Sans:300,400"
          rel="stylesheet">
  </head>
  <body>
    <a href="/" class="header-logo">
      <img src="/static/images/logo_b.png" alt="Learn Enough logo">
    </a>
    <div class="container">
      <div class="content">
        <!-- page-specific content -->
      </div>
    </div>
  </body>
</html>
```

除了特定页面的内容（由高亮显示的 HTML 注释指示）之外，每个页面的内容都是相同的。在 *Learn Enough CSS & Layout to be Dangerous* 一书中，使用 Jekyll 模板（https://www.learnenough.com/css-and-layout-tutorial/struct-layout#sec-jekyll-templates）消除了重复内容；本书将使用 *Jinja* 模板引擎替代，它是 Flask 的默认模板系统。

当前的网站正在工作，从开发阶段来看，每个页面上都有适当的内容。接下来的代码更改涉及移动和删除大量 HTML，希望在不破坏网站的情况下完成此操作。这听起来像以前见过的问题？

确实如此，这是在第 8 章面临的问题。当时开发并重构了回文包，并编写自动化程序来执行任何回归测试。本章将采取同样的做法。（早在自动化测试 Web 应用程序之前，就开始制作网站了，更不用说常态化执行。与手动测试 Web 应用程序相比，自动化测试是一大进步。）

开始之前，如 8.1 节中操作先添加 pytest：

```
(venv) $ pip install pytest==7.1.3
```

按照设计，测试将尽可能简单；更复杂的测试请参考 pytest-flask 项目（https://pytest-flask.readthedocs.io/en/latest/index.html。

为了让测试程序工作，需要将应用程序作为可编辑的 Python 包在本地安装。如果未安装，可能会遇到以下错误：

```
E   ModuleNotFoundError: No module named 'palindrome_detector'
```

为了防止错误发生，运行与代码清单 8.18 中相同的命令，如代码清单 10.16 所示。

代码清单 10.16　将应用程序安装为可编辑的程序包

```
$ pip install -e .
```

将测试程序放在 tests 目录中，并启动一个测试文件：

```
(venv) $ mkdir tests
(venv) $ touch tests/test_site_pages.py
```

将在 10.5 节增加第二个测试文件。

为网络应用编写测试的关键工具是 client 对象，它具有一个 get() 方法，该方法向 URL 发出 GET 请求，模拟在网络浏览器中相应页面的访问操作。请求返回的结果是一个 response 对象，它具有多种有用的属性，包括 status_code（表示请求返回的 HTTP 响应代码）和 text（包含应用程序返回的 HTML 文本）。可以在标准配置文件 conftest.py 中定义这样的 client 对象：

```
(venv) $ touch tests/conftest.py
```

参考代码清单 10.17（与本章其余的配置代码一样，代码清单 10.17 改编自 Flask 文档）。

代码清单 10.17　创建 client 对象

tests/conftest.py

```
import pytest

from palindrome_detector import create_app


@pytest.fixture
def app():
    return create_app()

@pytest.fixture
def client(app):
    return app.test_client()
```

程序从最基本的测试开始，确保应用程序提供了基本内容，如返回响应代码 200（OK），代码实现如下：

```
def test_index(client):
    response = client.get("/")
    assert response.status_code == 200
```

测试中使用了 get() 方法向根 URL/ 发出 GET 请求，并使用第 8 章中介绍的 assert 函数验证代码是否正确。

将上述讨论应用于 About 和回文检测页面，得到初始化测试套件，如代码清单 10.18 所示。

代码清单 10.18　初始化测试套件（GREEN，测试通过）

tests/test_site_pages.py

```
def test_index(client):
    response = client.get("/")
```

```
    assert response.status_code == 200

def test_about(client):
    response = client.get("/about")
    assert response.status_code == 200

def test_palindrome(client):
    response = client.get("/palindrome")
    assert response.status_code == 200
```

由于代码清单 10.18 中的测试是针对已正常工作的代码，因此测试套件是绿色的，如代码清单 10.19 所示：

代码清单 10.19　GREEN，测试通过

```
(venv) $ pytest
============================= test session starts ==============================
collected 3 items

tests/test_site_pages.py ...                                             [100%]

============================== 3 passed in 0.01s ===============================
```

代码清单 10.18 中的测试是个良好的开端，但它只是检查页面是否存在。如果能对 HTML 内容进行稍微严格一些的测试会更好，不过也不必太严格——不希望因为测试导致将来的更改变得困难。作为折中，将检查站点中的每个页面是否在文档中的某个位置具有一个 title 标签和一个 h1 标签。

虽然可以用更复杂的技术实现[一]，但本节采用最简单的方法，即将 2.5 节中介绍的 in 操作符应用于 response.text 属性。例如，要检查 <title> 标签，可以使用以下代码[二]：

```
assert "<title>" in response.text
```

将 title 和 h1 标记的代码添加到站点每个页面的测试中，会得到更新后的测试套件，如代码清单 10.20 所示。

代码清单 10.20　为某些 HTML 标记添加声明（GREEN，测试通过）

tests/test_site_pages.py

```
def test_index(client):
    response = client.get("/")
    assert response.status_code == 200
```

[一] 例如，可以用 9.3 节中的 Beautiful Soup 包来解析 HTML，并为测试创建一个 doc 对象。

[二] 即使 <title> 出现在页面随机位置且不是真正的标题，这个声明仍然会通过，但此情况不太可能发生，当前的技术可以很好演示主要原理。正如前面提到的，使用适当的 HTML 解析器的更复杂方法也是可能的，这对于更高级的应用程序来说是一个好主意。

```
    assert "<title>" in response.text
    assert "<h1>" in response.text

def test_about(client):
    response = client.get("/about")
    assert response.status_code == 200
    assert "<title>" in response.text
    assert "<h1>" in response.text

def test_palindrome(client):
    response = client.get("/palindrome")
    assert response.status_code == 200
    assert "<title>" in response.text
    assert "<h1>" in response.text
```

此外，一些程序员采用每个测试只有一个声明的约定，而代码清单 10.20 中有两个。根据编程经验，设置正确状态（例如重复调用 get()）所带来的开销使得这种约定不方便，而且也从未因为在测试中包含多个声明遇到任何问题。

现在，代码清单 10.20 中的测试应该按照要求变为 GREEN（代码清单 10.21）：

代码清单 10.21　GREEN，测试通过

```
(venv) $ pytest
============================= test session starts ==============================
collected 3 items

tests/test_site_pages.py ...                                              [100%]

============================== 3 passed in 0.01s ===============================
```

此时，已准备好使用 Jinja 模板来消除重复。第一步为重复的代码定义布局模板：

```
(venv) $ touch palindrome_detector/templates/layout.html
```

layout.html 的内容是清单 10.15 中标识常见的 HTML 结构，结合了 Jinja 模板提供的特殊 block 函数。这涉及替换 HTML 注释：

```
<!-- page-specific content -->
```

在代码清单 10.15 中使用 Jinja 代码：

```
{% block content %}{% endblock %}
```

Jinja 使用 {%...%} 语法来指示 HTML 文档中的代码[⊖]。这段特定代码将文本插入名为

⊖ 这种语法在模板语言中被广泛使用。例如，在 *Learn Enough CSS & Layout to be Dangerous* 中与 Jekyll 静态网站生成器结合使用的 Liquid 模板语言使用了相同的语法。

Content 的变量中（稍后将为每个页面定义该变量）。生成的模板如代码清单 10.22 所示。

代码清单 10.22　具有共享 HTML 结构的布局

Palindrome_detector/templates/layout.html

```
<!DOCTYPE html>
<html>
  <head>
    <meta charset="utf-8">
    <title>Learn Enough Python Sample App</title>
    <link rel="stylesheet" type="text/css" href="/static/stylesheets/main.css">
    <link href="https://fonts.googleapis.com/css?family=Open+Sans:300,400"
          rel="stylesheet">
  </head>
  <body>
    <a href="/" class="header-logo">
      <img src="/static/images/logo_b.png" alt="Learn Enough logo">
    </a>
    <div class="container">
      <div class="content">
        {% block content %}{% endblock %}
      </div>
    </div>
  </body>
</html>
```

此时，可以从页面中删除共享材料，只留下核心内容，如代码清单 10.23、代码清单 10.24 和代码清单 10.25 所示。（这就是为什么在代码清单 10.12 和 10.2 节的其他模板中，主体内容没有完全缩进）代码清单 10.23 和后续代码清单使用 Jinja 的 extends 函数告诉系统使用模板 layout.html，然后 {% block content %} 定义了要插入代码清单 10.22 中的内容。

代码清单 10.23　Home（index）视图核心代码

Palindrome_detector/templates/index.html

```
{% extends "layout.html" %}

{% block content %}
  <h1>Sample Flask App</h1>

  <p>
    This is the sample Flask app for
    <a href="https://www.learnenough.com/python-tutorial"><em>Learn Enough Python
    to Be Dangerous</em></a>. Learn more on the <a href="/about">About</a> page.
  </p>

  <p>
    Click the <a href="https://en.wikipedia.org/wiki/Sator_Square">Sator
```

```
    Square</a> below to run the custom <a href="/palindrome">Palindrome
    Detector</a>.
  </p>

  <a class="sator-square" href="/palindrome">
    <img src="/static/images/sator_square.jpg" alt="Sator Square">
  </a>
{% endblock %}
```

代码清单 10.24 About 视图核心代码

Palindrome_detector/templates/about.html

```
{% extends "layout.html" %}

{% block content %}
  <h1>About</h1>

  <p>
    This site is the final application in
    <a href="https://www.learnenough.com/python-tutorial"><em>Learn Enough Python
    to Be Dangerous</em></a>
    by <a href="https://www.michaelhartl.com/">Michael Hartl</a>,
    a tutorial introduction to the
    <a href="https://www.python.org/">Python programming language</a> that
    is part of
    <a href="https://www.learnenough.com/">LearnEnough.com</a>.
  </p>
{% endblock %}
```

代码清单 10.25 回文检测器视图核心代码

Palindrome_detector/templates/palindrome.html

```
{% extends "layout.html" %}

{% block content %}
  <h1>Palindrome Detector</h1>

  <p>This will be the palindrome detector.</p>
{% endblock %}
```

假设前面一切顺利，则测试应该仍然是 GREEN（代码清单 10.26）。

代码清单 10.26 GREEN，测试通过

```
(venv) $ pytest
============================= test session starts ==============================
collected 3 items

tests/test_site_pages.py ...                                             [100%]

============================== 3 passed in 0.01s ===============================
```

在浏览器中快速检查确认一切按预期工作（图 10.8）。

当然，在刚刚进行的重构中可能会出现很多问题，测试套件会立即捕获这些问题。而且会捕获未检查出来的页面错误；例如，图 10.8 展示了 Home 页面，但是如何知道 About 页面正常工作呢？答案是不知道，测试套件省去了检查站点每个页面的麻烦。随着站点复杂度的增加，这种做法越来越有价值。

图 10.8　使用布局创建 Home 页

练习

1. 通过在 HTML 验证器中运行任何页面的源代码，确认当前页面 HTML 是否有效，但有一个警告，建议在 html 标签中添加一个 lang（语言）属性。在代码清单 10.22 中将属性 lang="en"（表示“英语”）添加到 html 标签中，并使用 Web 检查器确认所有三个页面都显示正确。

2. 提交并部署更改。

10.4　模板引擎

前面定义了适当的布局，本节将使用 Jinja 模板语言（首次在清单 10.22 中看到）为站点添加一些不错的改进：变量标题和导航。变量标题是 HTML 标签的内容，每页都不同，并为每个页面提供了精心的自定义修饰。同时，导航省去了手动输入每个子页面的麻烦——这显然不是想要创建的用户体验。

10.4.1 变量标题

变量标题将结合一个基本标题（在每个页面上都相同的）和一个根据页面名称而变化的部分。特别是对 Home、About 和回文检测器页面，希望标题看起来像这样：

```
<title>Learn Enough Python Sample App | Home</title>

<title>Learn Enough Python Sample App | About</title>

<title>Learn Enough Python Sample App | Palindrome Detector</title>
```

当前策略有三个步骤：

1. 为当前页面标题编写 GREEN 测试。
2. 为变量标题编写 RED 测试。
3. 通过添加标题的变量部分来实现 GREEN。

请注意，步骤 2 和步骤 3 构成了测试驱动开发。实际上，为变量标题编写测试比让代码运行通过更容易，这是方框 8.1 中描述的 TDD 的情况之一。

第一步，修改代码清单 10.20 中定义的标题声明，以包括当前的基本标题。为方便下一步，定义一个 base_title 变量，并使用插值生成标题，然后声明标题出现在相应的文本中。所有三个网站页面的结果显示如代码清单 10.27 所示。

```
base_title = "Learn Enough Python Sample App"
title = f"<title>{base_title}</title>"
```

代码清单 10.27 为基本标题内容添加声明（GREEN，测试通过）

tests/test_site_pages.py

```
def test_index(client):
    response = client.get("/")
    assert response.status_code == 200
    base_title = "Learn Enough Python Sample App"
    title = f"<title>{base_title}</title>"
    assert title in response.text
    assert "<h1>" in response.text

def test_about(client):
    response = client.get("/about")
    assert response.status_code == 200
    base_title = "Learn Enough Python Sample App"
    title = f"<title>{base_title}</title>"
```

```
    assert title in response.text
    assert "<h1>" in response.text

def test_palindrome(client):
    response = client.get("/palindrome")
    assert response.status_code == 200
    base_title = "Learn Enough Python Sample App"
    title = f"<title>{base_title}</title>"
    assert title in response.text
    assert "<h1>" in response.text
```

请注意，代码清单 10.27 中有很多重复内容。当把变量组件添加到标题中时，其中一些重复内容将消失。如何消除其余的重复内容将留作本节练习。

按照工作代码的测试要求，测试套件当前为 GREEN（代码清单 10.28）：

代码清单 10.28　GREEN，测试通过

```
(venv) $ pytest
============================= test session starts ==============================
collected 3 items

tests/test_site_pages.py ...                                              [100%]

============================== 3 passed in 0.01s ===============================
```

第二步，添加竖线 | 和特定页面的标题，如代码清单 10.29 所示。

代码清单 10.29　为变量标题内容添加声明（RED，测试未通过）

tests/test_site_pages.py

```
def test_index(client):
    response = client.get("/")
    assert response.status_code == 200
    base_title = "Learn Enough Python Sample App"
    title = f"<title>{base_title} | Home</title>"
    assert title in response.text
    assert "<h1>" in response.text

def test_about(client):
    response = client.get("/about")
    assert response.status_code == 200
    base_title = "Learn Enough Python Sample App"
    title = f"<title>{base_title} | About</title>"
    assert title in response.text
    assert "<h1>" in response.text
```

```
def test_palindrome(client):
    response = client.get("/palindrome")
    assert response.status_code == 200
    base_title = "Learn Enough Python Sample App"
    title = f"<title>{base_title} | Palindrome Detector</title>"
    assert title in response.text
    assert "<h1>" in response.text
```

由于程序代码尚未更新，测试为 RED（代码清单 10.30）：

代码清单 10.30　RED，测试未通过

```
(venv) $ pytest
============================= test session starts ==============================
collected 3 items

tests/test_site_pages.py FFF                                             [100%]

=================================== FAILURES ===================================
__________________________________ test_index __________________________________
.
.
.
=========================== short test summary info ============================
FAILED tests/test_site_pages.py::test_index - assert '<title>Learn Enough Pyt...
FAILED tests/test_site_pages.py::test_about - assert '<title>Learn Enough Pyt...
FAILED tests/test_site_pages.py::test_palindrome - assert '<title>Learn Enoug...
============================== 3 failed in 0.03s ===============================
```

第三步的诀窍是应用程序的每个函数传递一个不同的 page_title 选项，然后在页面布局上呈现结果。Jinja 模板的工作方式是，可以将关键字参数（5.1.2 节）传递给模板，使用并自动访问模板中名为 page_title 的变量（在此例中，其值为“Home”）。期望的变量标题结果如代码清单 10.31 所示。

代码清单 10.31　为每页添加 page_title 变量（GREEN，测试通过）

palindrome_app/palindrome_detector/__init__.py

```
import os

from flask import Flask, render_template


def create_app(test_config=None):
    """Create and configure the app."""
    app = Flask(__name__, instance_relative_config=True)

    if test_config is None:
```

```
        # Load the instance config, if it exists, when not testing.
        app.config.from_pyfile("config.py", silent=True)
    else:
        # Load the test config if passed in.
        app.config.from_mapping(test_config)

    # Ensure the instance folder exists.
    try:
        os.makedirs(app.instance_path)
    except OSError:
        pass

    @app.route("/")
    def index():
        return render_template("index.html", page_title="Home")

    @app.route("/about")
    def about():
        return render_template("about.html", page_title="About")

    @app.route("/palindrome")
    def palindrome():
        return render_template("palindrome.html",
                               page_title="Palindrome Detector")

    return app

app = create_app()
```

一旦在模板中使用代码清单 10.31 中的代码定义了一个变量，则可以使用 Jinja 模板的特殊语法 {{...}} 来插入变量：

```
{{ page_title }}
```

这告诉 Jinja 将 page_title 的内容插入该位置的 HTML 模板中。特别是，这意味着可以使用代码清单 10.32 所示的代码添加标题的变量组件。

代码清单 10.32　添加标题的变量组件

palindrome_detector/templates/layout.html

```
<!DOCTYPE html>
<html>
  <head>
    <meta charset="utf-8">
    <title>Learn Enough Python Sample App | {{ page_title }}</title>
    .
    .
    .
```

当页面标题 page_title 为“Home”，布局标题将变为：

```
<title>Learn Enough Python Sample App | Home</title>
```

其他变量标题也是如此。

因为代码清单 10.31 中的变量标题与代码清单 10.29 中的测试变量相匹配，所以测试套件应该是 GREEN（代码清单 10.33）：

代码清单 10.33　GREEN，测试通过

```
(venv) $ pytest
============================= test session starts ==============================
collected 3 items

tests/test_site_pages.py ...                                              [100%]

============================== 3 passed in 0.01s ===============================
```

上例成功地使用 TDD 为应用程序添加了变量标题，并且确认在没有接触浏览器的情况下也能正常工作。

当然，最好还是在浏览器中再次验证，以确保结果正确（图 10.9）。

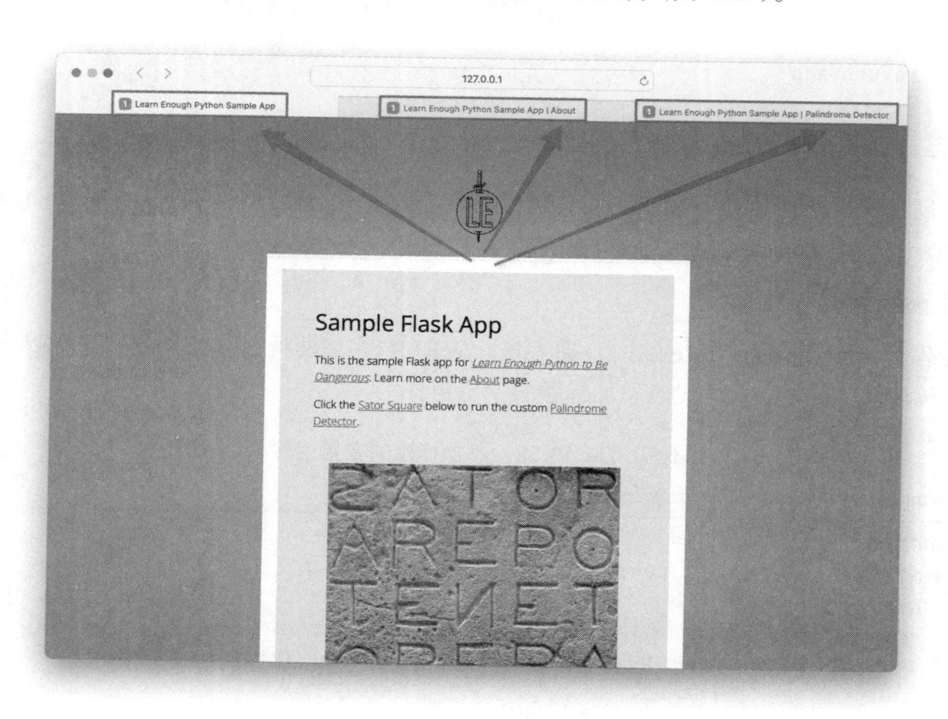

图 10.9　确认浏览器中正确的变量标题

10.4.2　网站导航

现在有了合适的布局文件，为每个页面添加导航就很容易了。导航代码参考代码清单 10.34，输出结果如图 10.10 所示。

代码清单 10.34　添加网站导航

palindrome_detector/templates/layout.html

```
<!DOCTYPE html>
<html>
  <head>
    <meta charset="utf-8">
    <title>Learn Enough Python Sample App | {{ page_title }}</title>
    <link rel="stylesheet" type="text/css" href="/static/stylesheets/main.css">
    <link href="https://fonts.googleapis.com/css?family=Open+Sans:300,400"
          rel="stylesheet">
  </head>
  <body>
    <a href="/" class="header-logo">
      <img src="/static/images/logo_b.png" alt="Learn Enough logo">
    </a>
    <div class="container">
      <header class="header">
        <nav>
          <ul class="header-nav">
            <li><a href="/">Home</a></li>
            <li><a href="/palindrome">Is It a Palindrome?</a></li>
            <li><a href="/about">About</a></li>
          </ul>
        </nav>
      </header>
      <div class="content">
        {% block content %}{% endblock %}
      </div>
    </div>
  </body>
</html>
```

最后，将代码清单 10.34 中的导航提取到一个单独的模板中，有时称为部分模板（或简称部分），因为它表示只有部分页面。这将导致一个非常干净整洁的布局页面。

由于这涉及网站重构，因此将添加一个简单测试（根据方框 8.1）来捕获所有回归。由于导航会出现在网站布局中，可以使用任意页面来测试其是否存在，为了方便起见，本例将使用 index 页面。如代码清单 10.35 所示，只需要声明存在一个 nav 标签。

图 10.10 网站导航

代码清单 10.35 测试导航（GREEN，测试通过）

Tests/test_site_pages.py

```
def test_index(client):
    response = client.get("/")
    assert response.status_code == 200
    base_title = "Learn Enough Python Sample App"
    title = f"<title>{base_title} | Home</title>"
    assert title in response.text
    assert "<h1>" in response.text
    assert "<nav>" in response.text

def test_about(client):
    response = client.get("/about")
    assert response.status_code == 200
    base_title = "Learn Enough Python Sample App"
    title = f"<title>{base_title} | About</title>"
    assert title in response.text
    assert "<h1>" in response.text

def test_palindrome(client):
    response = client.get("/palindrome")
    assert response.status_code == 200
    base_title = "Learn Enough Python Sample App"
    title = f"<title>{base_title} | Palindrome Detector</title>"
```

```
    assert title in response.text
    assert "<h1>" in response.text
```

由于 nav 标签已经添加，测试为 GREEN（代码清单 10.36）。

代码清单 10.36　GREEN，测试通过

```
(venv) $ pytest
============================= test session starts ==============================
collected 3 items

tests/test_site_pages.py ...                                             [100%]

============================== 3 passed in 0.01s ===============================
```

这是一个很好的实践，观察测试变为 RED，以确保测试正确。因此程序首先剪切导航（代码清单 10.37）并将其粘贴到一个单独的文件中，将其称为 Navigation.html（代码清单 10.38）：

```
(venv) $ touch palindrome_detector/templates/navigation.html
```

代码清单 10.37　剪切导航（RED，测试未通过）

palindrome_detector/templates/layout.html

```
<!DOCTYPE html>
<html>
  <head>
    <meta charset="utf-8">
    <title>Learn Enough Python Sample App | {{ page_title }}</title>
    <link rel="stylesheet" type="text/css" href="/static/stylesheets/main.css">
    <link href="https://fonts.googleapis.com/css?family=Open+Sans:300,400"
          rel="stylesheet">
  </head>
  <body>
    <a href="/" class="header-logo">
      <img src="/static/images/logo_b.png" alt="Learn Enough logo">
    </a>
    <div class="container">

      <div class="content">
        {% block content %}{% endblock %}
      </div>
    </div>
  </body>
</html>
```

代码清单 10.38　添加导航部分模版（RED，测试未通过）

palindrome_detector/templates/navigation.html

```
<header class="header">
  <nav>
```

```
    <ul class="header-nav">
      <li><a href="/">Home</a></li>
      <li><a href="/palindrome">Is It a Palindrome?</a></li>
      <li><a href="/about">About</a></li>
    </ul>
  </nav>
</header>
```

确认测试为 RED（代码清单 10.39）：

代码清单 10.39 RED，测试未通过

```
(venv) $ pytest
============================= test session starts ==============================
collected 3 items

tests/test_site_pages.py F..                                            [100%]

=================================== FAILURES ===================================
__________________________________ test_index __________________________________
.
.
.
=========================== short test summary info ============================
FAILED tests/test_site_pages.py::test_index - assert '<nav>' in '<!DOCTYPE ht...
========================= 1 failed, 2 passed in 0.03s ==========================
```

要恢复导航，可以使用 Jinja 的模板语言来包含导航部分：

```
{% include "navigation.html" %}
```

这段代码会自动在 palindrome_detector/templates/ 目录中查找名为 navigation.html 的文件，对结果进行评估，并将返回值插入调用它的位置。

将代码放入布局中将得到代码清单 10.40。

代码清单 10.40 评估布局中的导航部分（GREEN，测试通过）

palindrome_detector/templates/layout.html

```
<!DOCTYPE html>
<html>
  <head>
    <meta charset="utf-8">
    <title>Learn Enough Python Sample App | {{ page_title }}</title>
    <link rel="stylesheet" type="text/css" href="/static/stylesheets/main.css">
    <link href="https://fonts.googleapis.com/css?family=Open+Sans:300,400"
          rel="stylesheet">
  </head>
  <body>
    <a href="/" class="header-logo">
      <img src="/static/images/logo_b.png" alt="Learn Enough logo">
```

```
    </a>
    <div class="container">
      {% include "navigation.html" %}
      <div class="content">
        {% block content %}{% endblock %}
      </div>
    </div>
  </body>
</html>
```

使用代码清单 10.40 中的代码，测试套件再次变为 GREEN（代码清单 10.41）：

代码清单 10.41　GREEN，测试通过

```
(venv) $ pytest
============================== test session starts ===============================
collected 3 items

tests/test_site_pages.py ...                                              [100%]

=============================== 3 passed in 0.01s ================================
```

快速单击 About 页面确认导航正常工作（图 10.11）。

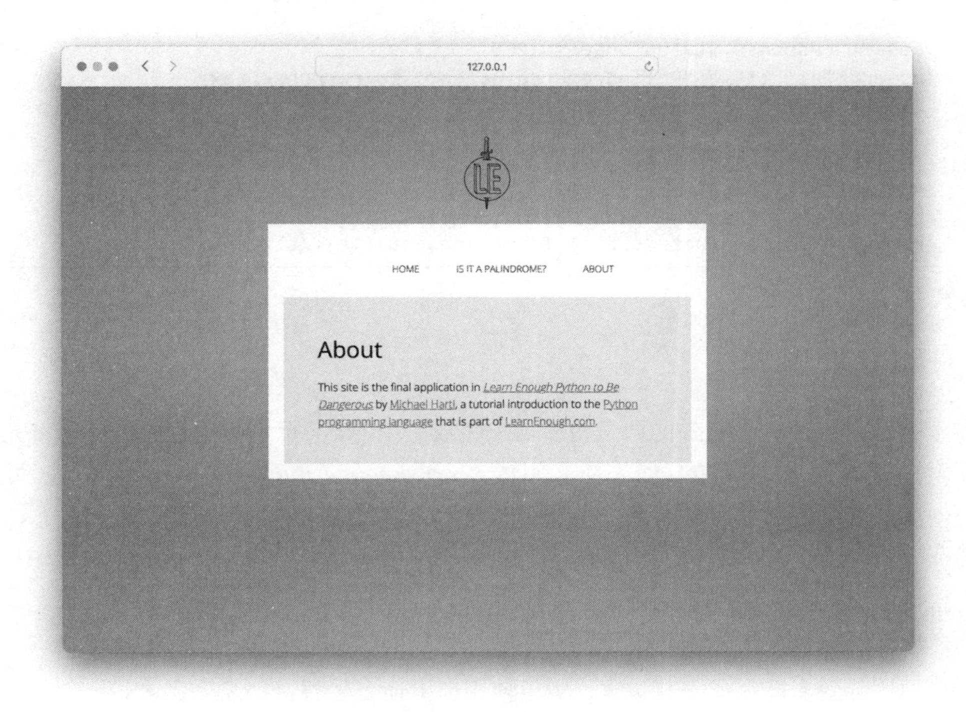

图 10.11　About 网页的导航菜单

练习

1. 通过创建一个返回基本标题的函数来消除代码清单 10.29 中的一些重复，如代码清单 10.42 所示。确认此代码的测试结果为 GREEN。

2. 提交并部署更改。

代码清单 10.42　添加 full_title 方法以消除某些重复（GREEN，测试通过）

Tests/test_site_pages.py

```
def test_index(client):
    response = client.get("/")
    assert response.status_code == 200
    assert full_title("Home") in response.text
    assert "<h1>" in response.text
    assert "<nav>" in response.text

def test_about(client):
    response = client.get("/about")
    assert response.status_code == 200
    assert full_title("About") in response.text
    assert "<h1>" in response.text

def test_palindrome(client):
    response = client.get("/palindrome")
    assert response.status_code == 200
    assert full_title("Palindrome Detector") in response.text
    assert "<h1>" in response.text

def full_title(variable_title):
    """Return the full title."""
    base_title = "Learn Enough Python Sample App"
    return f"<title>{base_title} | {variable_title}</title>"
```

10.5　回文检测器

本节将通过添加一个有效的回文检测器来完成一个 Flask 示例应用程序。程序将充分利用第 8 章中开发的 Python 包。如果尚未阅读 *Learn Enough Ruby to be Dangerous*，可参考 Learn Enough 系列书籍学习制作第一个真正有效的 HTML 表单。

首先，添加一个回文包以便检测回文。建议使用第 8 章中创建并发布的应用程序：

```
(venv) $ pip install palindrome_YOUR_USERNAME \
> --index-url https://test.pypi.org/simple/
```

任何原因导致未能完成安装步骤，可以使用以下命令代替：

```
(venv) $ pip install palindrome_mhartl --index-url https://test.pypi.org/simple/
```

此时，应用程序中将包含回文程序包（代码清单 10.43）。

代码清单 10.43　在程序中添加 request 和 Phrase

palindrome_app/palindrome_detector/__init__.py

```
import os

from flask import Flask, render_template, request

from palindrome_mhartl.phrase import Phrase

.
.
.
```

前面已经添加了来自 Flask 包的 request，接下来将使用它完成表单的处理和提交。

应用将被部署到生产环境中，因此还需要更新应用需求以包含回文检测器。代码清单 1.15 展示了一个特定版本的检测器应用程序，用户也可以使用自己的应用。代码清单 10.44 包含了额外的一行，以便 Fly.io 知道在测试 Python 包索引以及常规索引时查找的包。

代码清单 10.44　添加测试 Python 包索引查找 URL

requirements.txt

```
--extra-index-url https://testpypi.python.org/pypi
palindrome_mhartl==0.0.12
click==8.1.3
Flask==2.2.2
.
.
.
```

准备工作完成后，现在可以在回文检测器页面添加一个表单，当前该页面只是一个占位符（图 10.12）。表单由三个主要部分组成：一个用于定义表单的 form 标签，一个用于输入短语的 textarea 以及一个用于将短语提交到服务器的 button。

button 有两个属性——用于样式设置的 CSS 类和旨在提交信息的 type 类型。

```
<button class="form-submit" type="submit">Is it a palindrome?</button>
```

Textarea 有三个属性——name 属性用于将重要信息传回服务器，以及 rows 和 cols 用于定义文本区域框的大小。

```
<textarea name="phrase" rows="10" cols="60"></textarea>
```

textarea 标签的内容是浏览器中显示的默认文本，当前情况下是空白。

最后，form 标签本身有三个属性——一个 CSS id，这里没有使用，但按照惯例应包含它；一个 action，用于指定提交表单时要执行的操作；一个 method，表示要使用的 HTTP 请求方法（本例为 POST）：

```
<form id="palindrome_tester" action="/check" method="post">
```

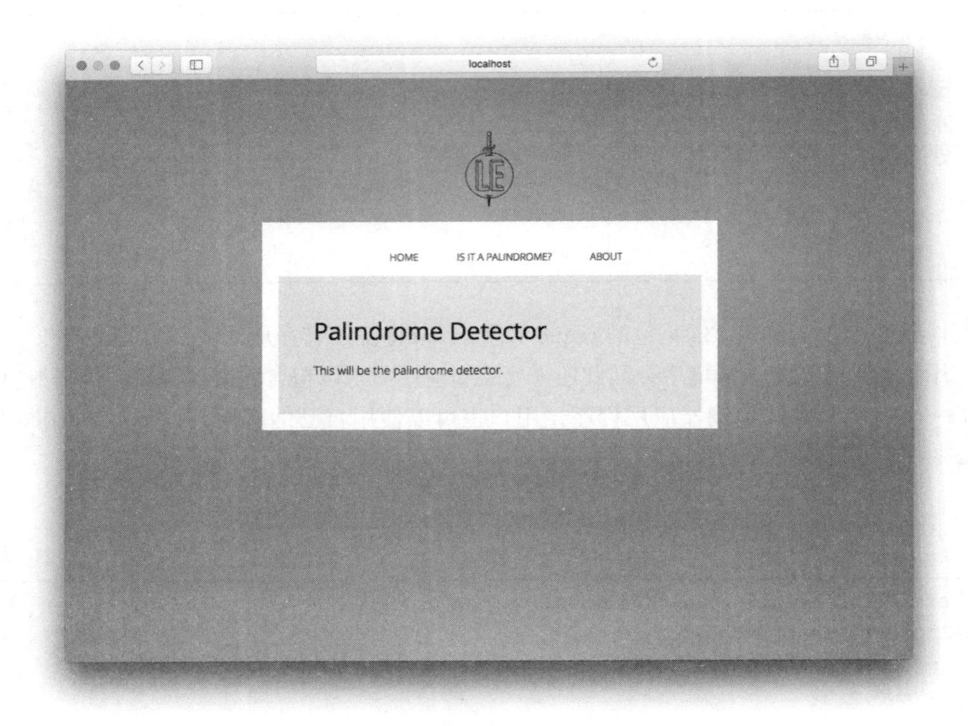

图 10.12　回文页的当前状态

综合上述讨论（并添加一个换行符 br 标签），得到代码清单 10.45 所示的表单。更新后的回文检测器页面如图 10.13 所示。

代码清单 10.45　向回文页面添加表单

palindrome_detector/templates/palindrome.html

```
{% extends "layout.html" %}

{% block content %}
  <h1>Palindrome Detector</h1>

  <form id="palindrome_tester" action="/check" method="post">
    <textarea name="phrase" rows="10" cols="60"></textarea>
    <br>
    <button class="form-submit" type="submit">Is it a palindrome?</button>
  </form>
{% endblock %}
```

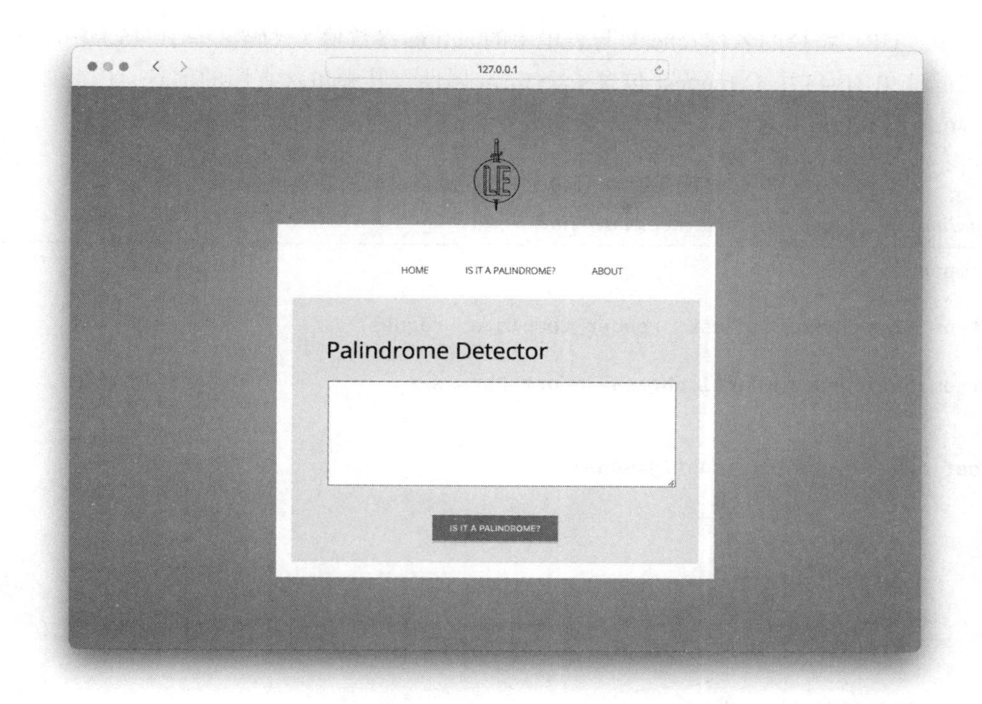

图 10.13　新的回文表单

代码清单 10.45 中的表单除了装饰细节外，与《一本书讲透 Java Script》中开发的类似表单（https://www.learnenough.com/javascript-tutorial/dom_ manipulation#code-form_tag）相同：

```
<form id="palindromeTester">
  <textarea name="phrase" rows="10" cols="30"></textarea>
  <br>
  <button type="submit">Is it a palindrome?</button>
</form>
```

这里使用了一个 JavaScript 事件侦听器来拦截（https://www.learnenough.com/javascript-tutorial/dom_manipulation#codeform_event_target）表单的提交请求，并且没有任何信息从客户端（浏览器）发送到服务器，从而实现“作弊”。（重要的是要了解，当在本地计算机上开发 Web 应用程序时，客户端和服务器是相同的物理机，但通常它们是不同的。）

这一次不会“作弊”：请求将真正到达服务器，这意味着必须在后端处理 POST 请求。默认情况下，Flask 函数响应 GET 请求，可以使用 method 关键字参数来安排对 POST 请求的响应，该参数的值等于要响应方法的元组。在此情况下只有一种方法（即 POST），所以必须使用 3.6 节中提到的尾随逗号语法来表示一个元素的元组：

```
@app.route("/check", methods=("POST",))
def check():
    # 做些什么来处理提交的文件
```

这里，URL 路径的名称 /check 与表单中的 action 参数值（代码清单 10.45）相匹配。

代码清单 10.43 中的 request 包含一个 form 属性，其中包含有用的信息，因此如代码清单 10.46 所示 return（返回）它，然后提交表单并查看发生了什么（图 10.14）。

代码清单 10.46　调查提交表单的影响

palindrome_app/palindrome_detector/__init__.py

```
import os

from flask import Flask, render_template, request

from palindrome_mhartl.phrase import Phrase


def create_app(test_config=None):
    .
    .
    .
    @app.route("/")
    def index():
        return render_template("index.html", page_title="Home")

    @app.route("/about")
    def about():
        return render_template("about.html", page_title="About")

    @app.route("/palindrome")
    def palindrome():
        return render_template("palindrome.html",
                               page_title="Palindrome Detector")

    @app.route("/check", methods=("POST",))
    def check():
        return request.form

    return app

app = create_app()
```

如图 10.14 所示，request.form 是一个字典（4.4 节），键为“phrase”，值为“Madam, I'm Adam.”：

```
{
  "phrase": "Madam, I'm Adam."
}
```

这个字典是 Flask 根据表单中的键 - 值对自动创建的（代码清单 10.45）。当前情况下，

只有一个键 - 值对，键由 textarea（“phrase”）中的 name 属性给出，值为用户输入的字符串。这意味着可以使用代码提取短语的值。

```
phrase = request.form["phrase"]
```

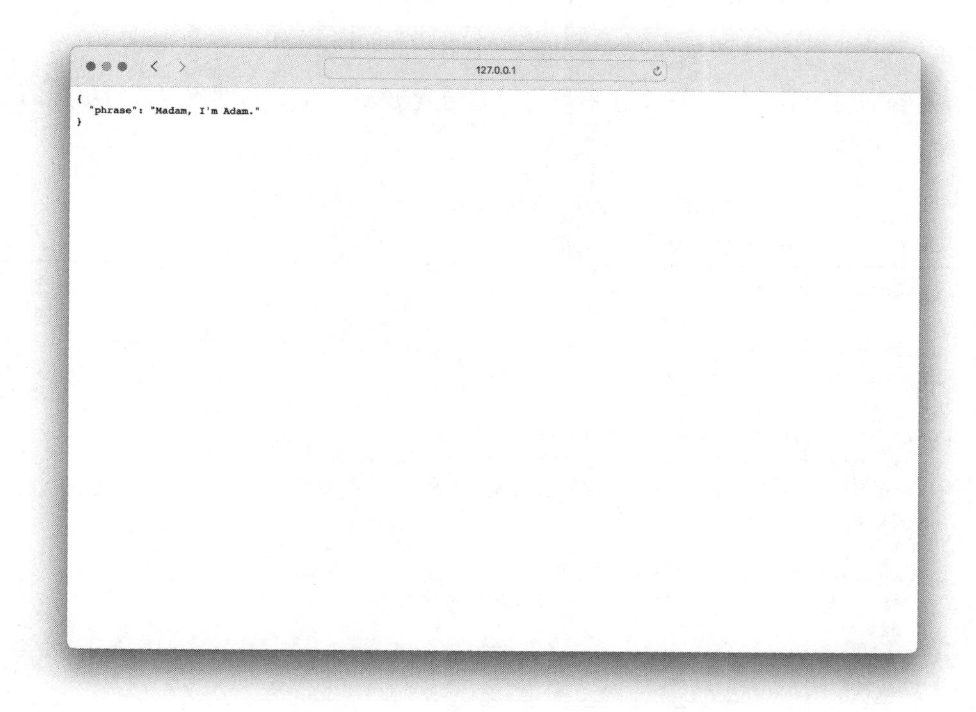

图 10.14　提交表单的结果

既然知道了 request.form 的存在和内容，就可以像在前几章中那样使用 ispalindrome() 来检测回文了。在纯 Python 中，代码实现类似代码清单 10.47。

代码清单 10.47　在纯 Python 中回文检测结果

```
if Phrase(phrase).ispalindrome():
    print(f'"{phrase}" is a palindrome!"
else:
    print(f'"{phrase}" isn\'t a palindrome."
```

可以在 Web 应用程序中使用 Jinja 模板语言完成同样基本的事情，只使用 {{...}} 而不用插值，并将任何其他代码包含在 {%...%} 标签中，如代码清单 10.48 所示。

代码清单 10.48　回文检测结果示例代码

```
{% if Phrase(phrase).ispalindrome() %}
   "{{ phrase }}" is a palindrome!
```

```
{% else %}
   "{{ phrase }}" isn't a palindrome.
{% endif %}
```

创建一个名为 result.html 的模板文件来显示结果。

```
(venv) $ touch palindrome_detector/templates/result.html
```

模板代码是代码清单 10.48 的扩展版本，它包含更多的 HTML 标签以获得更佳的外观，如代码清单 10.49 所示。

代码清单 10.49 使用 Jinja 展示回文检测结果

palindrome_detector/templates/result.html

```
{% extends "layout.html" %}

{% block content %}
  <h1>Palindrome Result</h1>

  {% if Phrase(phrase).ispalindrome() %}
    <div class="result result-success">
      <p>"{{ phrase }}" is a palindrome!</p>
    </div>
  {% else %}
    <div class="result result-fail">
      <p>"{{ phrase }}" isn't a palindrome.</p>
    </div>
  {% endif %}
{% endblock %}
```

现在剩下的工作就是处理提交，用 phrase 表示 request.form 的值并呈现结果。可以使用代码清单 10.31 中用于创建 page_title 的相同关键字技巧在模板中创建 phrase 变量，也可以以同样的方式传递 Phrase 类。像往常一样使用 render_template 来渲染模板 result.html，将得到代码清单 10.50。

代码清单 10.50 处理回文表单提交

palindrome_app/palindrome_detector/__init__.py

```
import os

from flask import Flask, render_template, request

from palindrome_mhartl.phrase import Phrase


def create_app(test_config=None):
    """Create and configure the app."""
    app = Flask(__name__, instance_relative_config=True)
```

```
    if test_config is None:
        # 如果实例配置存在，则在不进行测试时加载它
        app.config.from_pyfile("config.py", silent=True)
    else:
        # 如果已传入，则加载测试配置
        app.config.from_mapping(test_config)

    # 确保实例文件夹存在
    try:
        os.makedirs(app.instance_path)
    except OSError:
        pass

    @app.route("/")
    def index():
        return render_template("index.html", page_title="Home")

    @app.route("/about")
    def about():
        return render_template("about.html", page_title="About")

    @app.route("/palindrome")
    def palindrome():
        return render_template("palindrome.html",
                               page_title="Palindrome Detector")
    @app.route("/check", methods=("POST",))
    def check():
        return render_template("result.html",
                               Phrase=Phrase,
                               phrase=request.form["phrase"])

    return app

app = create_app()
```

代码清单 10.49 是代码清单 10.47 中 Python 代码的最直接转换，但是它涉及将完整的 Phrase 类传递给代码清单 10.50 中的模板。许多开发人员倾向于将变量传递给模板，本节将重构代码以使用此约定。

现在回文检测器应该可以工作了！提交非回文字符串的运行结果如图 10.15 所示。现在来看看检测器是否能正确识别最古老的回文之一，即在庞贝城废墟中首次发现的 Sator 方块（图 10.16[㊀]）。（权威人士对方块中拉丁语单词的确切含义存在分歧，但最有可能的翻译是“播种者 [农民]Arepo 努力地握着轮子”。）

㊀ 图片由 CPA Media Pte Ltd/Alamy Stock Photo 提供。

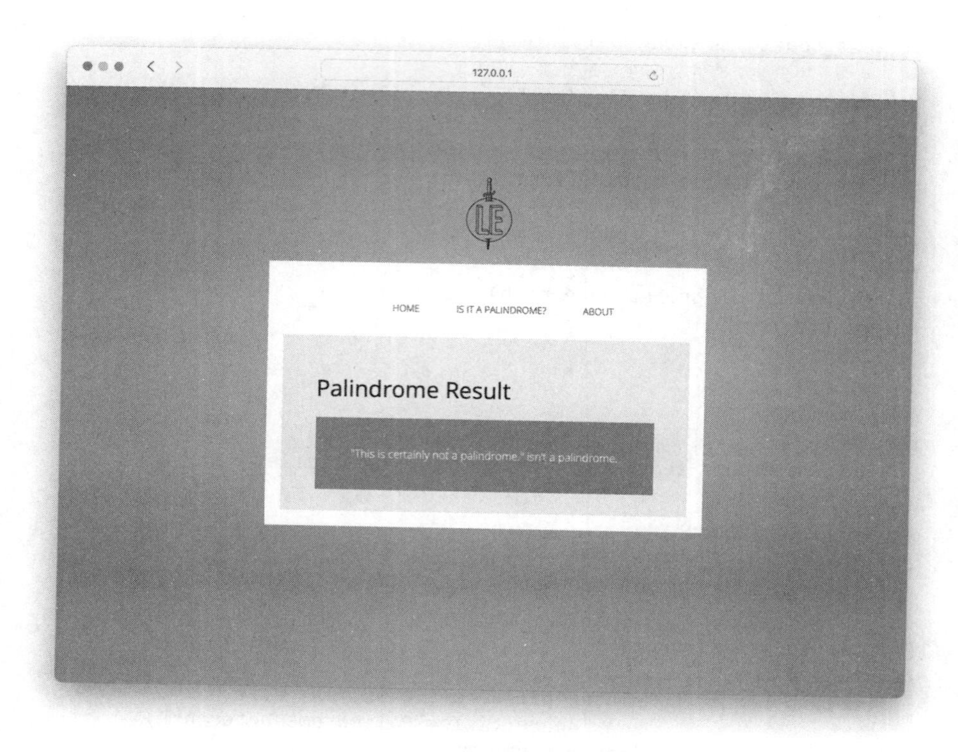

图 10.15　非回文字符串的运行结果界面

图 10.16　庞贝城废墟中的拉丁回文

输入文本“SATOR AREPO TENET OPERA ROTAS”（图 10.17）并提交，结果如图 10.18 所示，程序工作了！

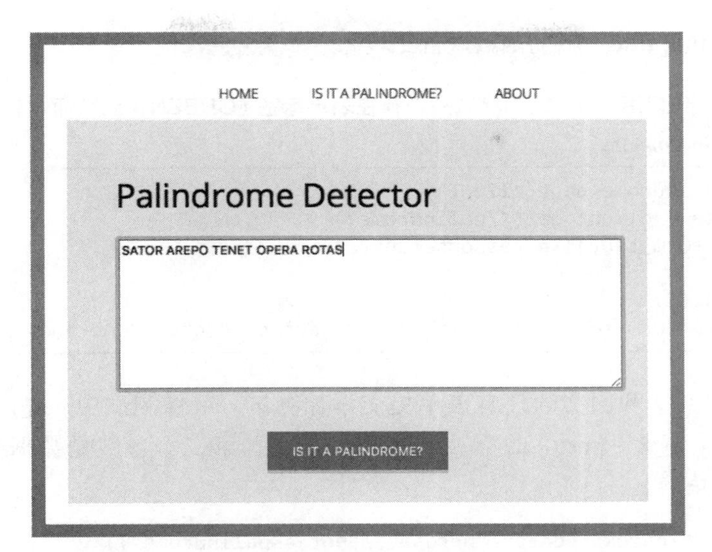

图 10.17　拉丁回文？

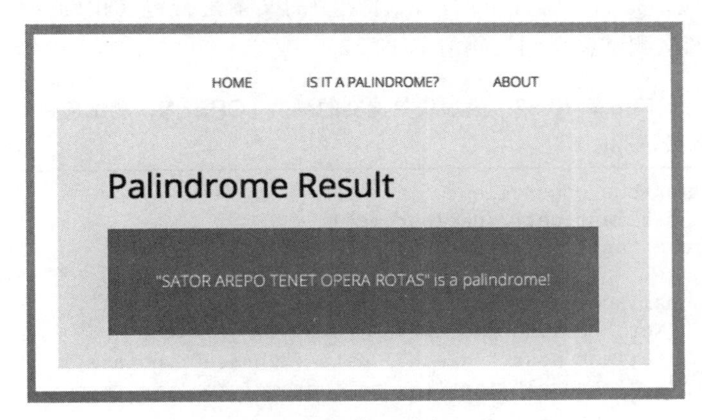

图 10.18　拉丁回文！

表单测试

应用程序正常运行中，注意，测试第二个回文需要点击“IS IT A PALINDROME？”如果在结果页面上也包含相同的提交表单，将会更方便。

为此，首先添加一个简单的测试，以确定回文页面上是否存在表单标记。由于将要添加的测试特定于该页面，所以创建一个新的测试文件来包含它们：

```
(venv) $ touch tests/test_palindrome.py
```

该测试本身与代码清单 10.20 中的 h1 和 title 测试非常相似，如代码清单 10.51 所示。请注意，程序声明了一个 form_tag() 辅助函数，以便对结果页面上的表单进行测试（与代码清单 10.42 中的 full_title() 辅助函数进行比较）。

代码清单 10.51　测试是否存在表单标签（GREEN，测试通过）

tests/test_palindrome.py

```
def test_palindrome_page(client):
    response = client.get("/palindrome")
    assert form_tag() in response.text

def form_tag():
    return '<form id="palindrome_tester" action="/check" method="post">'
```

接下来为非回文和回文的现有表单提交添加测试。就像测试中 get() 发出 GET 请求，post() 发出 POST 请求。post() 的第一个参数是 URL，第二个参数是数据哈希（它产生了 response.form 的内容）：

```
client.post("/check", data={"phrase": "Not a palindrome"})
```

为了测试响应，我们将验证页面段落标记中的文本是否包含正确的结果。将上述想法应用于非回文和回文测试，得到代码清单 10.52。

代码清单 10.52　添加表单提交的测试（GREEN，测试通过）

tests/test_palindrome.py

```
def test_palindrome_page(client):
    response = client.get("/palindrome")
    assert form_tag() in response.text

def test_non_palindrome_submission(client):
    phrase = "Not a palindrome."
    response = client.post("/check", data={"phrase": phrase})
    assert f'<p>"{phrase}" isn\'t a palindrome.</p>' in response.text

def test_palindrome_submission(client):
    phrase = "Sator Arepo tenet opera rotas."
    response = client.post("/check", data={"phrase": phrase})
    assert f'<p>"{phrase}" is a palindrome!</p>' in response.text

def form_tag():
    return '<form id="palindrome_tester" action="/check" method="post">'
```

使用包含引号或撇号等非字母数字字符的示例短语时要小心，默认情况下，Jinja 会以非常难以被测试出来的方式转义这些字符，这就是为什么代码清单 10.52 中使用 Sator Square 回文而不是“ Madam, I'm Adam.”。要查看在后一种情况下转义后的 HTML 是什么样子，可将 phrase 设置为“ Madam, I'm Adam”，然后在测试中包含 print（response.text）语句以输出结果。

由于正在测试现有的功能，代码清单 10.52 中的测试应该已经为 GREEN（代码清单 10.53）：

代码清单 10.53　GREEN，测试通过

```
(venv) $ pytest
============================= test session starts ==============================
collected 6 items

tests/test_palindrome.py ...                                             [ 50%]
tests/test_site_pages.py ...                                             [100%]

============================== 6 passed in 0.03s ===============================
```

作为开发的顶峰，现在将使用 RED、GREEN、重构循环在结果页面上添加一个表单，这是 TDD 的一个标志。由于只有一个结果模板，所以页面是测试回文还是非回文并不重要，本节将选择后者并不失一般性。现在需要添加一个与代码清单 10.51 相同的表单测试，如代码清单 10.54 所示。

代码清单 10.54　在结果页面上添加表单测试（RED，测试未通过）

tests/test_palindrome.py

```
def test_palindrome_page(client):
    response = client.get("/palindrome")
    assert form_tag() in response.text

def test_non_palindrome_submission(client):
    phrase = "Not a palindrome."
    response = client.post("/check", data={"phrase": phrase})
    assert f'<p>"{phrase}" isn\'t a palindrome.</p>' in response.text
    assert form_tag() in response.text

def test_palindrome_submission(client):
    phrase = "Sator Arepo tenet opera rotas."
    response = client.post("/check", data={"phrase": phrase})
    assert f'<p>"{phrase}" is a palindrome!</p>' in response.text

def form_tag():
    return '<form id="palindrome_tester" action="/check" method="post">'
```

根据需要，测试套件现在是 RED（代码清单 10.55）：

代码清单 10.55　RED，测试未通过

```
(venv) $ pytest
============================= test session starts ==============================
collected 6 items

tests/test_palindrome.py .FF                                             [ 50%]
tests/test_site_pages.py ...                                             [100%]
```

```
================================== FAILURES ===================================
________________________ test_non_palindrome_submission _______________________
.
.
.
=========================== short test summary info ===========================
FAILED tests/test_palindrome.py::test_non_palindrome_submission - assert '<fo...
FAILED tests/test_palindrome.py::test_palindrome_submission - assert '<form i...
======================== 2 failed, 4 passed in 0.04s ==========================
```

可以通过将 palindrome.html 中的表单复制并粘贴到 result.html 中，使测试再次变为 GREEN，结果如代码清单 10.56 所示。

代码清单 10.56　将表单添加到结果页面（GREEN，测试通过）

palindrome_detector/templates/result.html

```
{% extends "layout.html" %}

{% block content %}
  <h1>Palindrome Result</h1>

  {% if Phrase(phrase).ispalindrome() %}
    <div class="result result-success">
      <p>"{{ phrase }}" is a palindrome!</p>
    </div>
  {% else %}
    <div class="result result-fail">
      <p>"{{ phrase }}" isn't a palindrome.</p>
    </div>
  {% endif %}

  <form id="palindrome_tester" action="/check" method="post">
    <textarea name="phrase" rows="10" cols="60"></textarea>
    <br>
    <button class="form-submit" type="submit">Is it a palindrome?</button>
  </form>
{% endblock %}
```

这使得测试变为 GREEN（代码清单 10.57）。

代码清单 10.57　GREEN，测试通过

```
(venv) $ pytest
============================= test session starts ==============================
collected 6 items

tests/test_palindrome.py ...                                             [ 50%]
tests/test_site_pages.py ...                                             [100%]

============================== 6 passed in 0.03s ===============================
```

然而，这种复制和粘贴应该会让程序员感到如蜘蛛侠般的直觉刺痛：这是重复操作！复制粘贴显然违反了“不要自我重复”(DRY）的原则。幸运的是，可通过重构以使用部分代码（参考代码清单 10.40）来消除网站导航中的这种重复，可将其应用于此情况。与导航一样，首先为表单 HTML 创建一个单独的文件。

```
(venv) $ touch palindrome_detector/templates/palindrome_form.html
```

然后用表单填充它（代码清单 10.58），同时在结果页面（代码清单 10.59）和主回文页面（代码清单 10.60）上使用 Jinja 模板 include 替换表单。

代码清单 10.58 用于回文表单的部分代码（GREEN，测试通过）

palindrome_detector/templates/palindrome_form.html

```
<form id="palindrome_tester" action="/check" method="post">
  <textarea name="phrase" rows="10" cols="60"></textarea>
  <br>
  <button class="form-submit" type="submit">Is it a palindrome?</button>
</form>
```

代码清单 10.59 在结果页面渲染表单模板（GREEN，测试通过）

palindrome_detector/templates/result.html

```
{% extends "layout.html" %}

{% block content %}
  <h1>Palindrome Result</h1>

  {% if Phrase(phrase).ispalindrome() %}
    <div class="result result-success">
      <p>"{{ phrase }}" is a palindrome!</p>
    </div>
  {% else %}
    <div class="result result-fail">
      <p>"{{ phrase }}" isn't a palindrome.</p>
    </div>
  {% endif %}

  <h2>Try another one!</h2>

  {% include "palindrome_form.html" %}
{% endblock %}
```

代码清单 10.60 在主回文页面渲染表单模板（GREEN，测试通过）

palindrome_detector/templates/palindrome.html

```
{% extends "layout.html" %}

{% block content %}
  <h1>Palindrome Detector</h1>
```

```
  {% include "palindrome_form.html" %}
{% endblock %}
```

作为最后的重构，将采用只将变量（而不是类）传递给 Jinja 模板的约定，如代码清单 10.50 之后的讨论所述。为此，将定义一个 is_palindrome 变量，如下所示：

```
phrase = request.form["phrase"]
is_palindrome = Phrase(phrase).ispalindrome()
```

然后，将这些变量传递给模板，并在模板中使用简化的 if 语句：

```
{% if is_palindrome %}
```

结果如代码清单 10.61 和代码清单 10.62 所示。

代码清单 10.61　仅将变量传递给模板（GREEN，测试通过）

palindrome_app/palindrome_detector/_init_.py

```python
import os

from flask import Flask, render_template, request

from palindrome_mhartl.phrase import Phrase


def create_app(test_config=None):
    """Create and configure the app."""
    app = Flask(__name__, instance_relative_config=True)

    if test_config is None:
        # 如果实例配置存在，则在不进行测试时加载它
        app.config.from_pyfile("config.py", silent=True)
    else:
        # 如果已传入，则加载测试配置
        app.config.from_mapping(test_config)

    # 确保实例文件夹存在
    try:
        os.makedirs(app.instance_path)
    except OSError:
        pass

    @app.route("/")
    def index():
        return render_template("index.html", page_title="Home")

    @app.route("/about")
    def about():
        return render_template("about.html", page_title="About")

    @app.route("/palindrome")
```

```python
    def palindrome():
        return render_template("palindrome.html",
                               page_title="Palindrome Detector")

    @app.route("/check", methods=("POST",))
    def check():
        phrase = request.form["phrase"]
        is_palindrome = Phrase(phrase).ispalindrome()
        return render_template("result.html",
                               phrase=phrase,
                               is_palindrome=is_palindrome)

    return app

app = create_app()
```

代码清单 10.62　在模板中使用布尔变量（GREEN，测试通过）

palindrome_detector/templates/result.html

```html
{% extends "layout.html" %}

{% block content %}
  <h1>Palindrome Result</h1>

  {% if is_palindrome %}
    <div class="result result-success">
      <p>"{{ phrase }}" is a palindrome!</p>
    </div>
  {% else %}
    <div class="result result-fail">
      <p>"{{ phrase }}" isn't a palindrome.</p>
    </div>

  {% endif %}

  <h2>Try another one!</h2>

  {% include "palindrome_form.html" %}
{% endblock %}
```

按照重构的要求，测试仍然为 GREEN（代码清单 10.63）：

代码清单 10.63　GREEN，测试通过

```
(venv) $ pytest
============================== test session starts ===============================
collected 6 items

tests/test_palindrome.py ...                                               [ 50%]
tests/test_site_pages.py ...                                               [100%]

============================== 6 passed in 0.03s ===============================
```

提交 Sator Square 回文，结果表明页面上的表单渲染正确，如图 10.19 所示。

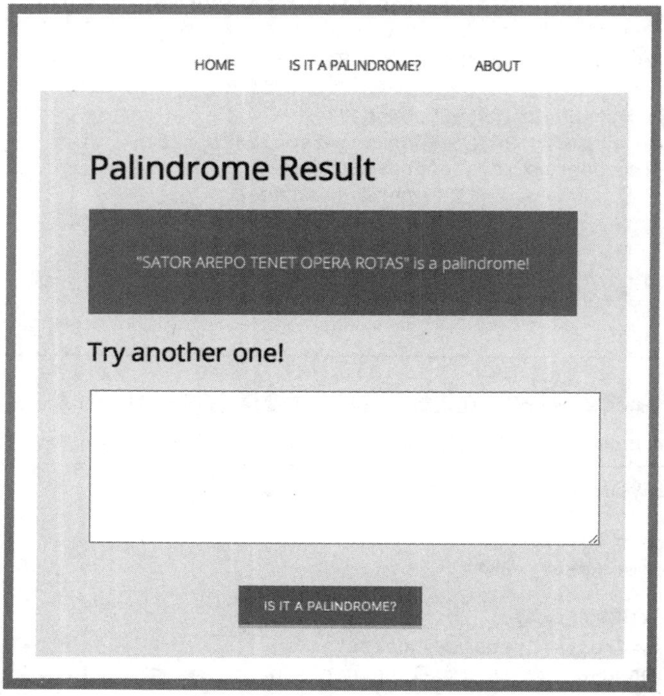

图 10.19　结果页面的表单

用最受欢迎的超长回文填充文本区域（图 10.20[1]），得到的结果如图 10.21 所示。

至此——“A man, a plan, a canoe, pasta, heros, rajahs, a coloratura, maps, snipe, percale, macaroni, a gag, a banana bag, a tan, a tag, a banana bag again (or a camel), a crepe, pins, Spam, a rut, a Rolo, cash, a jar, sore hats, a peon, a canal—Panama!”——回文检测器 Web 应用程序完成！

唯一剩下事情就是提交及部署操作。

```
(venv) $ git add -A
(venv) $ git commit -am "Finish working palindrome detector"
(venv) $ flyctl deploy
```

结果是一个在生产环境中运行的回文应用程序（图 10.22）！[2]

---

[1] 图 10.20 中惊人的超长回文是由计算机科学家 Guy Steele 在自定义程序的帮助下于 1983 年创建的。

[2] 要了解如何使用自定义域托管 Fly.io 站点，请参阅关于 Fly 自定义域的文章（https://fly.io/docs/app-guides/custom-domains-with-fly/）。

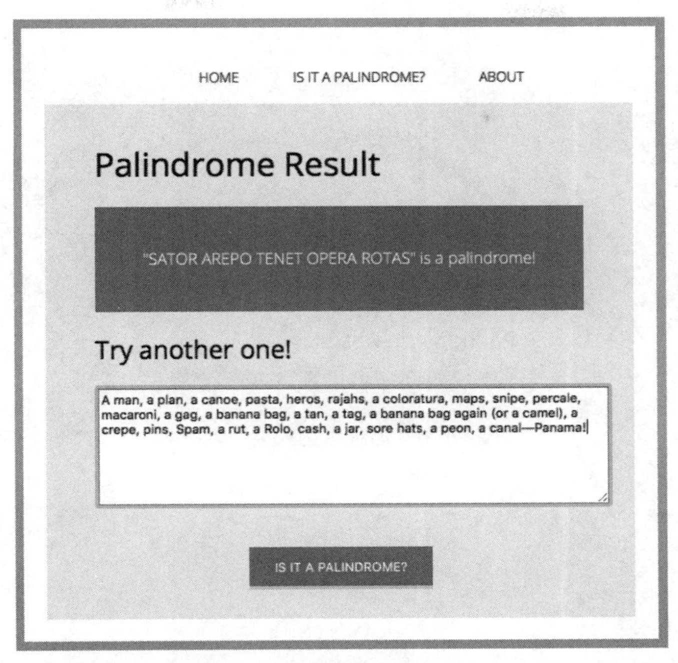

图 10.20　在表单的文本区域字段中输入一个超长字符串

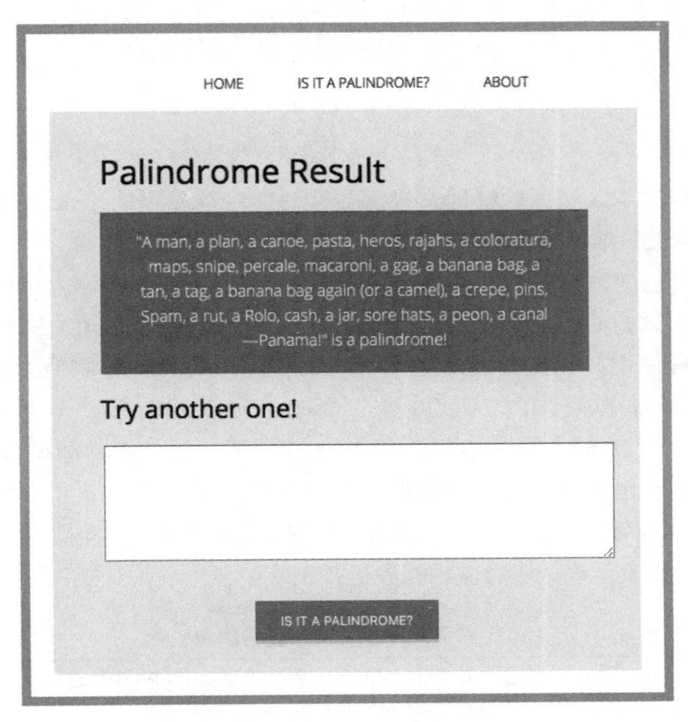

图 10.21　超长字符串为回文

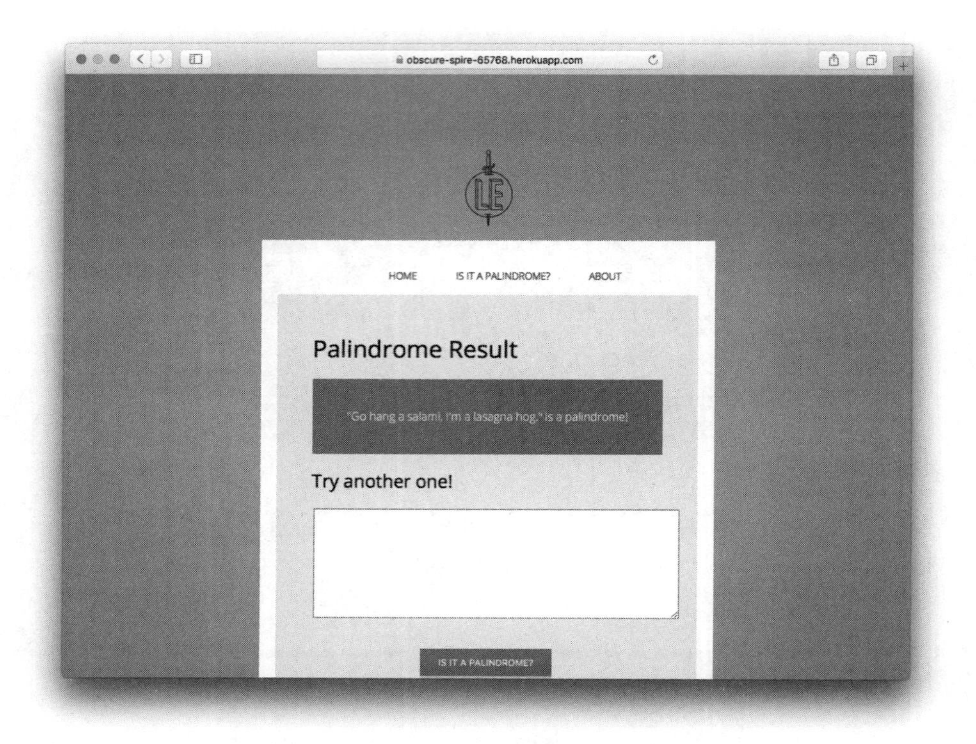

图 10.22　回文检测器在实时 Web 上工作

练习

1. 提交一个空文本区域，验证回文检测器会对空字符串返回 True，这是回文工具包本身的缺陷。如果提交一堆空格会发生什么？

2. 在回文工具包中，编写测试声明空字符串和一串空格不是回文（RED）。然后编写必要的应用程序使测试为 GREEN。值得注意的是，processed_content() 方法已经过滤掉了空格，因此在应用程序中，只需要考虑空字符串的情况即可，其布尔值为 False（2.4.2 节）。参照 8.5 节的方式添加版本号并发布软件包。

3. 使用代码清单 10.64 作为模板，升级 Web 应用程序目录中的测试包，并通过在浏览器中提交空短语和只包含空格的短语来确认程序是否正常工作。（记得在代码清单 10.64 中输入续行符 \，但不要输入右尖括号 >，因为后者将由 Shell 程序自动插入。）

4. 提交并部署更改。确认实时应用程序运行正常。

代码清单 10.64　升级测试包

```
(venv) $ pip install --upgrade palindrome_YOUR_USERNAME_HERE \
> --index-url https://test.pypi.org/simple/
```

10.6　小结

恭喜！你目前已拥有 Python 的必备技能。

第 11 章有些专业，严格来说该章的内容可视为选读。不过第 11 章介绍了若干很有价值的技巧，并强化了本书的其他内容，所以建议读者继续学习。

关于 Python（以及一般编程）的更多信息，推荐以下优秀资源。

- *Replit's 100 days of code*：这是一本使用 Replit 惊人的、基于浏览器的协作式集成开发环境（IDE）进行 Python 编程的入门书籍。
- *Practical Python Programming*：作为 Beazely 的忠实粉丝，强烈推荐他的（免费）在线课程。
- *Learn Python the Hard Way*：本书注重实践练习和语法方法，是对本书中广泛且叙述性方法的极好补充。
- *Python Crash Course* 和 *Automate the Boring Stuff with Python*：前者由 Eric Matthes 编写，对 Python 语法进行了详细的介绍；后者由 Al Sweigart 编写，书中包括了大量日常计算任务的 Python 应用程序。
- *Captain Code*：本书主要面向儿童读者，但它也受到了许多成年读者的喜爱。
- 最后，对于想要在技术上打下坚实基础的人来说，Learn Enough All Access（https://www.learnenough.com/allaccess）是一个订阅服务，提供了所有该系列书籍的在线版本和超过 40 小时的流媒体视频教程，包括本书、*Learn Enough Ruby to be Dangerous* 和 *Ruby on Rails Tutorial* 的完整教程（https://www.railstutorial.org/）。欢迎阅读！

本章内容也是学习 Flask 和 Django 网络开发的良好开端。Flask 文档是一个很好的资源，如果你选择 Django 路线，Django 文档则是一个绝佳的起点。如果想了解更多关于 Web 开发的基础知识，建议学习 *Learn Enough JavaScript to be Dangerous*，因为 JavaScript 是唯一可以在 Web 浏览器中执行的语言。此外，本书是学习 *Learn Enough Ruby to be Dangerous* 的必要准备，它（例如 *Learn Enough JavaScript to be Dangerous*）大致遵循与本书相同的框架，并且也可以为学习 *Ruby on Rails Tutorial* 书籍提前做好准备。

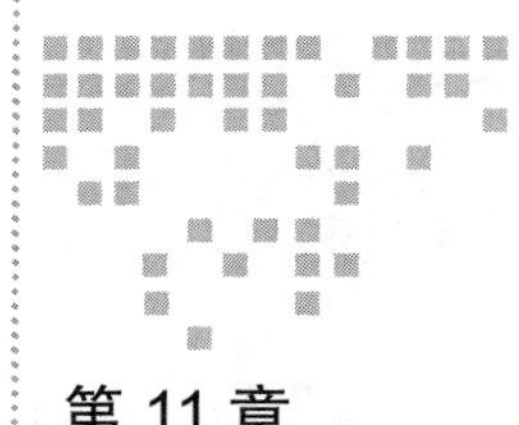

Chapter 11 第 11 章

Python 数据科学工具

数据科学是一个快速发展的领域，它结合了计算和统计学工具，从数据中获得洞察并得出结论。实际上，对数据科学没有普遍接受的定义。例如，一些人认为“数据科学”只是“统计学”的一个术语，而另一些人则认为统计学是数据科学中最不重要的部分。

幸运的是，人们普遍认为 Python 是数据科学的一个绝佳工具。对于哪些特定的 Python 工具对该主题最有用，也有一个普遍的共识。本章的目的是介绍其中的一些工具，并使用工具来研究数据科学的某些方面，而这正是 Python 擅长的。

这些主题包括用于交互式计算的 Jupyter notebook（11.1 节）、用于数值计算的 NumPy（11.2 节）、用于数据可视化的 Matplotlib（11.3 节）、用于数据分析的 Pandas（11.4 节、11.5 节和 11.6 节），以及用于机器学习的 scikit-learn（11.7 节）。几乎所有其他的 Python 数据科学工具（如 PySpark、Databricks 等）也都构建在本章这些库之上。

如果决定进一步探索数据科学工具，11.8 节提供了一些建议和其他参考资源。

11.1 数据科学工具设置

首先建立数据科学工具研究的环境。以下是对一些最重要的 Python 数据科学工具的概述。

- IPython 和 Jupyter：提供计算环境的软件包，许多 Python 数据科学家都使用它们。
- NumPy：一个使各种数学和统计操作变得更容易的库；它也是 Pandas 库许多功能的基础。
- Matplotlib：一个可视化库，可以快速、轻松地利用数据生成图形和图表。
- Pandas：专门为方便数据处理而创建的 Python 库。

- scikit-learn：可能是 Python 中最受欢迎的机器学习库。

因为 IPython 和 Jupyter 的使用在技术上是可选的，所以将从安装无论用户当前环境如何都会需要的软件包开始。为了方便起见，建议先创建一个新目录并设置一个新的虚拟环境，如代码清单 11.1 所示。

代码清单 11.1　创建数据科学工具环境

```
$ cd ~/repos
$ mkdir python_data_science
$ cd python_data_science/
$ python3 -m venv venv
$ source venv/bin/activate
(venv) $
```

建议使用 Git 将项目置于版本控制之下，并在 GitHub 或选择的其他存储库主机上设置一个远程存储库。如果采用这种方式，则可以使用代码清单 11.2 所示的 .gitignore 文件，该文件包含一个额外的行，用于忽略不需要的 Jupyter 更改。

代码清单 11.2　Python 数据科学工具文件 .gitignore

.gitignore

```
venv/

*.pyc
__pycache__/

instance/

.pytest_cache/
.coverage
htmlcov/

dist/
build/
*.egg-info/

.ipynb_checkpoints

.DS_Store
```

现在已经准备好安装必要的工具包了。本书选择安装准确的软件版本以便未来获得最大的兼容性，可以通过省略 ==< 版本号 > 内容尝试最新版本。用户只需为不可预测的安装结果做好准备。代码清单 11.3 显示了所需的全部工具包。

代码清单 11.3　安装 Python 数据科学工具包

```
(venv) $ pip install numpy==1.23.3
(venv) $ pip install matplotlib==3.6.1
(venv) $ pip install pandas==1.5.0
(venv) $ pip install scikit-learn==1.1.2
```

从 1.3 节可见，许多 Python 开发者更倾向于使用 Conda 系统来管理包。如果有什么差别的话，那就是 Python 数据科学家更是如此。但是 Conda 对环境进行了大量的更改，并且如果需要重置系统，那么操作更难撤销。随着用户 Python 经验的增加，建议再次检查 Conda 是否满足需求。

如前所述，强烈推荐使用 Jupyter，它为访问某个版本的 Python 提供了 notebook 界面，这通常是一个功能强大的变体，称为 IPython（交互式 Python）。notebook 由单元格组成，可以键入和执行代码，并交互式地查看结果（非常类似 REPL），这对于可视化绘图特别方便。（像 REPL 一样，Jupyter notebook 通常是迈向自包含 Python 程序的良好第一步，如前几章所讨论。）Jupyter notebook 界面如图 11.1 所示。

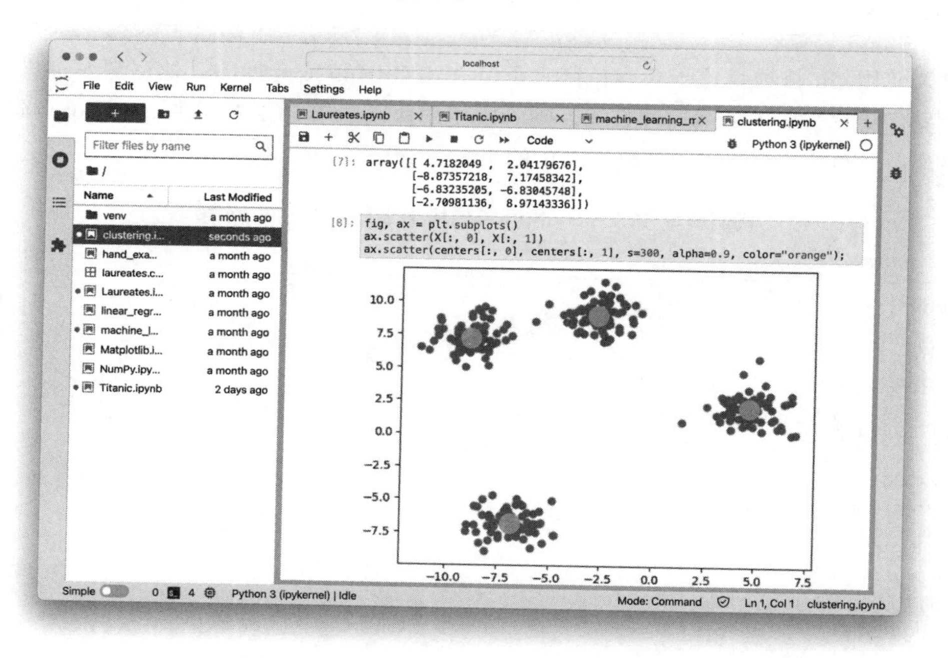

图 11.1　正常工作的 Jupyter notebook 界面

建议通过 JupyterLab 安装和使用 Jupyter，它可以方便地封装多个 Jupyter notebook，也是 Jupyter 项目本身推荐的接口：

```
(venv) $ pip install jupyterlab==3.4.8
```

JupyterLab 可执行以下命令启动：

```
(venv) $ jupyter-lab
```

命令结果是在本地系统上运行一个 Jupyter 服务器，地址为 http://localhost：8889/lab（细节可能会有所不同）。在当前系统上，jupyter-lab 命令会自动启动一个新浏览器窗口，包含一个目录树和一个用于创建新 notebook 的界面（图 11.2）。

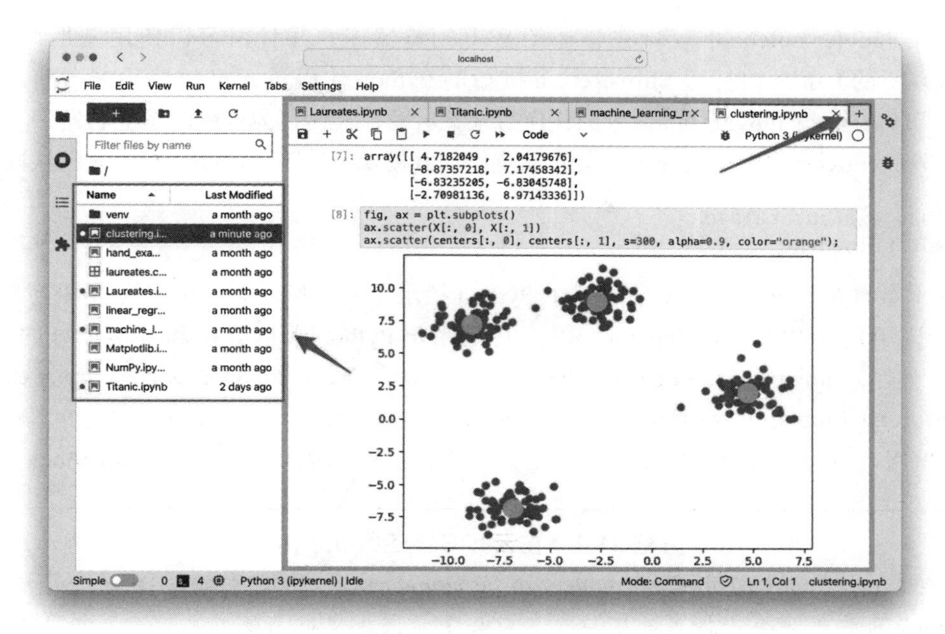

图 11.2　目录树和创建新 notebook 的界面

有时用户会遇到“经典”的 Jupyter 界面，这是通过单独安装 Jupyter 包并在命令行中运行 Jupyter notebook 而得到的（图 11.3）。

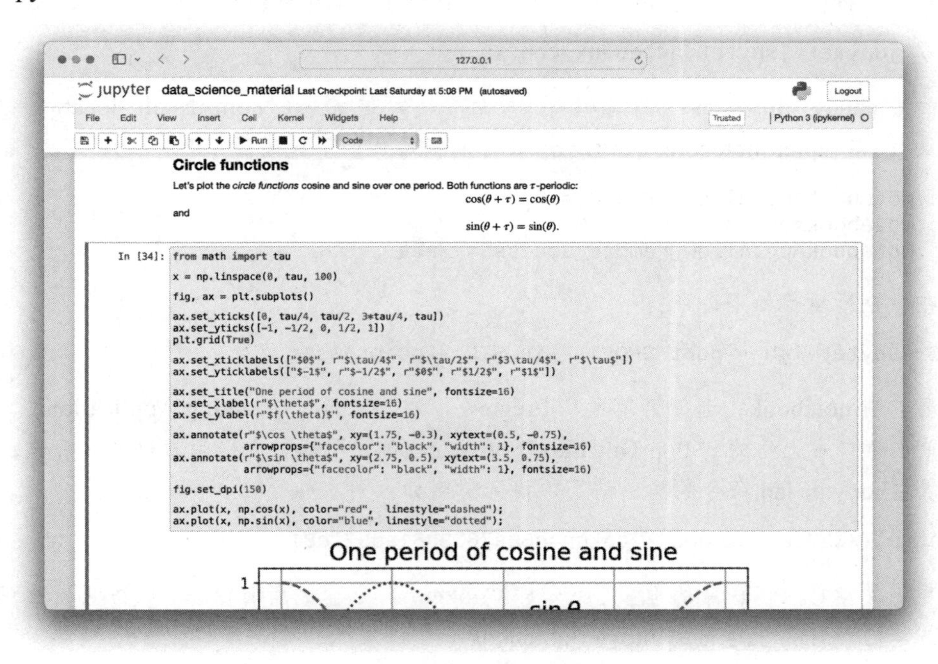

图 11.3　“经典”的 Jupyter 界面

每个 Jupyter notebook 运行在普通的 Web 浏览器中，并且由可以使用图形用户界面或（更方便的）键盘快捷键 Shift-Return 执行的 Python 代码单元格组成。在当前系统上，Jupyter 可以在运行 jupyter-lab 命令的任何目录下启动，具体行为可能因系统而异。

另外，Jupyter 在默认情况下不会自动重新加载模块。以下代码用于更改此默认操作：

```
%load_ext autoreload
%autoreload 2
```

在本章其余部分，将主要使用一个 Python 提示符的示例并假定用户尚未安装 Jupyter。强烈建议用户安装并学习 Jupyter，因为它是用于 Python 数据分析和科学计算的标准工具。特别是，Jupyter 可以按照方框 11.1 中的步骤在 *Learn Enough Dev Environment to be Dangerous* 中（https://www.learnenough.com/dev-environment）推荐的云 IDE（集成开发环境）上使用。另一个选择是 CoCalc，它是一个商业服务，默认支持 Jupyter notebook。

方框 11.1　在云 IDE 上运行 Jupyter

在 *Learn Enough Dev Environment to be Dangerous* 一书推荐的云 IDE 上运行 Jupyter notebook 也许结果令人惊讶。第一步参考如下示例生成一个配置文件（在虚拟环境下，确保在代码清单 11.1 创建的 jupyter_data_science 目录下运行此命令以及所有命令）：

```
$ jupyter notebook --generate-config
```

此命令将在主目录下的 .jupyter 隐藏目录下生成一个文件：

```
~/.jupyter/jupyter_notebook_config.py
```

使用 nano、vim 或 c9 文本编辑器（最后一个可通过命令 npm install -location=global c9 安装），在 jupter_notebook_config.py 文件底部添加如下代码：

```
c.NotebookApp.allow_origin = "*"
c.NotebookApp.ip = "0.0.0.0"
c.NotebookApp.allow_remote_access = True
```

在命令行运行如下命令：

```
$ jupyter-lab --port $PORT --ip $IP --no-browser
```

要查看 notebook，选择菜单项“Preview”>“Preview Running Application”。可能需要单击窗口右上角的“Pop Out Into New Window”图标。在提示窗口输入令牌，该令牌可以在 jupyter-lab 命令的输出结果中找到，例如：

```
http://127.0.0.1:8080/?token=c33a7633b81ad52fc81
```

复制并粘贴应用程序的唯一令牌（即“token=”后面的所有内容）以访问该页面。结果应该是在云 IDE 上运行的 Jupyter notebook（图 11.4）。

图 11.4　云 IED 上运行的 Jupyter notebook

11.2　基于 NumPy 的数值计算

虽然 Python 素有“慢语言”之称，但实际上 Python 是用 C 语言编写的，C 语言是现存最快的语言之一。Python 偶尔的缓慢主要是由于其动态性所带来的，这通常涉及底层 C 代码之上的多层抽象。NumPy 库通过直接在 C 中重写最耗时的部分，使得底层速度可直接用于数值计算。

NumPy 最初是功能强大、用于 Python 科学计算的 SciPy 库的一部分，但由于其广泛的适用性，被分离出来作为一个单独的库。实际上，数据科学工具就是一个很好的例子：Python 数据科学工具核心库 Pandas（11.4 节）不需要 SciPy，但在数值计算中严重依赖 NumPy。因此，尽管完全掌握 NumPy 对于数据科学来说并不是必要的，但至少了解基础知识很重要。

一旦安装了 NumPy（代码清单 11.3），就可以像之前一样通过 import 语句在程序、REPL 或 Jupyter notebook 中包含它。为了方便起见，在数据科学工具和密切相关的社区中，几乎普遍的约定是将 numpy 导入为 np：

```
>>> import numpy as np
```

本章中的多数示例包括 REPL 提示符 >>>，但如果使用 Jupyter notebook，则不会出现提示符，如图 11.1 所示。

11.2.1 数组

组合 Scipy+NumPy+Matplotlib（11.3 节）代表了一种开源替代品，可替代专有的 MATLAB 系统。与 MATLAB 类似，NumPy 基于数组，其核心数据结构是 ndarray（“*n* 维数组”的缩写）：

```
>>> np.array([1, 2, 3])
array([1, 2, 3])
```

NumPy 的 ndarray 与常规的 Python 列表（第 3 章）有许多共同的属性：

```
>>> a = np.array([1, 3, 2])
>>> len(a)
>>> a.sort()
>>> a
array([1, 2, 3])
```

与列表函数 range() 类似（在代码清单 2.24 中首次看到），可以使用 arange() 创建数组范围：

```
>>> r = range(17)
>>> r
range(0, 17)
>>> list(r)
[0, 1, 2, 3, 4, 5, 6, 7, 8, 9, 10, 11, 12, 13, 14, 15, 16]
>>> a = np.arange(17)
>>> a
array([ 0,  1,  2,  3,  4,  5,  6,  7,  8,  9, 10, 11, 12, 13, 14, 15, 16])
```

这些相似之处引发了一个问题，即为什么在使用 Python 数据科学工具时不能直接使用列表。答案是，数组的计算速度比相应的列表操作快得多。因为 NumPy 本身是基于数组的，所以这些计算通常也可以更紧凑地表达，无须循环甚至推导式。

特别是，NumPy 数组支持矢量化操作，此操作支持一次性将数组中的每个元素乘以特定的数字。例如，要创建一个将每个元素乘以 3 的列表，可以使用列表推导式（6.1 节）如下：

```
>>> [3 * i for i in r]
[0, 3, 6, 9, 12, 15, 18, 21, 24, 27, 30, 33, 36, 39, 42, 45, 48]
```

使用 NumPy ndarray，可以直接乘以 3：

```
>>> 3 * a
array([ 0,  3,  6,  9, 12, 15, 18, 21, 24, 27, 30, 33, 36, 39, 42, 45, 48])
```

在这里，NumPy 自动将乘法分配到数组元素上（本质上等效于矢量上的“标量乘法”）。也可以用类似的方式完成如平方之类的操作：

```
>>> a**2
array([  0,   1,   4,   9,  16,  25,  36,  49,  64,  81, 100, 121, 144, 169,
196, 225, 256])
```

这里，***a*** 的每个元素进行平方运算，而不需要循环或推导式操作。

如上所述，这不仅方便，而且运行速度也快很多。可以通过使用 timeit 库重复调用相同的代码，然后比较计算时间：

```
>>> import timeit
>>> t1 = timeit.timeit("[i**2 for i in range(50)]")
>>> t2 = timeit.timeit("import numpy as np; np.arange(50)**2")
>>> t1, t2, t1/t2
(9.171871625003405, 0.5006397919496521, 18.320300887960165)
```

尽管不同方法的具体结果可能会有所不同，此处显示的结果表明矢量化版本的速度提高了近 20 倍，这是 NumPy 通过将主循环推送到优化的 C 代码中来实现的。（注意：在 Jupyter notebook 中，可以使用 IPython，通过特殊的 %%timeit 操作来进行更好的比较（图 11.5）。）

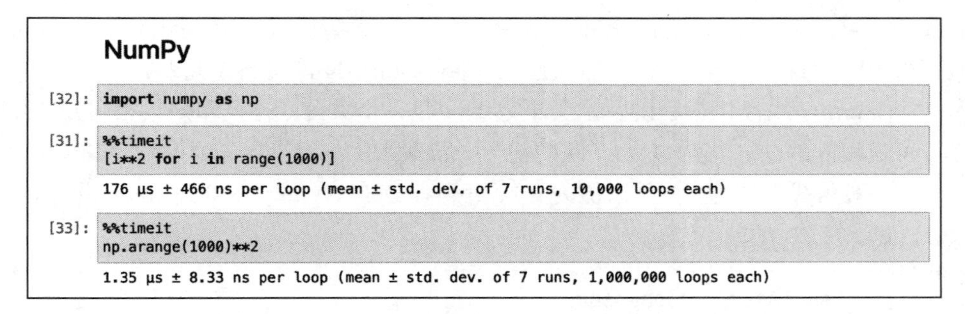

图 11.5　在 Jupyter notebook 中使用 NumPy 和 timeit

11.2.2　多维数组

NumPy 还支持多维数组：

```
>>> a = np.array([[1, 2, 3], [4, 5, 6]])
>>> a
array([[1, 2, 3],
       [4, 5, 6]])
```

NumPy 数组有一个名为 shape 的属性，用于返回数组的行数和列数。

```
>>> a.shape
(2, 3)
```

这里的（2, 3）对应着 2 行（[1, 2, 3] 和 [4, 5, 6]）和 3 列（[1, 4]，[2, 5] 和 [3, 6]）。可以将其视为一个 2×3 的矩阵。

与列表切片（3.3 节）类似，NumPy 支持对所有维度的 ndarray 进行数组切片。在 3.3 节中介绍的冒号表示法对于通过使用单个冒号来选择整行或整列特别有用：

```
>>> a[0, :]          # 第1行
array([1, 2, 3])
>>> a[:, 0]          # 第1列
array([1, 4])
```

通过将冒号和数字范围组合在一起，可以分割出一个子数组：

```
>>> A = a[0:2, 0:2]
>>> A
array([[1, 2],
       [4, 5]])
```

与列表切片一样，可以省略范围的开始或结束，获得的结果相同：

```
>>> A = a[:2, :2]
>>> A
array([[1, 2],
       [4, 5]])
```

NumPy 包含对许多常见数值运算的大量支持，例如线性代数，在这种情况下使用了 BLAS 和 LAPACK 等经过高度优化和实战测试的包。这些例程大多是用 C 和 Fortran 编写的，但不需要了解这些语言，因为它们通过 Python 的 linalg 库进行了封装。

举一个 NumPy 线性代数示例。定义子数组 $\boldsymbol{A}$ 是一个方阵（行数和列数相同），尝试计算逆矩阵。可逆矩阵的逆，写为 $\boldsymbol{A}^{-1}$（"$\boldsymbol{A}$ 的逆"），满足 $\boldsymbol{AA}^{-1}=\boldsymbol{A}^{-1}\boldsymbol{A}=\boldsymbol{I}$ 的关系，其中 $\boldsymbol{I}$ 是 $n\times n$ 的单位矩阵（对角线上值为 1，其余值为 0）。矩阵求逆在 NumPy 中通过 linalg.inv() 实现：

```
>>> Ainv = np.linalg.inv(A)          # 矩阵的逆
>>> Ainv
array([[-1.66666667,  0.66666667],
       [ 1.33333333, -0.33333333]])
```

可以尝试分别使用 + 和 * 将矩阵相加和相乘：

```
>>> A + Ainv
array([[-0.66666667,  2.66666667],
       [ 5.33333333,  4.66666667]])
>>> A * Ainv
array([[-1.66666667,  1.33333333],
       [ 5.33333333, -1.66666667]])
```

虽然在这种情况下，数组和 $\boldsymbol{A}+\boldsymbol{Ainv}$ 没有特别的数学意义，但元素已经按照 NumPy 的矢量化操作（11.2.1 节）进行了相加。类似地，数组乘积 $\boldsymbol{A}*\boldsymbol{Ainv}$ 也是逐个元素进行计算。这可能会引起混淆，因为在某些系统（特别是 MATLAB）中，* 运算符在这种情况下是矩阵乘法，得到预期的结果 $\boldsymbol{AA}^{-1}=\boldsymbol{I}$。在 NumPy 中，执行矩阵乘法最方便的方法是使用 @ 运算符：

```
>>> A @ Ainv
array([[1., 0.],
       [0., 1.]])
```

结果为预期的 2×2 单位矩阵。（由于数值舍入的误差，某些元素可能趋近但不完全为

零，更多信息详见 11.2.3 节。）

一种特别有用的矩阵对象的操作方法是 reshape()，它允许将一维数组转换为二维数组。reshape() 的参数是一个具有目标维度的元组（3.6 节）：

```
>>> a = np.arange(16)
>>> a.reshape((2, 8))
>>> a
array([[ 0,  1,  2,  3,  4,  5,  6,  7],
       [ 8,  9, 10, 11, 12, 13, 14, 15]])
>>> b = a.reshape((4, 4))
>>> b
array([[ 0,  1,  2,  3],
       [ 4,  5,  6,  7],
       [ 8,  9, 10, 11],
       [12, 13, 14, 15]])
```

使用 reshape() 通常比手动构建相应的数组更方便。请注意，reshape() 不会改变数组，因此如果想要为重塑后的版本命名，则需要进行赋值。

reshape() 函数支持将 -1 作为其中的一个参数，其作用在文档中有描述：一个形状维度可以是 -1。在这种情况下，该值是根据数组的长度和剩余维度推断出来的。

例如，对一个包含 16 个元素的数组使用参数（-1, 2），得到一个 8×2 的矩阵，其中 8 是通过 16 除以 2 得到的：

```
>>> a.reshape((-1, 2))
array([[ 0,  1],
       [ 2,  3],
       [ 4,  5],
       [ 6,  7],
       [ 8,  9],
       [10, 11],
       [12, 13],
       [14, 15]])
```

实际上，-1 是一个占位符，表示“使元素总数正确所需的维度”。

其中，这种 -1 技术还可用于将多维数组转换为一维数组，这可以使用参数（-1, 1）来实现（代码清单 11.4）。这种格式通常作为机器学习算法的输入（11.7 节）。

代码清单 11.4　创建一个一维数组

```
>>> a.reshape((-1, 1))
array([[ 0],
       [ 1],
       [ 2],
       [ 3],
       [ 4],
       [ 5],
       [ 6],
       [ 7],
```

```
       [ 8],
       [ 9],
       [10],
       [11],
       [12],
       [13],
       [14],
       [15]])
```

11.2.3 常量、函数和线性空间

如 4.1 节讨论的 math 库一样，NumPy 中包含了数学常量，例如欧拉数 e：

```
>>> import math
>>> math.e
2.718281828459045
>>> np.e
2.718281828459045
>>> math.e == np.e
True
```

NumPy 还定义了 pi，但不幸的是，编写本文时尚未定义 tau：

```
>>> np.pi
3.141592653589793
>>> np.tau
Traceback (most recent call last):
    raise AttributeError("module {!r} has no attribute "
AttributeError: module 'numpy' has no attribute 'tau'
```

不过，仍然可以使用 math 中的 tau：

```
>>> math.tau
6.283185307179586
>>> math.tau == 2 * np.pi
True
```

同样，类似 math，NumPy 具有如三角函数和对数之类的操作（有关 np.sin（math.tau）奇怪结果的解释，详见下文）：

```
>>> np.cos(math.tau)
1.0
>>> np.sin(math.tau)
-2.4492935982947064e-16
>>> np.log(np.e)
1.0
>>> np.log10(np.e)
0.4342944819032518
```

请注意，与 math 一样，并且与大多数编程语言一样，NumPy 使用 log() 表示自然对数，使用 log10() 表示以 10 为底的对数。

在 NumPy 中包含与 math 中重复的数学定义有什么意义？对于像 e 和 π 这样的常量主要是为了完整性，但对于函数实际上存在有意义的区别：与 math 函数不同，NumPy 函数可以使用矢量化操作（11.2.1 节）对数组进行线性化处理。

例如，考虑 cos x 的一个周期，角度范围从 0 到 τ（代码清单 11.5）[⊖]。

代码清单 11.5　对应于 cos x 周期内简单分数的角度

```
>>> np.arange(5)
array([0, 1, 2, 3, 4])
>>> angles = math.tau * np.arange(5) / 4
>>> angles
array([0.        , 1.57079633, 3.14159265, 4.71238898, 6.28318531])
```

请注意，代码清单 11.5 中 angles 数组的值仅仅是 0、$\tau/4$、$\tau/2$、$3\tau/4$ 和 τ 的数值等价物。对这些角度应用 cos() 在 math 版本的余弦中不起作用，但在 NumPy 版本中起作用（代码清单 11.6）。

代码清单 11.6　将 cos() 应用于角度数组

```
>>> math.cos(angles)
Traceback (most recent call last):
  File "<stdin>", line 1, in <module>
TypeError: only size-1 arrays can be converted to Python scalars
>>> a = np.cos(angles)
>>> a
array([ 1.0000000e+00,  6.1232340e-17, -1.0000000e+00, -1.8369702e-16,
        1.0000000e+00])
```

由于浮点数舍入误差，代码清单 11.6 中 cos x 的零点显示为微小的数字而不是 0（尽管这种行为通常与系统相关，因此确切结果可能会有所不同）。可以使用 NumPy 的 isclose() 函数来消除差异，如果一个数字“接近”给定数字（本质上，在系统浮点运算的误差范围内），则该函数返回 True：

```
>>> np.isclose(0.01, 0)
False
>>> np.isclose(10**(-16), 0)
True
>>> np.isclose(a, 0)
array([False,  True, False,  True, False])
```

可以将此布尔值数组传递给原始数组，并将对应于 True 的元素设置为 0（代码清单 11.7）。

⊖ 这里更倾向于使用余弦而非正弦作为标准示例，因为从谐波运动的角度来看它更直观，谐波运动是正弦函数最重要的示例之一。因为余弦函数从 1 开始，对应从平衡位置移动一定距离并处于静止状态的振荡器。相比之下，使用正弦涉及对振荡器进行一个踢动或轻弹，使其在平衡位置以非零速度开始运动，这是一种不太常见的启动运动的方式。

代码清单 11.7 使用 isclose() 将接近 0 的值归零

```
>>> a[np.isclose(a, 0)]
array([ 6.1232340e-17, -1.8369702e-16])
>>> a[np.isclose(a, 0)] = 0
>>> a
array([ 1.,  0., -1.,  0.,  1.])
```

代码清单 11.5 中，在生成角度时将 arange（5）除以 4，但由于技术原因（与数值舍入误差有关），制作此类序列的首选方法是使用 linspace()（“线性间隔（d)”）。linspace() 函数最常见的参数是起始值、结束值和所需的总点数。例如，可以使用 linspace() 来生成一个周期的四个季度的数组（总点数为 5，因为包括 0）：

```
>>> angles = np.linspace(0, math.tau, 5)
>>> angles
array([0.        , 1.57079633, 3.14159265, 4.71238898, 6.28318531])
>>> a = np.cos(angles)
>>> a[np.isclose(a, 0)] = 0
>>> a
array([ 1.,  0., -1.,  0.,  1.])
```

linespace() 函数的作用是：使用更多的点创建间隔更小的数组。例如，可以得到 100 个点的 cos x，如下所示：

```
>>> angles = np.linspace(0, math.tau, 100)
>>> angles
array([0.        , 0.06346652, 0.12693304, 0.19039955, 0.25386607,
       0.31733259, 0.38079911, 0.44426563, 0.50773215, 0.57119866,
       0.63466518, 0.6981317 , 0.76159822, 0.82506474, 0.88853126,
       0.95199777, 1.01546429, 1.07893081, 1.14239733, 1.20586385,
       1.26933037, 1.33279688, 1.3962634 , 1.45972992, 1.52319644,
       1.58666296, 1.65012947, 1.71359599, 1.77706251, 1.84052903,
       1.90399555, 1.96746207, 2.03092858, 2.0943951 , 2.15786162,
       2.22132814, 2.28479466, 2.34826118, 2.41172769, 2.47519421,
       2.53866073, 2.60212725, 2.66559377, 2.72906028, 2.7925268 ,
       2.85599332, 2.91945984, 2.98292636, 3.04639288, 3.10985939,
       3.17332591, 3.23679243, 3.30025895, 3.36372547, 3.42719199,
       3.4906585 , 3.55412502, 3.61759154, 3.68105806, 3.74452458,
       3.8079911 , 3.87145761, 3.93492413, 3.99839065, 4.06185717,
       4.12532369, 4.1887902 , 4.25225672, 4.31572324, 4.37918976,
       4.44265628, 4.5061228 , 4.56958931, 4.63305583, 4.69652235,
       4.75998887, 4.82345539, 4.88692191, 4.95038842, 5.01385494,
       5.07732146, 5.14078798, 5.2042545 , 5.26772102, 5.33118753,
       5.39465405, 5.45812057, 5.52158709, 5.58505361, 5.64852012,
       5.71198664, 5.77545316, 5.83891968, 5.9023862 , 5.96585272,
       6.02931923, 6.09278575, 6.15625227, 6.21971879, 6.28318531])
>>> np.cos(angles)
array([ 1.        ,  0.99798668,  0.99195481,  0.9819287 ,  0.9679487 ,
```

```
 0.95007112,  0.92836793,  0.90292654,  0.87384938,  0.84125353,
 0.80527026,  0.76604444,  0.72373404,  0.67850941,  0.63055267,
 0.58005691,  0.52722547,  0.47227107,  0.41541501,  0.35688622,
 0.29692038,  0.23575894,  0.17364818,  0.1108382 ,  0.04758192,
-0.01586596, -0.07924996, -0.14231484, -0.20480667, -0.26647381,
-0.32706796, -0.38634513, -0.44406661, -0.5       , -0.55392006,
-0.60560969, -0.65486073, -0.70147489, -0.74526445, -0.78605309,
-0.82367658, -0.85798341, -0.88883545, -0.91610846, -0.93969262,
-0.95949297, -0.97542979, -0.98743889, -0.99547192, -0.99949654,
-0.99949654, -0.99547192, -0.98743889, -0.97542979, -0.95949297,
-0.93969262, -0.91610846, -0.88883545, -0.85798341, -0.82367658,
-0.78605309, -0.74526445, -0.70147489, -0.65486073, -0.60560969,
-0.55392006, -0.5       , -0.44406661, -0.38634513, -0.32706796,
-0.26647381, -0.20480667, -0.14231484, -0.07924996, -0.01586596,
 0.04758192,  0.1108382 ,  0.17364818,  0.23575894,  0.29692038,
 0.35688622,  0.41541501,  0.47227107,  0.52722547,  0.58005691,
 0.63055267,  0.67850941,  0.72373404,  0.76604444,  0.80527026,
 0.84125353,  0.87384938,  0.90292654,  0.92836793,  0.95007112,
 0.9679487 ,  0.9819287 ,  0.99195481,  0.99798668,  1.        ])
```

要可视化这么多原始值相当困难，但它们是像 Matplotlib 这样绘图库的完美输入，这将在 11.3 节中介绍。

练习

1. 如果 reshape() 中的维度与数组大小不匹配会发生什么（例如，np.arange(16).reshape((4, 17)))？

2. 确认 ***A***=np.random.rand(5, 5) 可以定义一个 5×5 的随机矩阵。

3. 计算前一个练习中 5×5 矩阵的逆 ***Ainv***。(手动计算 2×2 矩阵的逆在 11.2.2 节中相当简单，但随着矩阵大小的增加，任务会变得更加困难，在此情况下，像 NumPy 这样的计算系统是不可或缺的。)

4. 前两个练习中矩阵的乘积 ***I***=***A***@***Ainv*** 是什么？使用代码清单 11.7 中相同的 isclose() 技巧将 ***I*** 中接近零的元素清零，并确认得到的矩阵为 5×5 的单位矩阵。

11.3 基于 Matplotlib 的数据可视化

Matplotlib 是 Python 中功能强大的可视化工具，它可以完成很多非常棒的工作。本节将从 11.2 节中的简单二维图开始，逐步添加其他功能，最终实现图 11.6 所示的图形。然后，再介绍一些重要的知识（散点图和直方图），这对于使用 Pandas 进行数据分析非常重要（11.4 节）。显示 Matplotlib 图形的确切机制取决于特定的设置，请参考方框 11.2，在系统上展示 Matplotlib 图形。

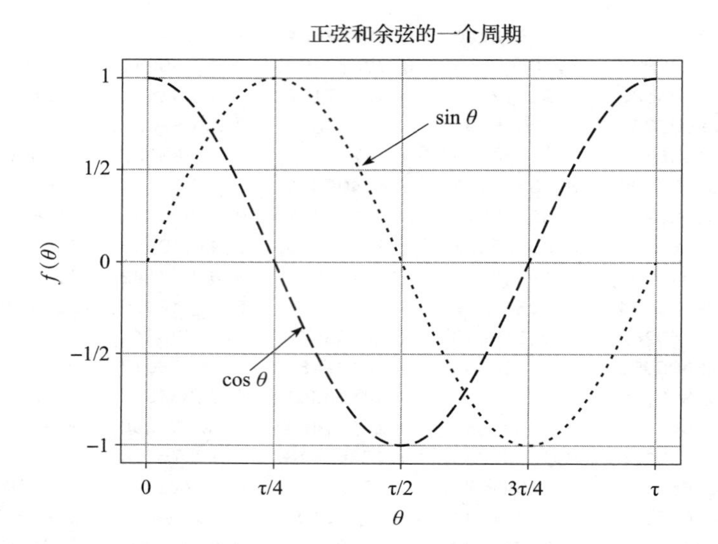

图 11.6　展示 Matplotlib 特性的精美图形

方框 11.2　Matplotlib 机制

根据设置的具体细节，显示 Matplotlib 图形的确切机制会有很大差异。显示绘图的最明确方式是使用 show() 方法，该方法适用于 REPL 中的大多数系统：

```
>>> import numpy as np
>>> import matplotlib.pyplot as plt
>>> x = np.linspace(-2, 2, 100)
>>> fig, ax = plt.subplots(1, 1)
>>> ax.plot(x, x*x)
>>> plt.show()
```

在许多系统中，这将生成一个类似图 11.7 的窗口，其中包含绘图的结果。

在 Jupyter notebook 中，可以在 notebook 单元格中执行以下命令，将环境配置为自动显示 Matplotlib 绘图（“内联”，即在 notebook 中）：

```
%matplotlib inline
```

在某些系统中（包括当前系统），此设置为默认启用，当计算相应的 Jupyter 单元格时，绘图自动出现（图 11.8）。

在如云 IDE 之类的环境中，可以切换到非图形化的后端，输出到一个文件，然后在浏览器中查看该文件。详情可参阅 Stack Overflow 线程（https://bit.ly/cloud-plot），但推荐的解决方案是在云 IDE 上设置 Jupyter，如方框 11.1 中所述。在这种情况下，可以按照上述说明设置内联绘图显示（如果它不是自动可用的）。

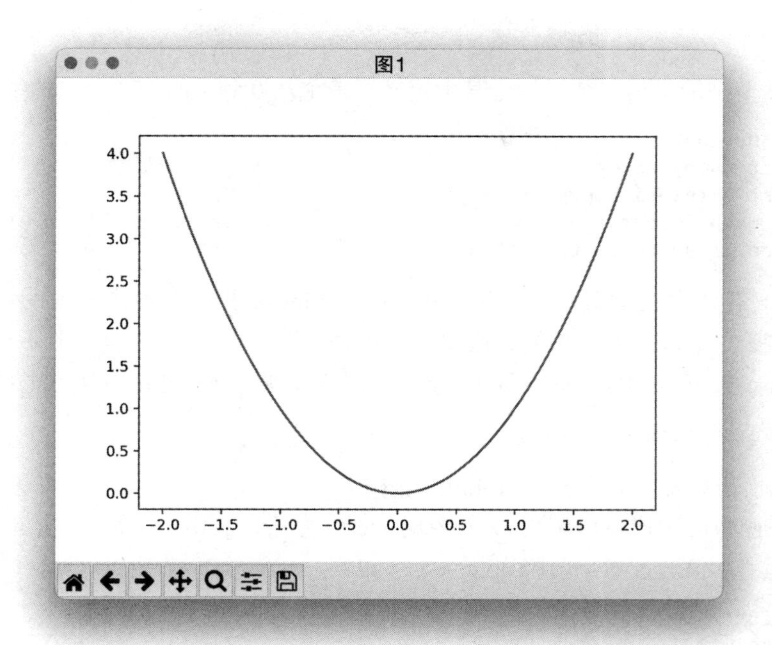

图 11.7　通过调用 show() 生成的窗口

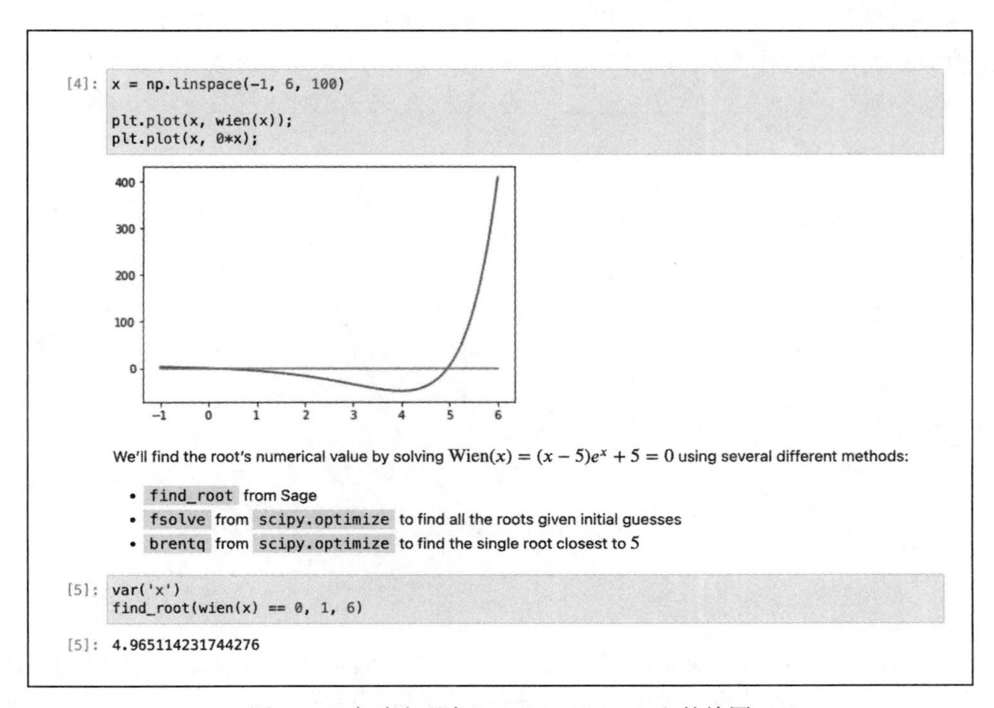

图 11.8　自动出现在 Jupyter notebook 上的绘图

11.3.1 绘图

回顾 11.2 节中的最后一个示例，其中定义了一个从 0 到 τ 的 100 个点的线性间隔数组：

```
(venv) $ python3
>>> import numpy as np
>>> import matplotlib.pyplot as plt
>>> from math import tau
>>> x = np.linspace(0, tau, 100)
```

Matplotlib 有两个关键对象，Figure 和 Axes。Figure 是构成图像元素的容器，Axes 是代表元素的数据。不过，不要太担心这到底是什么意思；在实践中，使用 Matplotlib 通常会简化为将 figure 和 axes 对象（通常称为 fig 和 ax）赋给调用 subplots() 函数的结果：

```
>>> fig, ax = plt.subplots()
```

这种语法有点晦涩，它来自 Matplotlib 文档[㊀]。

绘制余弦函数的图形可以调用 ax 对象的 plot() 方法，其中 x（水平）值等于 100 个线性间隔点，y（垂直）值通过对 x 调用 np.cos 方法得到：

```
>>> ax.plot(x, np.cos(x))
>>> plt.show()
```

如方框 11.2 所述，查看绘图的步骤将取决于当前的确切设置，因此将使用 plt.show() 作为“系统上相应命令”的简写。（特别提醒注意，除非将图形保存到磁盘，否则通常不需要 fig 对象；大多数操作都在 ax 上。）本例中的结果是图 11.9 所示的漂亮的基本余弦图。

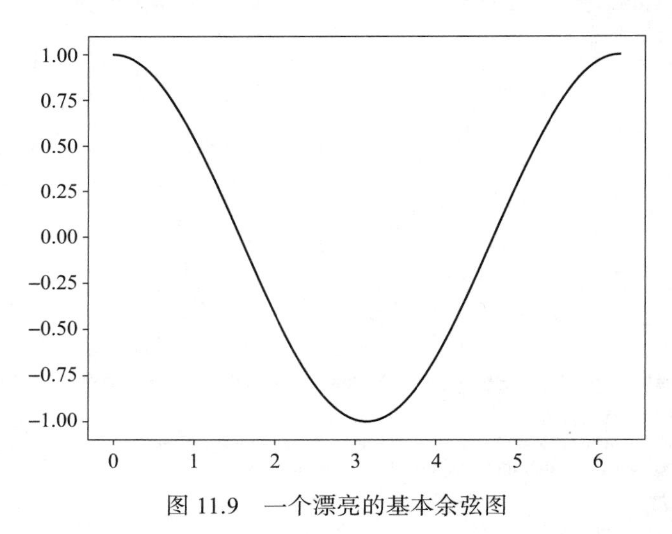

图 11.9 一个漂亮的基本余弦图

㊀ 本章使用 Matplotlib 的“面向对象”接口，这通常是 Matplotlib 项目本身的偏好方式。它还有第二个接口，被设计成类似 MATLAB 中的绘图功能。更多信息参考文章“Pyplot 与面向对象接口”（https://matplotlib.org/matplotblog/posts/pyplot-vs-object-oriented-interface/）。

对于其余的大多数示例，将省略 >>> 提示符，以便根据需要更轻松地进行复制和粘贴。这主要是因为构建绘图可能有点麻烦，因为每次都必须重新运行所有命令。Jupyter notebook 的一个很大优点是，可在单个单元格中递增构建绘图，然后使用 Shift-Return 反复执行代码来避免此情况。

下一步，为 x 轴和 y 轴添加刻度（使用 set_xticks() 和 set_yticks()）并添加整体网格（使用 plt.grid()）：

```
fig, ax = plt.subplots()

ax.set_xticks([0, tau/4, tau/2, 3*tau/4, tau])
ax.set_yticks([-1, -1/2, 0, 1/2, 1])
plt.grid(True)

ax.plot(x, np.cos(x))
plt.show()
```

生成的曲线图使我们更容易看到余弦的结构，四个全等部分分别对应整个周期的四分之一（图 11.10）。

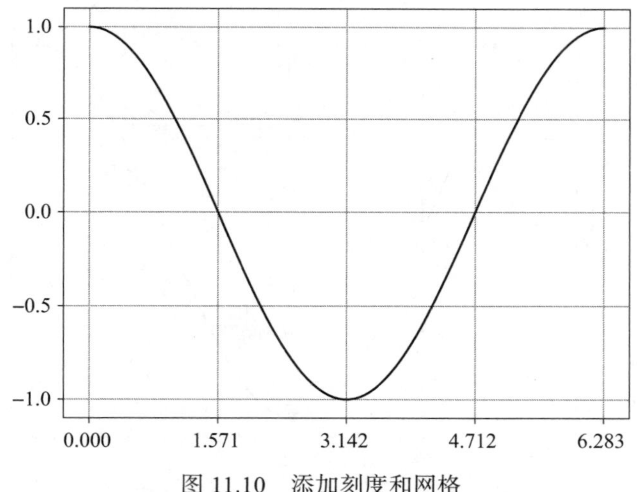

图 11.10　添加刻度和网格

图 11.10 中的刻度标签是它们的默认十进制值，但将它们表示为 x 轴上完整周期（即 τ）的分数和 y 轴上 ±1 的分数会更方便。Matplotlib 的一个伟大之处在于，它支持广泛使用的 LATEX 语法进行数学排版，这种语法通常涉及用美元符号围绕数学符号并用反斜杠表示命令[1]。例如，本段包含以下 LATEX 代码[2]：

[1] LATEX 的发音各不相同；常见发音是 lay-tech，其中“tech”的发音与“technology”中的相同。（macOS 上的文本转语音程序的发音与之相同。）

[2] 使用美元符号（$...$ 表示内联数学公式，$$...$$ 表示居中数学公式）与 TEX 系统相关联，TEX 是 LATEX 的基础系统。从技术上讲，LATEX 首选的语法 \(...\) 表示内联数学公式，\[...\] 表示居中数学公式。Jupyter notebook 仅支持普通的 TEX 语法。

```
The tick labels in Figure~\ref{fig:cosine_ticks} are their default decimal
values, but it would be more convenient to express them as fractions of the
full period (i.e., $\tau$) on the $x$-axis and as fractions of $\pm 1$ on the
$y$-axis.
```

因为 LATEX 命令通常包含麻烦的反斜杠，当它放置在字符串内部时通常会有异常的行为，因此将使用原始字符串（2.2.2 节），这样就不必将它们进行转义。使用 set_xticklabels() 和 set_yticklabels() 方法得到的刻度标签如下所示：

```
fig, ax = plt.subplots()

ax.set_xticks([0, tau/4, tau/2, 3*tau/4, tau])
ax.set_yticks([-1, -1/2, 0, 1/2, 1])
plt.grid(True)

ax.set_xticklabels([r"$0$", r"$\tau/4$", r"$\tau/2$", r"$3\tau/4$", r"$\tau$"])
ax.set_yticklabels([r"$-1$", r"$-1/2$", r"$0$", r"$1/2$", r"$1$"])

ax.plot(x, np.cos(x))
plt.show()
```

结果如图 11.11 所示。

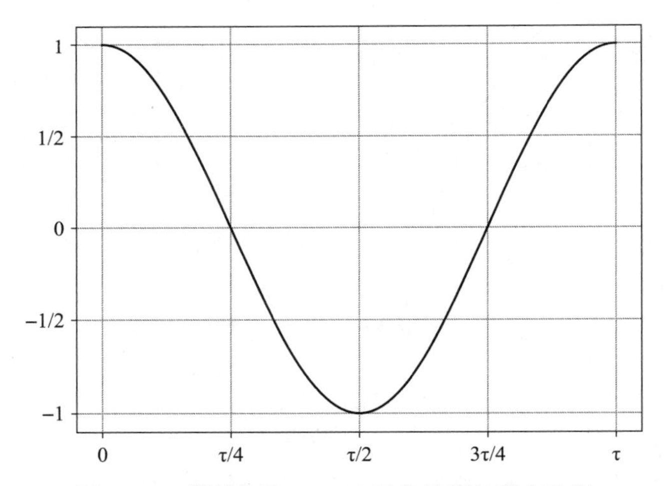

图 11.11　将漂亮的 LATEX 轴标签添加到余弦图

接下来添加正弦、轴标签以及图形标题：

```
fig, ax = plt.subplots()

ax.set_xticks([0, tau/4, tau/2, 3*tau/4, tau])
ax.set_yticks([-1, -1/2, 0, 1/2, 1])
plt.grid(True)

ax.set_xticklabels([r"$0$", r"$\tau/4$", r"$\tau/2$", r"$3\tau/4$", r"$\tau$"])
ax.set_yticklabels([r"$-1$", r"$-1/2$", r"$0$", r"$1/2$", r"$1$"])

ax.set_xlabel(r"$\theta$", fontsize=16)
ax.set_ylabel(r"$f(\theta)$", fontsize=16)
```

```
ax.set_title("One period of cosine and sine", fontsize=16)

ax.plot(x, np.cos(x))
ax.plot(x, np.sin(x))
plt.show()
```

这里在轴标签中使用了希腊字母 θ (theta)，它是表示角度的传统字母。结果如图 11.12 所示。

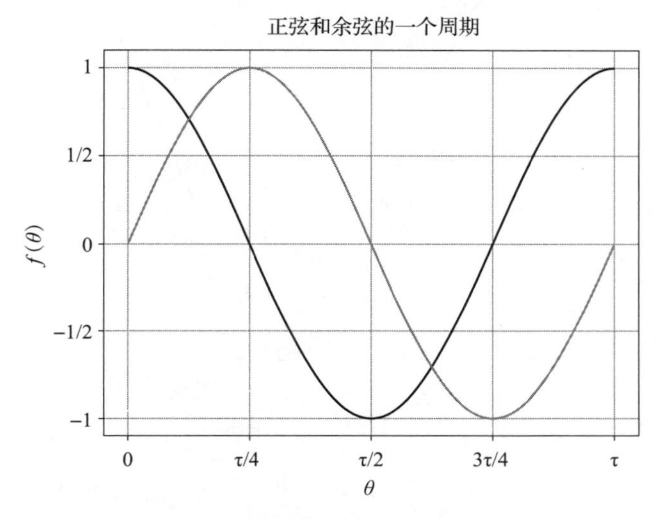

图 11.12　添加正弦和若干附加标签

从图 11.12 中可见，Matplotlib 会自动为同一坐标轴对象上的其他绘图使用不同的线条，以帮助区分它们。通过添加注释可进一步区分余弦和正弦，这可以使用 annotate() 方法实现。看看是否可以从上下文中猜出 xy、xytext 和 arrowprops 这几个参数的作用：

```
fig, ax = plt.subplots()

ax.set_xticks([0, tau/4, tau/2, 3*tau/4, tau])
ax.set_yticks([-1, -1/2, 0, 1/2, 1])
plt.grid(True)

ax.set_xticklabels([r"$0$", r"$\tau/4$", r"$\tau/2$", r"$3\tau/4$", r"$\tau$"])
ax.set_yticklabels([r"$-1$", r"$-1/2$", r"$0$", r"$1/2$", r"$1$"])

ax.set_title("One period of cosine and sine", fontsize=16)
ax.set_xlabel(r"$\theta$", fontsize=16)
ax.set_ylabel(r"$f(\theta)$", fontsize=16)

ax.annotate(r"$\cos\theta$", xy=(1.75, -0.3), xytext=(0.5, -0.75),
            arrowprops="facecolor": "black", "width": 1, fontsize=16)
ax.annotate(r"$\sin\theta$", xy=(2.75, 0.5), xytext=(3.5, 0.75),
            arrowprops="facecolor": "black", "width": 1, fontsize=16)

ax.plot(x, np.cos(x))
ax.plot(x, np.sin(x))
plt.show()
```

从图 11.13 中可知，xy 代表要注释的点，xytext 代表注释文本的位置，arrowprops 确定注释箭头的属性。

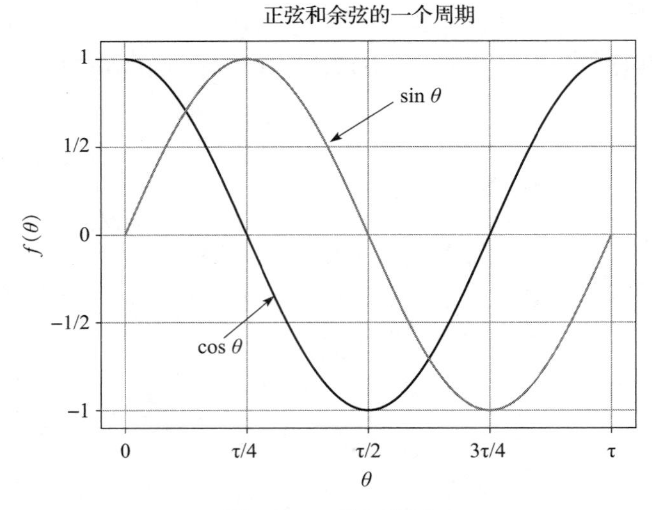

图 11.13　添加注释

最后，添加自定义的颜色和线条样式，以及更高的分辨率（dpi）。为了方便起见，代码清单 11.8 中包含了从头开始创建完整图形（图 11.14）所需的所有命令。

代码清单 11.8　复杂正弦曲线的绘图代码

```
from math import tau

import numpy as np
import matplotlib.pyplot as plt


x = np.linspace(0, tau, 100)

fig, ax = plt.subplots()

ax.set_xticks([0, tau/4, tau/2, 3*tau/4, tau])
ax.set_yticks([-1, -1/2, 0, 1/2, 1])
plt.grid(True)

ax.set_xticklabels([r"$0$", r"$\tau/4$", r"$\tau/2$", r"$3\tau/4$", r"$\tau$"])
ax.set_yticklabels([r"$-1$", r"$-1/2$", r"$0$", r"$1/2$", r"$1$"])

ax.set_title("One period of cosine and sine", fontsize=16)
ax.set_xlabel(r"$\theta$", fontsize=16)
ax.set_ylabel(r"$f(\theta)$", fontsize=16)

ax.annotate(r"$\cos\theta$", xy=(1.75, -0.3), xytext=(0.5, -0.75),
            arrowprops={"facecolor": "black", "width": 1}, fontsize=16)
```

```
ax.annotate(r"$\sin\theta$", xy=(2.75, 0.5), xytext=(3.5, 0.75),
            arrowprops={"facecolor": "black", "width": 1}, fontsize=16)

fig.set_dpi(150)

ax.plot(x, np.cos(x), color="red", linestyle="dashed")
ax.plot(x, np.sin(x), color="blue", linestyle="dotted")
plt.show()
```

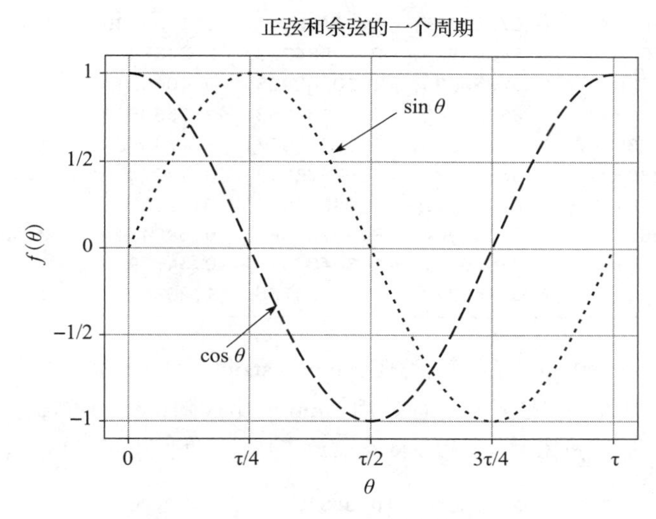

图 11.14　cos 和 sin 的最终设计布局

11.3.2　散点图

11.3.1 节中的绘图介绍了 Matplotlib 的一些关键思想，从这个角度看，有无数种可能的方法。在本节和下一节中，将重点介绍数据科学工具中特别重要的两种可视化方式：散点图和直方图。如果无法马上理解所有的内容，请不要担心，在 11.5 节、11.6 节和 11.7 节中将有机会看到散点图和直方图的更多示例。

散点图是将一堆离散的函数值与相应的点绘制在一起，这是全面了解函数值可能满足的关系的一种很好的方法。先通过一个具体的例子来看看这意味着什么。

首先生成一些随机点，这些点是从标准正态分布中选取的[一]，标准正态分布是一个平均值（均值）为 0、标准差为 1 的正态分布（或“钟形曲线”）[二]。可以使用 NumPy 的 random 库

㊀ 其他分布也没有什么“不标准”的；“标准”这个词的使用在很大程度上有其历史的特殊性。

㊁ 标准正态分布的函数形式是由概率密度 $P(x)=\dfrac{1}{\sqrt{\tau}}\mathrm{e}^{-\frac{1}{2}x^2}$ 给出，其中 $1/\sqrt{\tau}=1/\sqrt{2\pi}$ 是归一化因子，以确保总概率。$\int_{-\infty}^{\infty}P(x)$ 等于 1。具有均值 μ 和标准差 σ 的一般正态分布的密度函数为 $P(x;\mu,\sigma)=\dfrac{1}{\sigma\sqrt{\tau}}\mathrm{e}^{-\frac{1}{2}\left(\frac{x-\mu}{\sigma}\right)^2}$；设置 $\mu=0$ 和 $\sigma=1$ 则为标准正态分布。

来获取这些值，该库包括一个名为 default_rng() 的默认随机数生成器（代码清单 11.9）。

代码清单 11.9 使用标准正态分布生成随机数

```
>>> from numpy.random import default_rng
>>> rng = default_rng()
>>> n_pts = 50
>>> x = rng.standard_normal(n_pts)
>>> x
array([ 0.41256003,  0.67594205,  1.264653  ,  1.16351491, -0.41594407,
       -0.60157015,  0.84889823, -0.59984223,  0.24374326,  0.06055498,
       -0.48512829,  1.02253594, -1.10982933, -0.40609179,  0.55076245,
        0.13046238,  0.86712869,  0.06139358, -2.26538163,  1.45785923,
       -0.56220574, -1.38775239, -2.39643977, -0.77498392,  1.16794796,
       -0.6588802 ,  1.66343434,  1.57475219, -0.03374501, -0.62757059,
       -0.99378175,  0.69259747, -1.04555996,  0.62653116, -0.9042063 ,
       -0.32565268, -0.99762804, -0.4270288 ,  0.69940045, -0.46574267,
        1.82225132,  0.23925201, -1.0443741 , -0.54779683,  1.17466477,
       -2.54906663, -0.31495622,  0.25224765, -1.20869217, -1.02737145])
```

（在网上的教程示例中可能会看到类似 random.standard_normal（50）的代码，现已被弃用。代码清单 11.9 中所示的技术是当前使用 NumPy 生成随机数的首选方法。）

有了 x 值，接下来通过添加 5 乘以 x 的常倍数（斜率）加上另一个随机因子来创建一组 y 值：

```
>>> y = 5*x + rng.standard_normal(n_pts)
```

这大致遵循直线方程 $y=mx+b$ 的模式，只是 x 和 b 是随机数。由于 y 的函数形式本质上是线性的，因此 y 与 x 的关系图看起来大致像一条直线，可以通过以下散点图来确认这一点：

```
>>> fig, ax = plt.subplots()
>>> ax.scatter(x, y)
>>> plt.show()
```

如图 11.15 所示，前面的猜测是正确的。（因为没有为随机数生成器固定一个特定的种子值，用户具体结果会有所不同。）

11.3.3 直方图

最后，应用 11.3.2 节中的相同思想可视化从标准正态分布中提取的 1000 个随机值的分布：

```
>>> values = rng.standard_normal(1000)
```

了解这些值外观的常见方法是制作固定数量的“箱”，并绘制每个箱中有多少个值。生成的图称为直方图，可以使用 Matplotlib 的 hist() 方法自动生成：

```
>>> fig, ax = plt.subplots()
>>> ax.hist(values)
>>> plt.show()
```

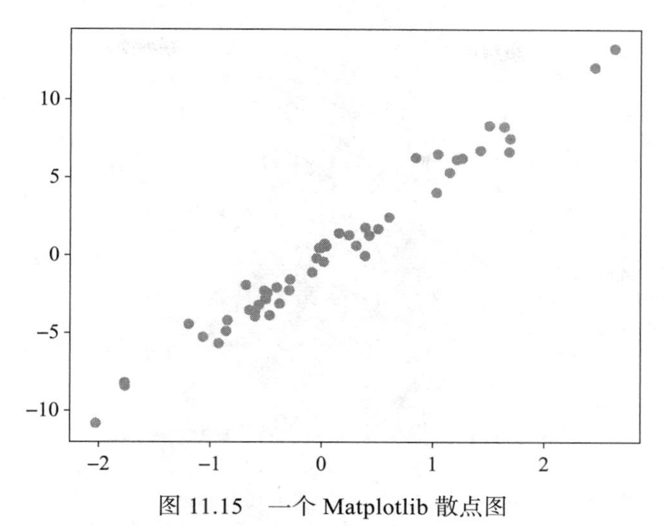

图 11.15 一个 Matplotlib 散点图

结果逼近“钟形曲线”，如图 11.16 所示。

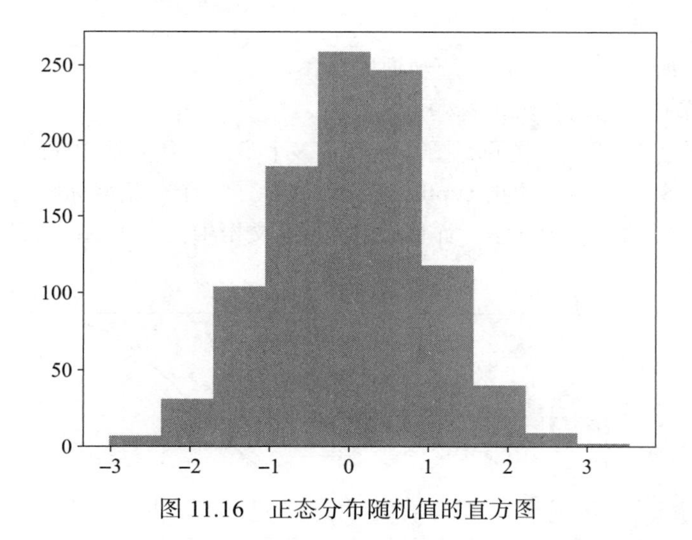

图 11.16 正态分布随机值的直方图

默认的箱数为 10，可通过将 bins 参数传递给 hist() 来研究不同 bin 大小的结果，例如 bins=20：

```
>>> fig, ax = plt.subplots()
>>> ax.hist(values, bins=20)
>>> plt.show()
```

在这种情况下，结果是更细粒度分布版本（图 11.17）。

因为 Matplotlib 是一个用于绘图和数据可视化的通用系统，因此可以用它完成许多事情。虽然目前已经介绍了本书其余部分所需的基础知识，还是鼓励大家进一步深入学习，Matplotlib 文档是一个很好的起点。

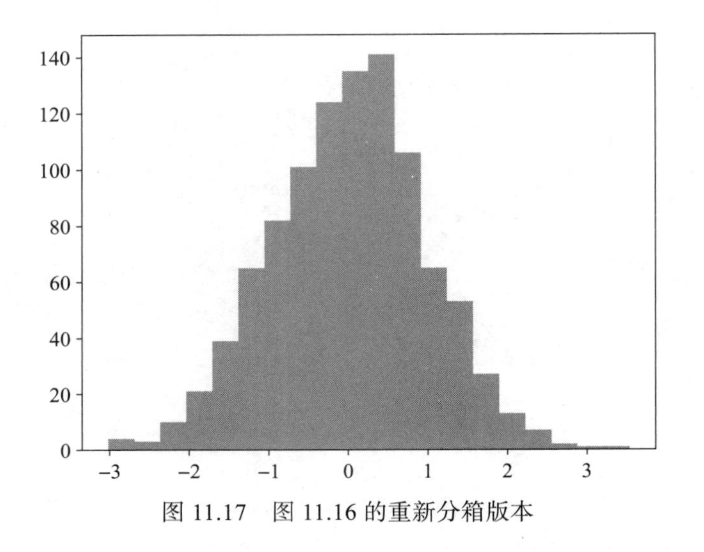

图 11.17　图 11.16 的重新分箱版本

练习

1. 为图 11.15 所示的图形添加标题和轴标签。

2. 为 11.3.3 节中的直方图添加标题。

3. 一个常见的绘图任务是在同一图形中包含多个子图。代码清单 11.10 创建了垂直堆叠的子图，如图 11.18 所示。（这里的 suptitle() 方法产生了一个“超级标题”，位于两个子图上方。有关创建多个子图的其他方法，详见 Matplotlib 文档中关于子图的介绍。）

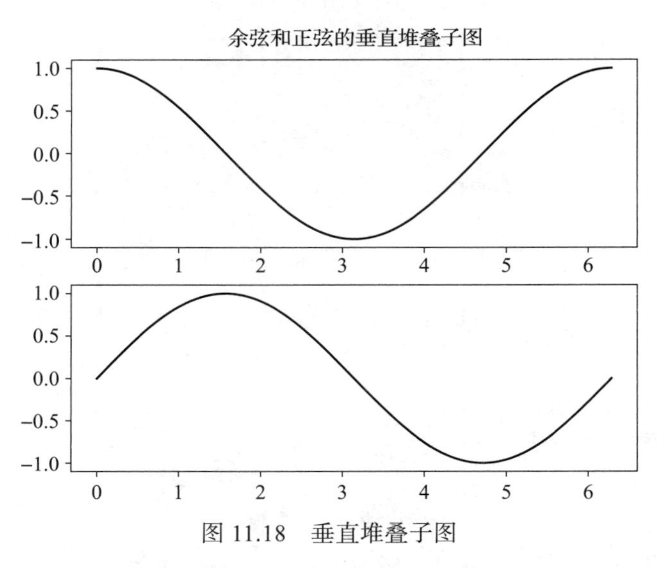

图 11.18　垂直堆叠子图

4. 将函数 $\cos(x-\tau/8)$ 加入图 11.14 中，图形颜色为“ orange”，线型为“ dashdot”。加分项：给图形添加一个注释。（在交互式 Jupyter notebook 中完成额外加分的步骤要简单得多，尤其是当寻找注释标签和箭头的正确坐标时。）

代码清单 11.10　垂直堆叠子图

```
>>> x = np.linspace(0, tau, 100)
>>> fig, (ax1, ax2) = plt.subplots(2)
>>> fig.suptitle(r"Vertically stacked plots of $\cos\theta$ and $\sin\theta$.")
>>> ax1.plot(x, np.cos(x))
>>> ax2.plot(x, np.sin(x))
```

11.4　基于 Pandas 的数据科学工具简介

Python 数据科学工具中使用最频繁的工具之一是 Pandas，它是一个用于数据分析的强大库。从本质上讲，Pandas（来自“面板数据”）可以执行许多与电子表格或结构化查询语言（SQL）相同的任务，具有强大的通用编程语言的功能和灵活性。

Pandas 界面可能需要一些时间来适应，并且没有什么可以替代展示的大量示例。本章涵盖了三个复杂程度不断增加的示例，从简化的手动示例（11.4 节）开始，然后使用两个真实世界的数据集展示更复杂的分析技术：诺贝尔奖（11.5 节）和泰坦尼克号的生存率（11.6 节）。（第二个数据集也将作为 11.7 节中机器学习示例的主要来源。）

此外，没有什么可以替代自己提问并回答问题。根据个人经验，遵循本书内容进行实践是个很好的开始，并且常常会产生如图 11.19 所示的简单结果。但是，当偏离所选示例并试图自己回答一些问题时，最终会得到类似图 11.20 的结果。

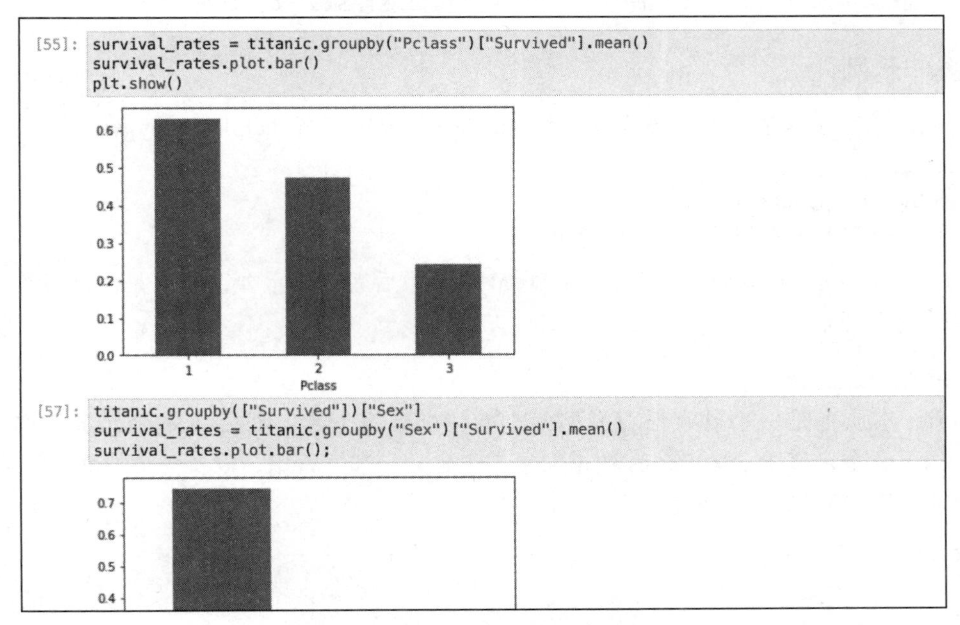

图 11.19　让 Pandas 看起来很容易

```
[77]: train_df['Embarked'].describe()

---------------------------------------------------------------------------
KeyError                                  Traceback (most recent call last)
File ~/repos/jupyter/venv/lib/python3.9/site-packages/pandas/core/indexes/base.py:3621, in Index.get_loc(self, key, method, tolerance)
   3620 try:
-> 3621     return self._engine.get_loc(casted_key)
   3622 except KeyError as err:

File ~/repos/jupyter/venv/lib/python3.9/site-packages/pandas/_libs/index.pyx:136, in pandas._libs.index.IndexEngine.get_loc()

File ~/repos/jupyter/venv/lib/python3.9/site-packages/pandas/_libs/index.pyx:163, in pandas._libs.index.IndexEngine.get_loc()

File pandas/_libs/hashtable_class_helper.pxi:5198, in pandas._libs.hashtable.PyObjectHashTable.get_item()

File pandas/_libs/hashtable_class_helper.pxi:5206, in pandas._libs.hashtable.PyObjectHashTable.get_item()

KeyError: 'Embarked'

The above exception was the direct cause of the following exception:

KeyError                                  Traceback (most recent call last)
Input In [77], in <cell line: 1>()
----> 1 train_df['Embarked'].describe()

File ~/repos/jupyter/venv/lib/python3.9/site-packages/pandas/core/frame.py:3505, in DataFrame.__getitem__(self, key)
   3503 if self.columns.nlevels > 1:
```

图 11.20 往往现实很艰难

最佳建议是首先跟随本书了解 Pandas 的基本知识，然后研究所面临的问题。在任何时候突发灵感想要独自尝试，无须阻止——你只要知道这样做会发生什么。

手动操作示例

开始的第一步总是导入 numPy 为 np、pandas 为 pd，以及 matplotlib.pyplot 为 plt：

```
>>> import numpy as np
>>> import pandas as pd
>>> import matplotlib.pyplot as plt
```

Pandas 的核心数据结构是 Series 和 DataFrame。后者更为重要，但它是由前者构建的，所以将从前者开始。

Series 数据对象

Series 本质上是一个具有任意类型元素的特别数组（类似列表），每个元素都称为轴。例如，以下命令定义了一个 Series 数据对象，包含数字和字符串，以及一个特殊（且经常遇到）的轴标签称为 NaN（“非数字”）：

```
>>> pd.Series([1, 2, 3, "foo", np.nan, "bar"])
0      1
1      2
2      3
```

```
3     foo
4     NaN
5     bar
dtype: object
>>> pd.Series([1, 2, 3, "foo", np.nan, "bar"]).dropna()
0      1
1      2
2      3
3    foo
5    bar
dtype: object
```

这里第二个命令展示了如何使用 dropna() 方法整理一下数据，该方法会删除任何“不可用”的值，例如 None、NaN 或 NaT（“非时间”）。

默认情况下，Series 轴标签的编号方式与数组索引相同（在此例中，为 0 ～ 5）。轴的集合称为 Series 的索引：

```
>>> pd.Series([1, 2, 3, "foo", np.nan, "bar"]).index
RangeIndex(start=0, stop=6, step=1)
```

也可以定义用户自己的轴标签，它必须具有与 Series 相同数量的元素：

```
>>> from numpy.random import default_rng
>>> rng = default_rng()
>>> s = pd.Series(rng.standard_normal(5), index=["a", "b", "c", "d", "e"])
>>> s
a    0.770407
b   -0.698040
c    1.977234
d   -1.559065
e   -0.713496
dtype: float64
```

Series 既可以像 NumPy ndarrays 那样使用，也可以像普通的 Python 字典那样使用：

```
>>> s[0]                  # 类似ndarrays
0.7704065892197263
>>> s[1:3]                # 支持切片
b   -0.698040
c    1.977234
dtype: float64
>>> s["c"]                # 通过轴标签访问
1.977233512910388
>>> s.keys()              # 键值只是Series的索引
Index(['a', 'b', 'c', 'd', 'e'], dtype='object')
>>> s.index
Index(['a', 'b', 'c', 'd', 'e'], dtype='object')
```

Series 配备了丰富的方法，包括使用 Matplotlib（11.3 节）的绘图方法。例如，这里是一个使用标准正态分布生成的具有 1000 个值的 Series 直方图：

```
>>> s = pd.Series(rng.standard_normal(1000))
>>> s.hist()
>>> plt.show()
```

除了细微的格式差异外，结果（图 11.21）与 11.3.3 节（图 11.16）中直接创建的直方图基本相同。

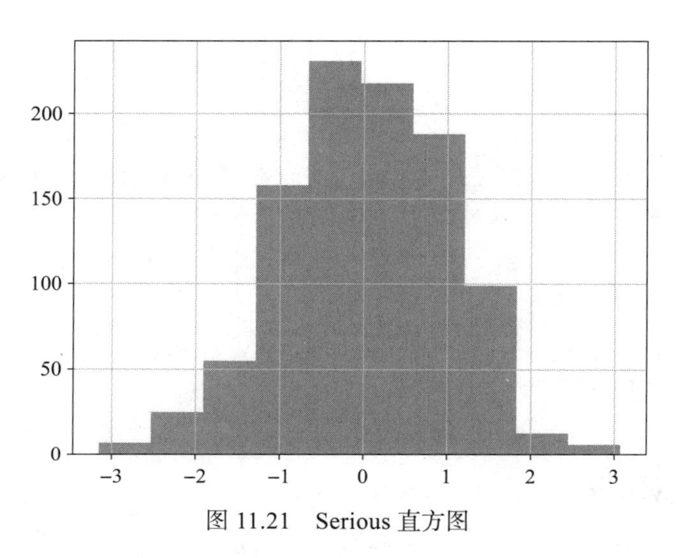

图 11.21　Serious 直方图

DataFrame

另一个主要的 Pandas 对象类型，称为 DataFrame 对象，是 Python 数据分析的核心。DataFrame 可以视为一个包含任意数据类型的二维单元格网格——大致相当于一个 Excel 工作表。为了了解 DataFrame 对象的工作原理，本节将手动创建一些简单的 DataFrame。值得记住的是，实际应用中大多数 DataFrame 对象是通过从文件（甚至是实时 URL）导入数据来创建的，将从 11.5 节开始介绍这种技术。

有很多方法可以初始化或构建适用于相应的大量情况的 DataFrame 数据架构。例如，一种选择是使用 Python 字典进行初始化，如代码清单 11.11 所示。

代码清单 11.11　使用字典初始化 DataFrame

```
>>> from math import tau
>>> from numpy.random import default_rng
>>> rng = default_rng()
>>> df = pd.DataFrame(
...     {
...         "Number": 1.0,
...         "String": "foo",
...         "Angles": np.linspace(0, tau, 5),
...         "Random": pd.Series(rng.standard_normal(5)),
...         "Timestamp": pd.Timestamp("20221020"),
```

```
...         "Size": pd.Categorical(["tiny", "small", "mid", "big", "huge"])
...     })
>>> df
   Number String    Angles    Random  Timestamp    Size
0     1.0    foo  0.000000 -1.954002 2022-10-20    tiny
1     1.0    foo  1.570796  0.967171 2022-10-20   small
2     1.0    foo  3.141593 -1.149739 2022-10-20     mid
3     1.0    foo  4.712389 -0.084962 2022-10-20     big
4     1.0    foo  6.283185  0.310634 2022-10-20    huge
```

这里应用了 11.2.3 节中的 linspace() 方法和两个新的 Pandas 方法，即 TimeStamp（顾名思义）和 Categorical（包含类别变量的值）。结果是一组带有异构数据集的已标记行和列。

可以使用列名作为键访问 DataFrame 列：

```
>>> df["Size"]
0      tiny
1     small
2       mid
3       big
4      huge
```

还可以计算统计数据，例如 Random 列的平均值：

```
>>> df["Random"].mean()
-0.3821796291792846
```

Pandas 中有一个用于获取数据总体概述的有用函数 describe()：

```
>>> df.describe()
       Number    Angles    Random
count     5.0  5.000000  5.000000
mean      1.0  3.141593 -0.382180
std       0.0  2.483647  1.167138
min       1.0  0.000000 -1.954002
25%       1.0  1.570796 -1.149739
50%       1.0  3.141593 -0.084962
75%       1.0  4.712389  0.310634
max       1.0  6.283185  0.96717
```

这可以自动显示总计数、平均值、标准偏差、最小值和最大值，以及每个数值列中间三个四分位数（25%、50% 和 75%）。这些值并不总是有意义——例如，线性间隔角度的标准偏差，实际上并没有描述任何有用的信息——但是 describe() 作为分析的第一步通常很有帮助。从 11.5 节开始，将看到另外两种有用的汇总方法 head() 和 info() 的示例。

另一个有用的方法是 map()，用于将分类值映射到数字。例如，假设“sizes”对应于以盎司为单位的饮料大小，可以将其表示为一个 sizes 字典。然后在“Size”列上使用 map()，将得到所需的结果（代码清单 11.12）。

代码清单 11.12 使用 map() 修改值

```
>>> sizes = {"tiny": 4, "small": 8, "mid": 12, "big": 16, "huge": 24}
>>> df["Size"].map(sizes)
0     4
1     8
2    12
3    16
4    24
```

当应用机器学习算法（11.7 节）时，这种方法特别有价值，机器学习算法通常无法处理分类数据，但可以很好地处理整数或浮点数。

练习

info() 方法提供了 DataFrame 的概述，它与 describe() 是互补的。在代码清单 11.11 中定义的 DataFrame 上运行 df.info() 的结果是什么？

11.5 Pandas 示例：诺贝尔奖获得者

在 11.4 节了解了如何使用 Pandas 以及它能带来什么帮助，但是做任何有趣的事情通常都需要更大的数据集，而手工创建这些数据集很麻烦。相反，最常见的做法是从外部文件加载数据，然后对数据进行分析。因此，在本节和下一节（11.6 节）中，将从最常见的输入格式 CSV 文件（“逗号分隔值”）中读取初始数据。

首先，下载关于诺贝尔奖获得者的数据集，他们通常被称为桂冠（指的是使用月桂树花环来纪念伟大成就的古代做法）。可以在数据分析的同一目录中使用 curl 命令行命令来完成此操作：

```
(venv) $ curl -OL https://cdn.learnenough.com/laureates.csv
```

然后，可以使用 Pandas 的 read_csv() 函数读取数据：

```
>>> nobel = pd.read_csv("laureates.csv")
```

数值列的统计数据没有太大意义，因此 describe() 并不能获得太多信息：

```
>>> nobel.describe()
               id         year       share
count   975.000000   975.000000  975.000000
mean    496.221538  1972.471795    2.014359
std     290.594353    34.058064    0.943909
min       1.000000  1901.000000    1.000000
25%     244.500000  1948.500000    1.000000
50%     488.000000  1978.000000    2.000000
75%     746.500000  2001.000000    3.000000
max    1009.000000  2021.000000    4.000000
```

使用 head() 获得更有用的信息（代码清单 11.13）。

代码清单 11.13 使用 head() 查看诺贝尔奖数据

```
>>> nobel.head()
   id         firstname  ...       city          country
0   1  Wilhelm Conrad  ...     Munich          Germany
1   2       Hendrik A.  ...     Leiden  the Netherlands
2   3           Pieter  ...  Amsterdam  the Netherlands
3   4            Henri  ...      Paris           France
4   5           Pierre  ...      Paris           France
[5 rows x 20 columns]
```

这里使用 head() 方法来查看前几个条目；在 Jupyter notebook 中，可以滚动查看所有列，但在显示终端只能看到少数列。可以使用 info() 获取更多有用的信息：

```
>>> nobel.info()
<class 'pandas.core.frame.DataFrame'>
RangeIndex: 975 entries, 0 to 974
Data columns (total 20 columns):
 #   Column             Non-Null Count  Dtype
---  ------             --------------  -----
 0   id                 975 non-null    int64
 1   firstname          975 non-null    object
 2   surname            945 non-null    object
 3   born               974 non-null    object
 4   died               975 non-null    object
 5   bornCountry        946 non-null    object
 6   bornCountryCode    946 non-null    object
 7   bornCity           943 non-null    object
 8   diedCountry        640 non-null    object
 9   diedCountryCode    640 non-null    object
 10  diedCity           634 non-null    object
 11  gender             975 non-null    object
 12  year               975 non-null    int64
 13  category           975 non-null    object
 14  overallMotivation  23 non-null     object
 15  share              975 non-null    int64
 16  motivation         975 non-null    object
 17  name               717 non-null    object
 18  city               712 non-null    object
 19  country            713 non-null    object
dtypes: int64(3), object(17)
memory usage: 152.5+ KB
```

这里可见列名的完整列表，以及每个列名为非空值的数量。

定位数据

Pandas 最有用的任务之一是定位满足所需条件的数据。例如，可以定位具有特定姓氏的诺贝尔奖获得者。作为加州理工学院的毕业生，这里以加州理工学院最受喜爱的人物形象之一物理学家理查德 · 费曼（发音为“ FINE-m en”）为例。除了在理论物理方面的开创性工作（特别是量子电动力学及其相关的费曼图）之外，费曼还以《费曼物理学讲义》而闻名，该书以一种异常有趣和富有洞察力的方式涵盖了基础物理学课程（力学、热物理学、电动力学等）。

让我们在“surname”列上使用方括号和布尔条件从获奖者数据中找到费曼的记录：⊖

```
>>> nobel[nobel["surname"] == "Feynman"]
    id   firstname  ...          city country
86  86  Richard P.  ...  Pasadena CA     USA
```

这种数组样式的标注将返回完整的记录，以便确定费曼获得诺贝尔奖的年份。在 Jupyter notebook 中，可以直接滚动到侧边并读取信息（图 11.22），但在 REPL 中可以直接查看 year 属性。

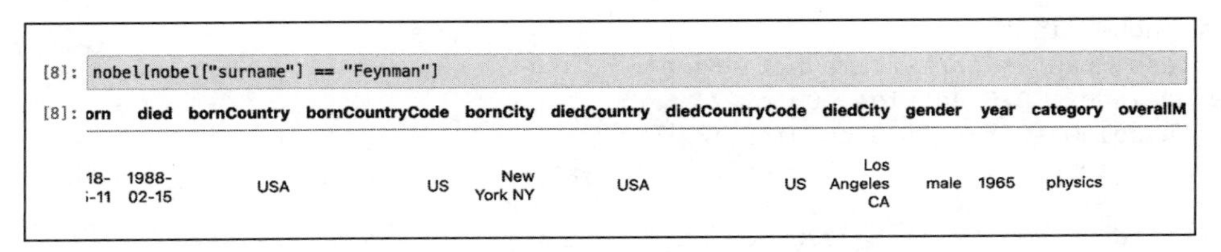

图 11.22 在 Jupyter notebook 中检查 Pandas 记录

```
>>> nobel[nobel["surname"] == "Feynman"].year
86    1965
```

这种方法还允许将其分配给一个变量，这可能比用眼睛检查更有用。

顺便说一下，如下语法可能会有点令人困惑：

```
>>> nobel[nobel["surname"] == "Feynman"]
```

不清楚为什么要两次引用 nobel？答案是：语法的内部部分返回一个 Series 系列（11.4 节），它由每个获奖者的布尔值组成，如果姓氏等于“Feynman”，则为 True，否则为 False：

```
>>> nobel["surname"] == "Feynman"
0      False
1      False
2      False
3      False
4      False
       ...
970    False
971    False
972    False
973    False
974    False
```

⊖ 为简洁起见，通常将省略不重要的输出，例如 [1 行 ×20 列] 和 Name：year，dtype：int64。

通过使用正确的索引（如 86），可以确认这种情况下的值为 True：

```
>>> (nobel["surname"] == "Feynman")[86]
True
```

通过此方式，可以仅选择 nobel[“ surname”]== “ Feynman” 为 True 的诺贝尔值。这与代码清单 11.7 中所示的 isclose() 方法类似，其中使用布尔数组来选择矩阵中接近 0 的元素（并将它们设置为 0）。

获取年份的另一种方法是指定列和布尔标准，可尝试如下操作（仅显示关键输出行）：

```
>>> nobel[nobel["surname"] == "Feynman", "year"]
pandas.errors.InvalidIndexError
```

没起作用，可以使用 loc（“location”）属性完成想要实现的任务：

```
>>> nobel.loc[nobel["surname"] == "Feynman", "year"]
86    1965
```

这将返回总的 id（在此例中是 86）以及感兴趣的列。loc 属性在很多地方可以替代方括号，并且通常是一种更灵活的提取感兴趣数据项的方式。

在完成博士学位后，作者受加州理工学院的导师基普·索恩（Kip Thorne）的邀请，参与费曼的讲座项目工作。基普后来自己也获得了诺贝尔奖，那么来计算一下是哪一年。

可以像费曼那样通过姓氏搜索，但基普坚持被称为“Kip”，因此改为通过名字搜索：

```
>>> nobel.loc[nobel["firstname"] == "Kip"]
Empty DataFrame
```

结果返回空。回顾代码清单 11.13 中的 head()，可以猜测为什么会这样。例如，Hendrik Lorentz 的条目包含了一个中间名的首字母，也许 Kip 在 DataFrame 中的条目也是如此。Kip 的中间名首字母是“S”(代表斯蒂芬)，所以在比较语句中应该包括这一点：

```
>>> nobel.loc[nobel["firstname"] == "Kip S."]
     id firstname surname  ...                        name city country
916  943    Kip S.  Thorne  ...  LIGO/VIRGO Collaboration  NaN     NaN
```

现在可以像查找费曼的条目一样查找年份：

```
>>> nobel.loc[nobel["firstname"] == "Kip S."].year
2017
```

如果恰好不知道基普的中间名首字母（也没有想到在维基百科上查找它）怎么办呢？能够在所有名字中搜索字符串“Kip”会很不错。可以使用 Series.str 来实现这一点，它允许我们在 Series 上使用字符串函数，并结合 contains() 来搜索子字符串（代码清单 11.14）。

代码清单 11.14 通过子字符串查找记录

```
>>> nobel.loc[nobel["firstname"].str.contains("Kip")]
     id firstname surname  ...                        name city country
916  943    Kip S.  Thorne  ...  LIGO/VIRGO Collaboration  NaN     NaN
```

结果并不奇怪，因为这是一个相当不常见的名字，数据集中只有一个“Kip”。那么其他的 Feynmans 呢？可以再试一次，将“firstname”替换为“surname”：

```
>>> nobel.loc[nobel["surname"].str.contains("Feynman")]
ValueError: Cannot mask with non-boolean array containing NA / NaN values
```

返回了一个错误。这是因为获得诺贝尔奖的组织中有大量的 NaN 值：

```
>>> nobel.loc[nobel["surname"].isnull()]
      id                                   firstname  ... city country
465  467              Institute of International Law  ...  NaN     NaN
474  477        Permanent International Peace Bureau  ...  NaN     NaN
479  482    International Committee of the Red Cross  ...  NaN     NaN
480  482    International Committee of the Red Cross  ...  NaN     NaN
.
.
.
```

可以通过将选项 na=False 传递给 contains() 来过滤掉 NaN 和其他不可用的值：

```
>>> nobel.loc[nobel["surname"].str.contains("Feynman", na=False)]
    id   firstname  ...        city country
86  86  Richard P.  ...  Pasadena CA     USA
```

看起来只有一个结果，可以使用 len() 确认：

```
>>> len(nobel.loc[nobel["surname"].str.contains("Feynman", na=False)])
1
```

虽然只有一个名为“Feynman”的诺贝尔奖获得者，但有几个著名的“Curie”（居里），如代码清单 11.15 所示。

代码清单 11.15 在 laureates.csv 数据集中查找 Curies

```
>>> curies = nobel.loc[nobel["surname"].str.contains("Curie", na=False)]
>>> curies
      id firstname  ...   city country
4      5    Pierre  ...  Paris  France
5      6     Marie  ...    NaN     NaN
6      6     Marie  ...  Paris  France
191  194     Irène  ...  Paris  France
```

为方便起见，将结果分配给变量 Curies。例如，获取每个名为 Curies 获奖者的名字和姓氏，如下所示：

```
>>> curies[["firstname", "surname"]]
4     Pierre         Curie
5      Marie         Curie
6      Marie         Curie
191    Irène  Joliot-Curie
```

可见，玛丽·居里（也称为玛丽·斯克沃多夫斯卡 - 居里）[⊖]获得了两个诺贝尔奖。其他的居里获奖者是皮埃尔·居里，玛丽的丈夫，和他们的一个女儿伊雷娜·约里奥 - 居里。（在这个成就非凡的居里家族中，还有一位诺贝尔奖获得者；更多信息参考 11.5 节。）

玛丽·斯克沃多夫斯卡 - 居里是唯一一个获得两项不同科学领域诺贝尔奖的人。接着使用 Pandas 来看看是否还有其他多次诺贝尔奖获得者。研究这个问题的一种方法是使用 groupby() 按姓名对获奖者进行分组，然后使用 size() 方法查看每个名字对应的数量：

```
>>> nobel.groupby(["firstname", "surname"]).size()
firstname   surname
A. Michael  Spence         1
Aage N.     Bohr           1
Aaron       Ciechanover    1
            Klug           1
Abdulrazak  Gurnah         1
                          ..
Youyou      Tu             1
Yuan T.     Lee            1
Yves        Chauvin        1
Zhores      Alferov        1
Élie        Ducommun       1
```

这里显示的所有值均为 1，可以使用 sort_values() 进行排序，以查找任意多项获奖者。

```
>>> nobel.groupby(["firstname", "surname"]).size().sort_values()
firstname     surname
A. Michael    Spence      1
Nicolay G.    Basov       1
Niels         Bohr        1
Niels K.      Jerne       1
Niels Ryberg  Finsen      1
                         ..
Élie          Ducommun    1
Linus         Pauling     2
John          Bardeen     2
Frederick     Sanger      2
Marie         Curie       2
```

上述结果显示有 4 位多项获奖者。

虽然 sort_values() 排序很不错，但如果有太多的多项获奖者，它可能会失败。选择多项获奖者的更通用方法是直接使用布尔条件。可以通过按大小进行相同分组并结合条件 size>1（代码清单 11.16）来实现。请注意，在 groupby() 中添加了“ id”，以考虑到同名的不同人同时获得了诺贝尔奖的情况（太少发生但有可能发生）。

⊖ 尽管在英语资料中通常被称为“玛丽·居里”，但玛丽本人更倾向于使用她的波兰名字，许多欧洲资料（包括波兰资料）都遵循这一惯例。

代码清单 11.16　查找多项诺贝尔奖获奖者

```
>>> laureates = nobel.groupby(["id", "firstname", "surname"])
>>> sizes = laureates.size()
>>> sizes[sizes > 1]
id   firstname  surname
6    Marie      Curie      2
66   John       Bardeen    2
217  Linus      Pauling    2
222  Frederick  Sanger     2
```

从代码清单 11.16 中可见，在分组数据集时，只有四位曾经不止一次获得过诺贝尔奖：弗雷德里克·桑格（化学）、约翰·巴丁（物理）、莱纳斯·鲍林（化学与和平），当然还有玛丽·居里（物理和化学）。（2022 年，当 K. 巴里·夏普莱斯第二次获得诺贝尔化学奖时，出现了第五位多项获奖者。）

选择日期

Pandas 的一大优点是它能够处理时间和时间序列。首先看一下如何选择日期，一种方法是通过精确的生日字符串来搜索获奖者：

```
>>> nobel.loc[nobel["born"] == "1879-03-14"]
    id firstname  ...    city  country
25  26    Albert  ...  Berlin  Germany
```

1879 年出生的诺贝尔奖获得者“阿尔伯特”是不是阿尔伯特·爱因斯坦？通过检查“surname”字段可见[⊖]：

```
>>> nobel.loc[nobel["born"] == "1879-03-14"]["surname"]
Einstein
```

进一步观察，爱因斯坦出生于 3 月 14 日，由于 03-14（或美国日历系统表示法 3/14）与 $\pi \approx 3.14$ 的前三位数字相似，因此有时被称为 π 日。π 日的粉丝们很快就指出这有多么棒。

作为 Tau Day（https://tauday.com/）的创始人，自然有兴趣找到一些出生于 06-28（6/28）的伟大诺贝尔奖获得者，以匹配 $\tau \approx 6.28$ 的前三位数字。这可以通过子字符串搜索（例如代码清单 11.14）来解决，因此在“born”字段上尝试如下操作：

```
>>> nobel.loc[nobel["born"].str.contains("06-08", na=False)]
      id    firstname  ...          city  country
79    79        Maria  ...  San Diego CA      USA
125  126        Klaus  ...     Stuttgart  Germany
281  283  F. Sherwood  ...     Irvine CA      USA
304  306       Alexis  ...   New York NY      USA
598  607        Luigi  ...           NaN      NaN
790  809     Muhammad  ...           NaN      NaN
889  916   William C.  ...    Madison NJ      USA

[7 rows x 20 columns]
```

⊖ 如果正在使用 Jupyter，可以直接从计算单元格的结果中读取全名。

结果为 7 行。然后使用 & 运算符进行逻辑“与”操作，将结果限制为诺贝尔物理学奖获得者，以缩小范围（请注意，此语法与 Python 本身不同（2.4.1 节））：

```
>>> nobel.loc[(nobel["born"].astype('string').str.contains("06-28")) &
...           (nobel["category"] == "physics")]
      id firstname  ...         city  country
79    79     Maria  ...  San Diego CA      USA
125  126     Klaus  ...     Stuttgart  Germany

[2 rows x 20 columns]
```

接下来使用 iloc（“索引位置”）通过其索引编号（即 79）来查看第一条记录：

```
>>> nobel.iloc[79]
id                                                              79
firstname                                                    Maria
surname                                             Goeppert Mayer
born                                                    1906-06-28
died                                                    1972-02-20
.
.
.
```

玛丽亚·格佩特·梅耶因对核壳模型的贡献而获得诺贝尔物理学奖，并且是 Tau Day 的官方物理学家。

说到出生日期，多年来诺贝尔奖获得者的寿命一直是科学研究的主题[㊀]。尽管无法得出关于获得诺贝尔奖对长寿的影响（如果有的话）的任何结论，但可以通过制作获奖者年龄的直方图来了解其分布情况。

首先找到汉斯·贝特（“BAY-tuh”）的记录，他是最长寿的诺贝尔奖获得者之一：

```
>>> bethe = nobel.loc[nobel["surname"] == "Bethe"]
>>> bethe["born"]
88    1906-07-02
>>> bethe["died"]
88    2005-03-06
```

通过手动计算，可以看到贝特活到了 98 岁，但如果要对所有获奖者都这样一一计算，那是非常不切实际的。那么，是否可以通过纯粹的减法计算贝特的年龄：

```
>>> bethe["died"] - bethe["born"]
TypeError: unsupported operand type(s) for -: 'str' and 'str'
```

日期被存储为字符串，所以简单的减法运算不起作用。接下来尝试转换类型为 datatime 对象：

㊀ 详见 Matthew D. Rablen, Andrew J. Oswald. 死亡与永生：诺贝尔奖之地位对寿命影响的实验 [J]. 健康经济学杂志，2008，27（6）：1462-1471。

```
>>> diff = pd.to_datetime(bethe["died"]) - pd.to_datetime(bethe["born"])
>>> diff
88   36042 days
dtype: timedelta64[ns]
```

看起来更有希望，但它是一系列 timedelta64 对象，而不是浮点数。可以通过 dt 直接访问日期时间并使用 days 来查找天数以解决这个问题：

```
>>> diff.dt.days
88    36042
dtype: int64
```

此时，将结果除以 365（或 365.25）可以得到大约的年数，由于闰年的存在，这个数字并不完全正确，因为闰年的天数会根据确切的日期范围而有所不同。幸运的是，NumPy 附带一个名为 timedelta64 的方法，可以自动处理这个问题。

```
>>> diff/np.timedelta64(1, "Y")
88    98.679644
dtype: float64
```

这里 1，“Y”指的是“1 年”的时间增量（变化）。

现在将同样的想法应用于诺贝尔奖获得者的完整名单：

```
>>> nobel["born"] = pd.to_datetime(nobel["born"])
dateutil.parser._parser.ParserError: month must be in 1..12: 1873-00-00
```

这里出现一个错误，因为至少有一个“born”日期的月和年是 00-00。为什么？

```
>>> nobel.loc[nobel["born"] == "1873-00-00"]
      id                          firstname surname  ... name city country
465  467  Institute of International Law     NaN  ...  NaN  NaN     NaN

[1 rows x 20 columns]
>>> nobel.iloc[465].born
>>> nobel.iloc[465].category
465    peace
Name: category, dtype: object
>>> nobel.iloc[465].year
465    1904
Name: year, dtype: int64
```

仔细分析，原因是一个名为国际法学会的组织在 1904 年获得了诺贝尔奖。从“born”日期可见，它成立于 1873 年，但因为它不是一个人，所以诺贝尔数据拒绝指定确切的“出生”日期。

这有点复杂，不能简单地删除像 NaN 和 NaT 这样的不可用值。幸运的是，Pandas 在进行转换时可以强迫或强制转换这些值。可以像这样在原地转换（从而覆盖旧数据）：

```
>>> nobel["born"] = pd.to_datetime(nobel["born"], errors="coerce")
>>> nobel["died"] = pd.to_datetime(nobel["died"], errors="coerce")
```

现在再次检查国际法学会的值：

```
>>> nobel.iloc[465].born
NaT
```

强制将无效日期转换为非时间表达非常合适，因为在绘制直方图时会自动忽略这些值。

此时，已经准备好通过减去日期时间并除以 NumPy 的神奇时间增量来计算获奖者的寿命了。

```
>>> nobel["lifespan"] = (nobel["died"] - nobel["born"])/np.timedelta64(1, "Y")
```

请注意，这将在 nobel DataFrame 中动态创建一个新的“lifespan”列。可以通过对贝特所做的计算来进行检验：

```
>>> bethe = nobel.loc[nobel["surname"] == "Bethe"]
>>> bethe["lifespan"]
88    98.679644
```

可见，贝特的寿命与之前的计算结果相符。

现在已准备好绘制直方图了，只需要使用“lifespan”列调用 hist() 即可（代码清单 11.17）。

代码清单 11.17　生成寿命直方图的代码

```
>>> nobel.hist(column="lifespan")
array([[<AxesSubplot:title={'center':'lifespan'}>]], dtype=object)
>>> plt.show()
```

结果如图 11.23 所示。正如该主题研究所预期的那样，诺贝尔奖获得者的寿命偏向正常范围的上限。

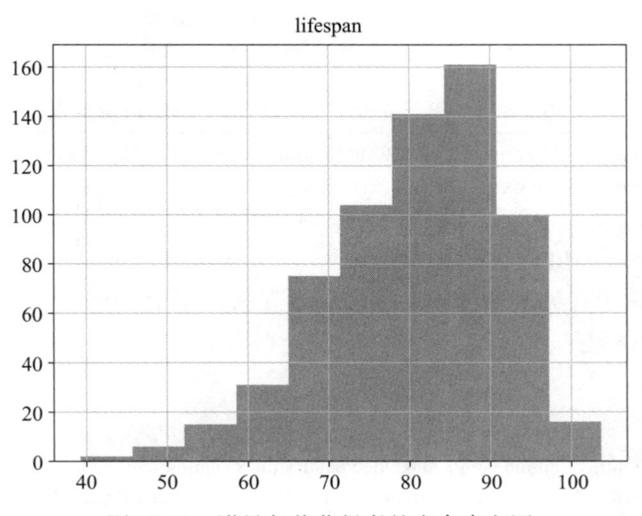

图 11.23　诺贝尔奖获得者的寿命直方图

练习

1. 确认与妻子 Irène 一起获得 1935 年诺贝尔化学奖的 Frédéric Joliot-Curie 出现在 laureates.csv 数据集中。为什么在代码清单 11.15 中搜索 Curies 时没找到他？提示：搜索“ firstname”等于“Frédéric”的条目（确保包含正确的重音符号）。

2. 验证在代码清单 11.16 之后引用的诺贝尔奖类别是正确的（例如，Frederick Sanger 的诺贝尔奖确实是化学奖等）。

3. 在代码清单 11.17 中，如果只是调用 nobel.hist()，而不指定列，会发生什么？

11.6 Pandas 示例：泰坦尼克号

第二个 Pandas 示例使用了 1912 年 RMS 泰坦尼克号悲惨沉船事件的生存数据。这是 Pandas 文档自身使用的一个标准数据集[⊖]，并且已经被广泛分析，使得“谷歌搜索”算法异常有效。

像之前一样，第一步先下载数据，可以直接从网上下载，如代码清单 11.18 所示。（从 9.2 节可见，request.get() 自动遵循重定向，但 read_csv() 不会。因此代码清单 11.18 使用了原始的亚马逊 S3 URL。）

让我们看看 head() 方法：

```
>>> titanic.head()
   PassengerId  Survived  Pclass  ...     Fare Cabin  Embarked
0            1         0       3  ...   7.2500   NaN         S
1            2         1       1  ...  71.2833   C85         C
2            3         1       3  ...   7.9250   NaN         S
3            4         1       1  ...  53.1000  C123         S
4            5         0       3  ...   8.0500   NaN
```

代码清单 11.18 直接从（原始 S3）URL 读取数据

```
>>> URL = "https://learnenough.s3.amazonaws.com/titanic.csv"
>>> titanic = pd.read_csv(URL)
```

数据按照 PassengerId 进行索引，但这不是很有意义，可以通过重新读取数据并按 Name 进行索引来赋予它更个性化的处理。实现方法是使用 index_col 指定索引列（代码清单 11.19）。

⊖ 数据集可以在 https://github.com/pandas-dev/pandas/blob/main/doc/data/titanic.csv 上找到，与诺贝尔奖获得者的数据一样，将采用《Learn Enough CDN》中的版本，以确保最大的兼容性，以防 Pandas 版本发生变化或无效。

代码清单 11.19 设置自定义索引列

```
>>> titanic = pd.read_csv(URL, index_col="Name")
>>> titanic.head()
                                                   PassengerId  ...  Embarked
Name                                                            ...
Braund, Mr. Owen Harris                                      1  ...         S
Cumings, Mrs. John Bradley (Florence Briggs Tha...           2  ...         C
Heikkinen, Miss. Laina                                       3  ...         S
Futrelle, Mrs. Jacques Heath (Lily May Peel)                 4  ...         S
Allen, Mr. William Henry                                     5  ...         S
```

可以查看每位乘客“Survived”列的值，无论他们是否幸存：

```
>>> titanic.iloc[0]["Survived"]
0
>>> titanic.iloc[1]["Survived"]
1
```

这里 1 代表“Survived”幸存，0 代表“Didn't Survived”未幸存，它遵循分类的标准做法，每个条目只取两个值之一（即所谓的“二进制预测器”“指示变量”或“虚拟变量”）。

由于编码的选择，“Survived”属性的平均值就是总生存率。

$$\text{生存率}=\sum_{i=1}^{N}\frac{\text{幸存者总数}}{\text{乘客总数}}=\frac{\text{“Survived”列求和}}{N}$$

因此，可以通过对“Survived”列调用 mean() 来获得总生存率：

```
>>> titanic["Survived"].mean()
0.3838383838383838
```

因此，泰坦尼克号灾难的生存率约为 38%。

来看看生存率是如何受到适用于乘客的一些变量影响的，从使用 info() 获取信息开始：

```
>>> titanic.info()
<class 'pandas.core.frame.DataFrame'>
Index: 891 entries, Braund, Mr. Owen Harris to Dooley, Mr. Patrick
Data columns (total 11 columns):
 #   Column       Non-Null Count  Dtype
---  ------       --------------  -----
 0   PassengerId  891 non-null    int64
 1   Survived     891 non-null    int64
 2   Pclass       891 non-null    int64
 3   Sex          891 non-null    object
 4   Age          714 non-null    float64
 5   SibSp        891 non-null    int64
 6   Parch        891 non-null    int64
 7   Ticket       891 non-null    object
 8   Fare         891 non-null    float64
 9   Cabin        204 non-null    object
```

```
 10  Embarked     889 non-null    object
dtypes: float64(2), int64(5), object(4)
```

从生存率的角度来看，最有趣的列可能是乘客等级（“Pclass”）、性别（“Sex”）和年龄（“Age”）。

使用 Pandas 发现乘客等级由三个类别组成：

```
>>> titanic["Pclass"].unique()
array([3, 1, 2])
```

这些代表了一等、二等和三等船票，对应着从最高到最低的住宿质量。

如果按等级进行 groupby() 分组，可查看生存率是如何变化的：

```
>>> titanic.groupby("Pclass")["Survived"].mean()
Pclass
1    0.629630
2    0.472826
3    0.242363
```

因此，生存率因船票等级而异，一等乘客的生存率为 62.9%，三等乘客的生存率仅为 24.2%。通过绘制生存率的柱状图来进一步可视化这个结果。每个 Pandas 系列对象都有一个 plot 属性，可调用 bar() 来制作柱状图，它自动包括柱状标签。柱高由每个分类变量的高度值给出，在此示例中为刚刚计算的生存率：

```
>>> survival_rates = titanic.groupby("Pclass")["Survived"].mean()
>>> survival_rates.plot.bar()
>>> plt.show()
```

执行结果如图 11.24 所示。

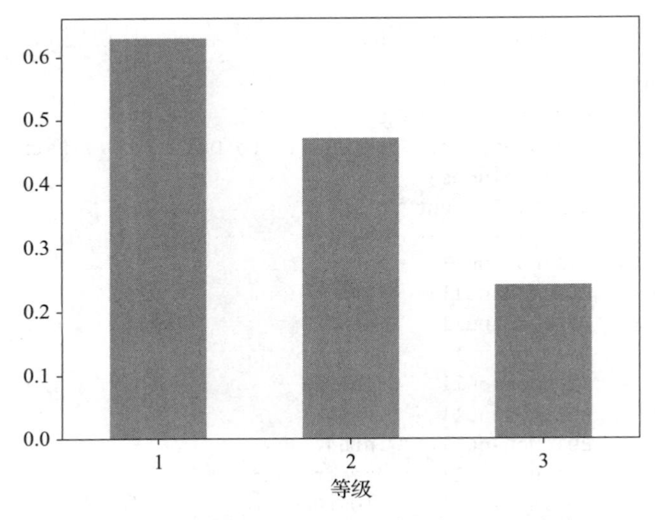

图 11.24　按乘客等级划分的泰坦尼克号生存率

可以将类似的技术应用于分类变量“性别”：

```
>>> titanic["Sex"].unique()
array(['male', 'female'], dtype=object)
```

制作柱状图的代码基本相同，但使用“sex”而不是“Pclass”进行分组：

```
>>> survival_rates = titanic.groupby("Sex")["Survived"].mean()
>>> survival_rates.plot.bar()
>>> plt.subplots_adjust(bottom=0.20)
>>> plt.show()
```

在这里，subplots_adjust() 这一行可能是必要的，以留出足够的空间，使其在某些系统上正确显示 x 轴上的标签。结果如图 11.25 所示，女性乘客的生存率明显高于男性乘客。

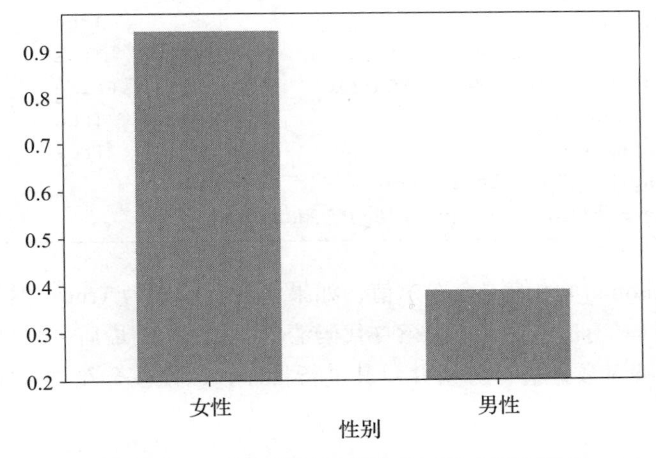

图 11.25　按乘客性别划分的泰坦尼克号生存率

现在来看看感兴趣的第三个主要变量：年龄。等级和性别变量是分类变量，这使得创建柱状图很容易，但“Age”变量是数字变量，所以必须对数据进行分箱，类似制作直方图（11.3.3 节）。

泰坦尼克号乘客的年龄从婴儿到 80 岁不等：

```
>>> titanic["Age"].min()
0.42
>>> titanic["Age"].max()
80.0
```

此时，必须决定要使用多少个箱子。使用 7 个箱子会使第一个箱子顶部的年龄大约为 11：

```
>>> (titanic["Age"].max() - titanic["Age"].min())/7
11.368571428571428
```

这对于“儿童”来说是一个合理的截止点。

接下来对数据进行分箱，可以使用一个称为 cut() 的 Pandas 方法实现。首先选择有效年龄的乘客，可以使用 notna() 方法来确保年龄是可用的（代码清单 11.20）。

代码清单 11.20 仅选择可用的值

```
>>> titanic["Age"].notna()
Name
Braund, Mr. Owen Harris                                 True
Cumings, Mrs. John Bradley (Florence Briggs Thayer)     True
Heikkinen, Miss. Laina                                  True
Futrelle, Mrs. Jacques Heath (Lily May Peel)            True
Allen, Mr. William Henry                                True
                                                       ...
Montvila, Rev. Juozas                                   True
Graham, Miss. Margaret Edith                            True
Johnston, Miss. Catherine Helen "Carrie"               False
Behr, Mr. Karl Howell                                   True
Dooley, Mr. Patrick                                     True
Name: Age, Length: 891, dtype: bool
>>> valid_ages = titanic[titanic["Age"].notna()]
```

titanic[“Age”].notna() 的值包含布尔值，如果年龄有效则为 True，然后将其用作 titanic 对象的索引，仅选择具有有效年龄的乘客（代码清单 11.20 中的最后一行）。

接下来，按年龄对数据进行分组并对其进行排序，以便在分箱之前将具有相似年龄的行放在一起：

```
>>> sorted_by_age = valid_ages.sort_values(by="Age")
```

这步很必要，否则程序将根据乘客姓名对年龄进行分箱，这没有任何意义，因为它会将完全不相关年龄的乘客混合在同一箱中。

接下来使用 cut() 将数据放入所需数量的箱子中：

```
>>> sorted_by_age["Age range"] = pd.cut(sorted_by_age["Age"], 7)
```

最后，通过按箱分组并找到“ Survived”列的平均值来计算每个箱的生存率（请记住，这之所以可行，是因为 1=Survived, 0=Didn't Survive 的编码通常用于二元预测器）：

```
>>> survival_rates = sorted_by_age.groupby("Age range")["Survived"].mean()
```

此时，可以使用与等级和性别相同的条形图技术（通过底部调整以使标签适合）：

```
>>> survival_rates.plot.bar()
>>> plt.subplots_adjust(bottom=0.33)
>>> plt.show()
```

结果如图 11.26 所示。

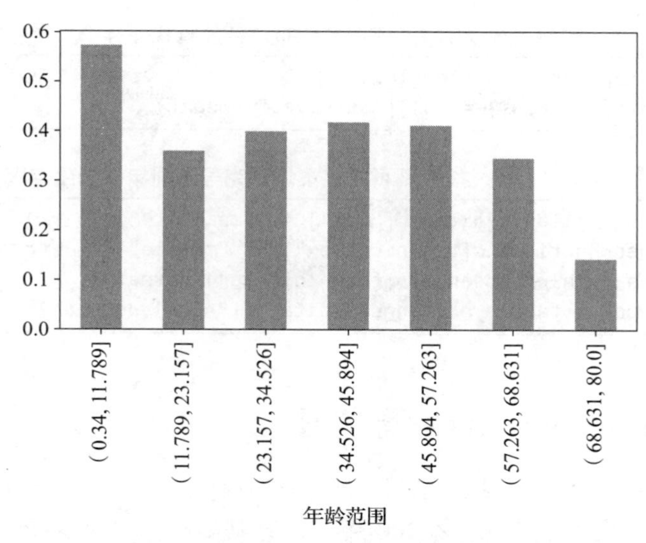

图 11.26　按乘客年龄划分的泰坦尼克号生存率

从图 11.26 中可见，最年轻乘客的生存率最高，大多数成年人的生存率基本相同，然后最高年龄段的生存率急剧下降。但男性乘客的年龄也偏大：

```
>>> titanic[titanic["Sex"] == "male"]["Age"].mean()
30.72664459161148
>>> titanic[titanic["Sex"] == "female"]["Age"].mean()
27.915708812260537
```

从图 11.25 中可知，男性乘客的生存率也较低，因此这可以解释部分年龄差异。在 11.7 节中将看到一种单独检查每个变量相对贡献的方法。

练习

1. 使用代码清单 11.21 中的代码确认，泰坦尼克号三等舱女性乘客的生存率为 50%。这与头等舱男性乘客的生存率相比如何？

2. 按年龄划分，制作如图 11.26 所示两个版本的泰坦尼克号不同年龄生存率条形图，一版针对男性乘客，一版针对女性乘客。提示：定义性别特定变量，如代码清单 11.22 所示，并在分别对 male_ 和 female_ 变量重复代码清单 11.20 之后的分析。

3. 哈佛大学的威德纳图书馆是由埃莉诺・埃尔金斯・威德纳（Eleanor Elkins Widener）建造的，她在泰坦尼克号沉船事故中幸存了下来，该图书馆用以纪念她未能幸存的儿子哈里。使用类似代码清单 11.14 中的子字符串搜索，显示哈里在泰坦尼克号数据集中，但埃莉诺不在。哈里去世时多大？提示：可以搜索包含子字符串“ Widener”的名称，但由于代码清单 11.19 中将“ Name”设置为索引列，因此在搜索中应使用 titanic.index，而不是 titanic[“Name”]。

代码清单 11.21 使用多个布尔条件查找生存率

```
titanic[(titanic["Sex"] == "female") &
        (titanic["Pclass"] == 3)]["Survived"].mean()
```

代码清单 11.22 按性别可视化泰坦尼克号不同年龄的生存率

```
male_passengers = titanic[titanic["Sex"] == "male"]
female_passengers = titanic[titanic["Sex"] == "female"]
valid_male_ages = male_passengers[titanic["Age"].notna()]
valid_female_ages = female_passengers[titanic["Age"].notna()]
```

11.7 基于 scikit-learn 的机器学习

本节简要介绍了机器学习，机器学习是涉及程序根据数据输入“学习”的计算领域。

机器学习是一个庞大的主题，本章内容只是其基础部分。与本章中的其他部分一样，主要价值在于熟悉相关的 Python 包，它称为 scikit-learn。

在 11.6 节的泰坦尼克号分析的基础上，将首先查看线性回归的示例（11.7.1 节），然后考虑更复杂的机器学习模型（11.7.2 节），最后以聚类算法的示例结束，这只是 scikit-learn 擅长的许多其他主题中的一个示例。

11.7.1 线性回归

本节将使用 scikit-learn 执行线性回归，以找到一组数据的最佳拟合（对于“最佳”的适当定义）[㊀]。将线性回归称为“机器学习”有时被认为是一种内部笑话，因为该技术相对简单且已经使用了多年。然而，这是一个很好的起点。

与 11.6 节一样，将使用泰坦尼克号的生存数据。首先导入必要的库并创建一个 titanic DataFrame：

```
>>> import numpy as np
>>> import pandas as pd
>>> import matplotlib.pyplot as plt
>>> URL = "https://learnenough.s3.amazonaws.com/titanic.csv"
>>> titanic = pd.read_csv(URL)
```

当前目标是考虑年龄对生存率的影响。首先绘制生存率与年龄的散点图（11.3.2 节），然后使用 scikit-learn 找到最适合数据的线性拟合。

首先只选择感兴趣的列“ Age”和“ Survived”。然后，作为数据清理的基本事项，将仅考虑已知年龄的乘客，因此将使用 dropna()（11.4 节）来删除 NaN 值：

㊀ 这部分灵感源于 Mirko Stojiljković 的《Python 中的线性回归》。

```
>>> passenger_age = titanic[["Age" , "Survived"]].dropna()
>>> passenger_age.head()
    Age  Survived
0  22.0         0
1  38.0         1
2  26.0         1
3  35.0         1
4  35.0         0
```

对于图中 x 轴，将使用幸存者的年龄，通过计算 passenger_age[“ Age”] 的唯一值来获得该年龄，然后将其按递减顺序排列：

```
>>> passenger_ages = passenger_age["Age"].unique()
>>> passenger_ages.sort()
>>> passenger_ages
array([ 0.42,  0.67,  0.75,  0.83,  0.92,  1.  ,  2.  ,  3.  ,  4.  ,
        5.  ,  6.  ,  7.  ,  8.  ,  9.  , 10.  , 11.  , 12.  , 13.  ,
       14.  , 14.5 , 15.  , 16.  , 17.  , 18.  , 19.  , 20.  , 20.5 ,
       21.  , 22.  , 23.  , 23.5 , 24.  , 24.5 , 25.  , 26.  , 27.  ,
       28.  , 28.5 , 29.  , 30.  , 30.5 , 31.  , 32.  , 32.5 , 33.  ,
       34.  , 34.5 , 35.  , 36.  , 36.5 , 37.  , 38.  , 39.  , 40.  ,
       40.5 , 41.  , 42.  , 43.  , 44.  , 45.  , 45.5 , 46.  , 47.  ,
       48.  , 49.  , 50.  , 51.  , 52.  , 53.  , 54.  , 55.  , 55.5 ,
       56.  , 57.  , 58.  , 59.  , 60.  , 61.  , 62.  , 63.  , 64.  ,
       65.  , 66.  , 70.  , 70.5 , 71.  , 74.  , 80.  ])
```

此时，准备计算每个年龄段的生存率：

```
>>> survival_rate = passenger_age.groupby("Age")["Survived"].mean()
```

从中间截取一部分，作为实际检验：

```
>>> survival_rate.loc[30:40]
Age
30.0    0.400000
30.5    0.000000
31.0    0.470588
32.0    0.500000
32.5    0.500000
33.0    0.400000
34.0    0.400000
34.5    0.000000
35.0    0.611111
36.0    0.500000
36.5    0.000000
37.0    0.166667
38.0    0.454545
39.0    0.357143
40.0    0.461538
Name: Survived, dtype: float64
```

看起来，37 岁的人的生存率约为 1/6 ≈ 16.7%。

正如 11.3.2 节所指出的，散点图是获取数据概览的好方法：

```
>>> fig, ax = plt.subplots()
>>> ax.scatter(passenger_ages, survival_rate)
>>> plt.show()
```

执行结果如图 11.27 所示：

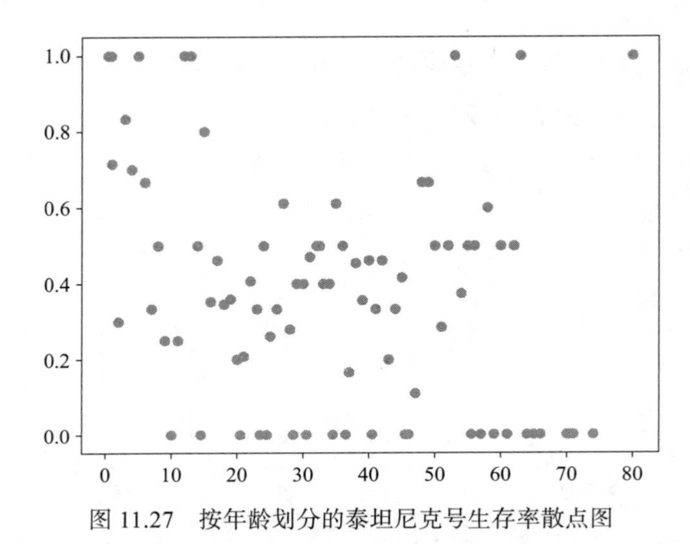

图 11.27　按年龄划分的泰坦尼克号生存率散点图

在图 11.27 中，似乎存在总体下降的趋势，这与图 11.26 中的条形图一致。可以使用 scikit-learn 中的 LinearRegression 模型来量化这种趋势（代码清单 11.23）。[1]

代码清单 11.23　导入线性回归模型

```
>>> from sklearn.linear_model import LinearRegression
```

现在将根据年龄和生存率定义变量 X 和 Y，作为 scikit-learn 回归模型的输入[2]。scikit-learn 模型预期的输入格式是 X 的一维数组和 Y 的常规 NumPy ndarray。前者正是在 11.2 节中使用 reshape((−1, 1)) 方法创建的格式（代码清单 11.4）：

```
>>> X = np.array(passenger_ages).reshape((-1, 1))
>>> X[:10]     # 将前10个年龄作为实际检验
array([[0.42],
       [0.67],
       [0.75],
       [0.83],
```

[1] SciPy 也有一个线性回归函数（scipy.stats.linregress），但在本节中，将使用 scikit-learn 中的一个函数，以便与 11.7.2 节中的更高级模型统一起来。

[2] 回归变量的大写约定相当复杂，更多信息请参考 https://stats.stackexchange.com/questions/389395/why-uppercase-for-x-and-lowercase-for-y。

```
       [0.92],
       [1.  ],
       [2.  ],
       [3.  ],
       [4.  ],
       [5.  ]])
```

与此同时，定义 Y 要简单得多：

```
>>> Y = np.array(survival_rate)
```

此时，准备使用线性回归来找到模型与数据的最佳拟合：

```
>>> model = LinearRegression()
>>> model.fit(X, Y)
LinearRegression()
```

计算结果包括确定系数，也称作 R^2（由于技术原因），它是皮尔逊相关系数的平方，可以取 -1 和 1 之间的任意值，其中 1 表示完全相关，-1 表示完全反相关。R^2 作为模型的 score() 使用：

```
>>> model.score(X, Y)     # 确定系数R²
0.13539675574075116
```

R^2 值为 0.135 虽然较小但并非可忽略不计，重要的是要记住解释 R^2 的困难性。

可以通过绘制回归线来直观地表示拟合情况。该线的斜率和截距可通过模型的 coef_ 和 intercept_ 属性获得：

```
>>> m = model.coef_
>>> b = model.intercept_
```

名称后面的下划线是 scikit-learn 的属性约定，仅在使用 model.score() 应用模型后可用。

这里使用标准名称 m 和 b 命名斜率和截距，用于描述 xy 平面中的一条直线：

$$y=mx+b \quad \text{直线方程}$$

可以将这条线与图 11.27 中的散点图结合起来，以可视化拟合情况（此处为便于复制，未包含 REPL 提示符）：

```
fig, ax = plt.subplots()
ax.scatter(passenger_ages, survival_rate)
ax.plot(passenger_ages, m * passenger_ages + b, color="orange")
ax.set_xlabel("Age")
ax.set_ylabel("Survival Rate")
ax.set_title("Titanic survival rates by age")
plt.show()
```

结果如图 11.28 所示。正如适当的 R^2 值所示，图 11.28 中的拟合还不错但不是最好。显然，生存率与年龄的相关性还不够理想，在 11.6 节中发现性别和乘客等级对生存率都有显著影响。将在 11.7.2 节中使用更复杂的学习模型进一步研究这些关系。

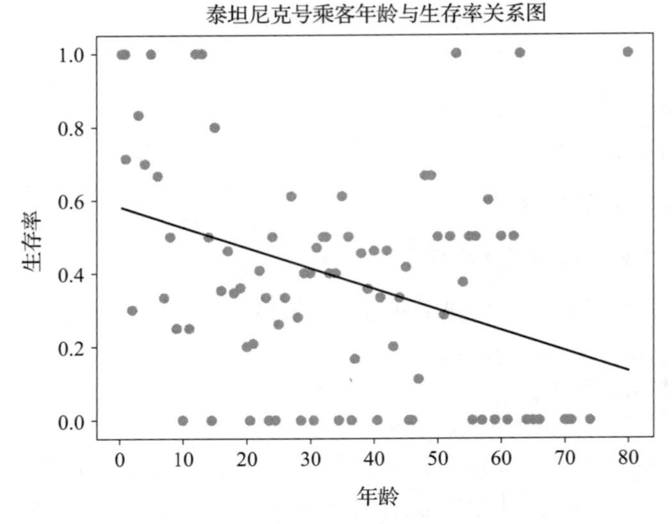

图 11.28　为图 11.27 添加回归线（和标签）

11.7.2　机器学习模型

在 11.6 节中，使用 Pandas 发现了泰坦尼克号生存率与乘客等级（“Pclass”）、性别（“Sex”）和年龄（“Age”）等关键变量之间的关联。在 11.7.1 节中，计算了生存率与年龄之间的线性回归，但线性回归模型的预测能力相当有限。本节将研究更复杂的学习模型，这些模型将产生更好的预测结果。

与前面内容一样，将导入必要的包并创建必要的 DataFrame（为了便于复制，未显示 REPL 提示）：

```
import numpy as np
import pandas as pd
import matplotlib.pyplot as plt


URL = "https://learnenough.s3.amazonaws.com/titanic.csv"
titanic = pd.read_csv(URL)
```

scikit-learn 支持大量不同的模型，都可以尝试。对这些模型的详细讨论超出了本书的范围，以下为本节中考虑的一些模型，以及更多信息的链接：

- 逻辑回归（https://stats.stackexchange.com/questions/389395/whyuppercase-for-x-and-lowercase-for-y）。
- 朴素贝叶斯（https://en.wikipedia.org/wiki/Naive_Bayes_classifier）。
- 感知机（https://en.wikipedia.org/wiki/Perceptron）。
- 决策树（https://en.wikipedia.org/wiki/Decision_tree）。
- 随机森林（https://en.wikipedia.org/wiki/Random_forest）。

这些模型被选为不同类型候选算法的代表性样本。唯一的例外是随机森林（Random Forest），就我们的数据集而言，它相当于决策树，但之所以保留，是因为“Random Forest”听起来真的很酷（将在 11.7 节练习中讨论何时以及在多大程度上与决策树不同）。

要在训练 DataFrame 上使用各种模型，首先需要从 scikit-learn 中导入它们，这可以通过 sklearn 包获得（代码清单 11.24）。

代码清单 11.24　导入学习模型

```
from sklearn.linear_model import LogisticRegression
from sklearn.naive_bayes import GaussianNB
from sklearn.linear_model import Perceptron
from sklearn.tree import DecisionTreeClassifier
from sklearn.ensemble import RandomForestClassifier
```

注意这些导入语句与 11.7.1 节用于线性回归的语句之间的相似性（代码清单 11.23）。

此时，需要将数据转换为 scikit-learn 学习模型所需的输入格式。因为要关注等级、性别和年龄对生存率的影响，所以第一步是删除不会考虑的列。为了方便起见，在列表中放入相应的列名，然后对其进行迭代，使用 pandas drop() 方法删除相应的列（按照惯例，这里 axis=1；axis=0 默认将尝试删除一行）：

```
dropped_columns = ["PassengerId", "Name", "Cabin", "Embarked",
                   "SibSp", "Parch", "Ticket", "Fare"]

for column in dropped_columns:
    titanic = titanic.drop(column, axis=1)
```

与通常忽略 NaN 和 NaT 等不可用值的直方图等不同，如果给出无效值，学习模型就会出错。为了避免这种不幸的情况，将使用代码清单 11.20 中相同的技巧，并使用 notna() 方法重新定义 DataFrames，仅包含非 Not Avable 的值（如代码清单 11.20 所示）：

```
for column in ["Age", "Sex", "Pclass"]:
    titanic = titanic[titanic[column].notna()]
```

模型错误的另一个原因是原始分类值，如男性和女性，模型不知道如何处理。为了解决这个问题，将使用代码清单 11.12 中看到的 pandas map() 方法将这些类别与数字关联起来：

```
sexes = {"male": 0, "female": 1}
titanic["Sex"] = titanic["Sex"].map(sexes)
```

如果使用字符串“first”“second”和“third”来表示等级，那么必须对该变量执行类似的操作，但幸运的是，它已经使用整数 1、2 和 3 表示。这意味着已经准备好进入下一步，即准备数据。自变量是等级、性别和年龄，而因变量是生存率。按照通常的惯例，分别称它们为 X 和 Y：

```
X = titanic.drop("Survived", axis=1)
Y = titanic["Survived"]
```

请注意，已经从 X 训练变量中删除了因变量“ Survived”列，因为这正是试图预测的内容。

在应用学习模型算法之前，先看一下所有内容，以确保数据看起来合理：

```
print(X.head(), "\n----\n")
print(Y.head(), "\n----\n")
   Pclass  Sex   Age
0       3    0  22.0
1       1    1  38.0
2       3    1  26.0
3       1    1  35.0
4       3    0  35.0
----

0    0
1    1
2    1
3    1
4    0
Name: Survived, dtype: int64
----
```

启发这个例子的原始竞赛涉及提供创建模型的训练数据，然后将其应用于竞赛参与者无法获取的测试数据。由于这部分不属于该竞赛，因此将给定的数据分为单独的训练和测试数据集。使用此类单独的数据集有助于防止过拟合，过拟合涉及使用太多的自由参数，以至于模型在原始数据集之外没有预测价值——正如伟大的约翰 · 冯 · 诺依曼曾经打趣说：“用四个参数我可以拟合一头大象，用五个参数我可以让它扭动鼻子。”（还将介绍称为交叉验证的第二种防止过拟合的方法。）

scikit-learn 中用于进行训练 / 测试分割的主要方法称为 train_test_split( )，它返回四个值，分别由 X 和 Y 中每一个训练和测试变量组成：

```
from sklearn.model_selection import train_test_split
(X_train, X_test, Y_train, Y_test) = train_test_split(X, Y, random_state=1)
```

因为 train_test_split() 在分割数据之前会对数据进行混合，所以设置了 random_state 选项，以便与文本中显示的结果一致。

此时，已经准备好在训练数据上尝试各种模型，并查看将其应用于测试数据时的拟合准确率。策略是为代码清单 11.24 中导入的每个模型定义实例，计算训练数据的 fit( )，然后查看该模型在测试数据上的 score( )。然后，比较分数以比较模型的准确率。

首先是逻辑回归：

```
logreg = LogisticRegression()
logreg.fit(X_train, Y_train)
accuracy_logreg = logreg.score(X_test, Y_test)
```

接下来是（高斯）朴素贝叶斯：

```
naive_bayes = GaussianNB()
naive_bayes.fit(X_train, Y_train)
accuracy_naive_bayes = naive_bayes.score(X_test, Y_test)
```

然后是感知机：

```
perceptron = Perceptron()
perceptron.fit(X_train, Y_train)
accuracy_perceptron = perceptron.score(X_test, Y_test)
```

然后是决策树：

```
decision_tree = DecisionTreeClassifier()
decision_tree.fit(X_train, Y_train)
accuracy_decision_tree = decision_tree.score(X_test, Y_test)
```

最后是随机森林（与 train_test_split() 一样使用 random_state 选项来获得一致的结果）：

```
random_forest = RandomForestClassifier(random_state=1)
random_forest.fit(X_train, Y_train)
accuracy_random_forest = random_forest.score(X_test, Y_test)
```

接下来创建一个 DataFrame 来保存和显示结果（再次省略提示符以便更容易复制）：

```
results = pd.DataFrame({
    "Model": ["Logistic Regression", "Naive Bayes", "Perceptron",
              "Decision Tree", "Random Forest"],
    "Score": [accuracy_logreg, accuracy_naive_bayes, accuracy_perceptron,
              accuracy_decision_tree, accuracy_random_forest]})
result_df = results.sort_values(by="Score", ascending=False)
result_df = result_df.set_index("Score")
result_df
```

结果如代码清单 11.25 所示。

代码清单 11.25　模型准确率结果

```
分数        模型
0.854749  决策树
0.854749  随机森林
0.787709  逻辑回归
0.770950  朴素贝叶斯
0.743017  感知机
```

可见决策树和随机森林在最准确的分数上并列，其次是逻辑回归和朴素贝叶斯，感知机紧随其后。不过，这些模型结果足够接近，random_state 的不同值很容易影响它们的顺序。

一旦执行了 fit()，就可以查看每个因素在确定模型结果时的重要性。例如，对于随机森林模型，重要性如下：

```
>>> random_forest.feature_importances_
array([0.16946036, 0.35821155, 0.47232809])
>>> X_train.columns
Index(['Pclass', 'Sex', 'Age'], dtype='object')
```

将这些列与重要性进行比较，发现“ Age”是最大的因素，紧随其后的是“ Sex”，而“ Pclass”则远远落后位于第三位（重要性是第二高因素的一半）。也可以将结果可视化为条形图：

```
>>> fig, ax = plt.subplots()
>>> ax.bar(X_train.columns, random_forest.feature_importances_)
<BarContainer object of 3 artists>
>>> plt.show()
```

之前的 bar() 示例是通过 Pandas 接口实现的，在这里 Matplotlib 也支持条形图。（这并不奇怪，正如 11.4 节所述，Pandas 在底层使用 Matplotlib。）结果如图 11.29 所示。

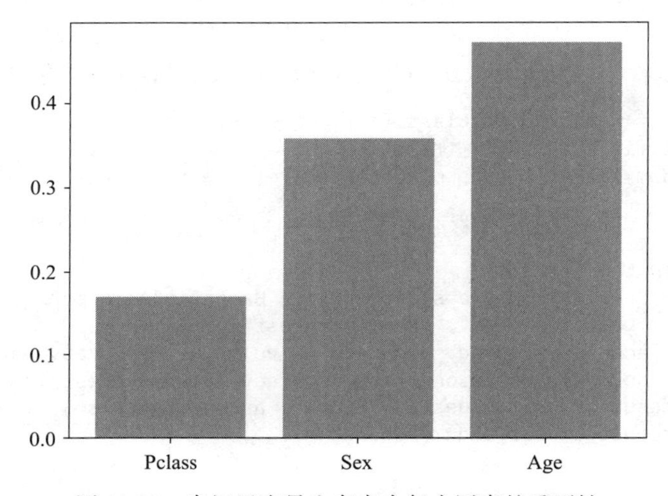

图 11.29　泰坦尼克号生存率中每个因素的重要性

交叉验证

如前所述，将数据分为训练集和测试集，是防止过拟合的一种方法。另一种避免“拟合大象”（根据冯·诺依曼的俏皮话）的常见技术称为交叉验证。基本思想是将原始训练数据人为地分解为新的训练集和测试集，在训练数据上训练模型，然后使用模型预测测试数据。如果在多个不同的随机选择的训练和测试子集上进行此操作，产生的结果相当一致，那么就可以更有信心地相信该模型确实有效。

由于这是一种常见的技术，scikit-learn 附带了一个预定义的例程，用于执行交叉验证，称为 cross_val_score：

```
>>> from sklearn.model_selection import cross_val_score
```

该方法实现了所谓的 K 折叠交叉验证，它包括将数据分为 K 个部分或“折叠”，使用 $K-1$ 个部分来训练模型，然后预测最后一部分的值以评估准确率。默认值是 5，这对实验目的来说已经足够了，因此只需要将分类器实例和训练数据传递给函数即可。此例将使用随机森林，因为它并列第一（而且，如前所述，有一个特别酷的名字）：

```
>>> random_forest = RandomForestClassifier(random_state=1)
>>> scores = cross_val_score(random_forest, X, Y)
>>> scores
array([0.75524476, 0.8041958, 0.82517483, 0.83216783, 0.83098592])
>>> scores.mean()
0.8095538264552349
>>> scores.std()
0.028958338744358988
```

随机森林模型的平均准确率接近 81%，标准差略低于 3%，因此可以合理地得出结论，随机森林模型是泰坦尼克号生存数据的准确预测器。

11.7.3　*k*- 均值聚类

最后一个示例是聚类算法，这只是 scikit-learn 能够完成的众多惊人功能之一[⊖]。首先导入演示聚类算法时常用的实用方法 make_blobs()，在本例中，由划分成 4 个集群的 300 个点组成：

```
>>> from sklearn.datasets import make_blobs
>>> X, _ = make_blobs(n_samples=300, centers=4, random_state=42)
```

请注意，还传递了一个 random_state 参数，该参数用作集群的种子以确保结果的一致性（结果可能差异很大）。

可以通过绘制第二列与第一列的关系图以了解 make_blobs() 创建的数据“集群”特征：

```
>>> fig, ax = plt.subplots()
>>> ax.scatter(X[:, 0], X[:, 1])
>>> plt.show()
```

结果见图 11.30。

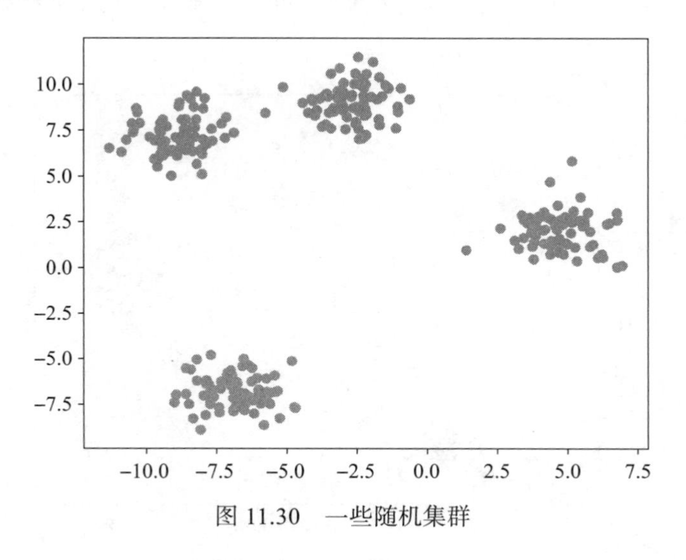

图 11.30　一些随机集群

⊖ 更多细节参考 https://jakevdp.github.io/PythonDataScienceHandbook/05.11-k-means.html。

可以使用 *k*- 均值聚类算法找到这 4 个集群的合适拟合：

```
>>> from sklearn.cluster import KMeans
>>> kmeans = KMeans(n_clusters=4)
>>> kmeans.fit(X)
```

请注意这些步骤与 11.7.2 节中的模型步骤非常相似。可以使用 cluster_centries_ 属性找到模型对每个集群中心的估计：

```
>>> centers = kmeans.cluster_centers_
>>> centers
array([[ 4.7182049 ,  2.04179676],
       [-8.87357218,  7.17458342],
       [-6.83235205, -6.83045748],
       [-2.70981136,  8.97143336]])
```

（注意，这里使用了与 11.7.1 节中提到的相同的尾部下划线约定，以指示仅在调用 fit() 后定义的属性。）结果是一个点的数组，可以通过绘制第二列与第一列的关系图来解释其含义，就像对原始集群所做的那样：

```
fig, ax = plt.subplots()
ax.scatter(X[:, 0], X[:, 1])
centers = kmeans.cluster_centers_
ax.scatter(centers[:, 0], centers[:, 1], s=200, alpha=0.9, color="orange")
plt.show()
```

由于使用了更大的尺寸、alpha 透明度，在散点图（图 11.31）上很容易看到各个集群的估计中心。结果是聚类算法的输出与基于“集群”的直观概念所期望的结果之间形成了良好的对应关系。

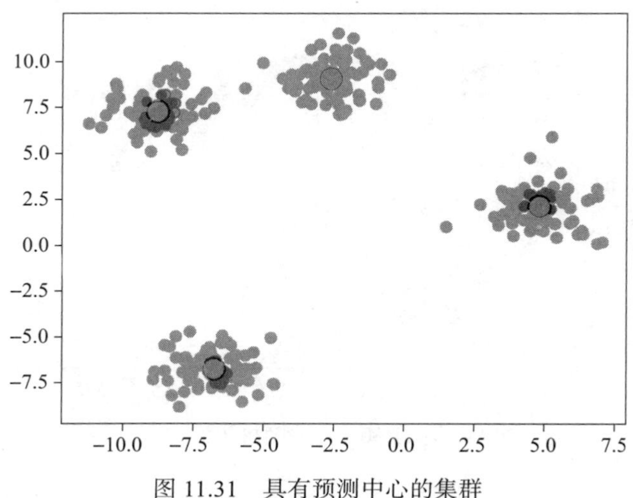

图 11.31　具有预测中心的集群

练习

1. RandomForestClassifier() 函数接收一个名为 n_estimators 的关键字参数，它表示“森林中的树木数量”。根据文档，n_estimators 的默认值是多少？使用 random_state=1。

2. 通过在调用 RandomForestClassifier() 时改变 n_estimators 的值，确定 Random Forest 分类器的准确率低于决策树的近似值。使用 random_state=1。

3. 通过使用几个不同的 random_state 值重新运行 11.7.2 节中的步骤，验证排序并不总是与代码清单 11.25 中所示的相同。提示：尝试 0、2、3 和 4 等值。

4. 使用两个集群和八个集群重复 11.7.3 节中的聚类步骤。在这两种情况下，算法仍然能很好地工作吗？

11.8　更多资源和结论

恭喜！现在你已经真正掌握了足够多的 Python 知识，可以大展身手了！除了核心知识，还对一些最重要的 Python 数据科学工具的使用打下了良好的基础。

从这里开始，有无数个方向可以选择；以下是一些可能性。

- 官方 Pandas 文档：包括十分钟掌握 Pandas 以及大量额外的资料。NumPy、Matplotlib 和 scikit-learn 的官方文档也是极好的资源。最后，SciPy 和 SageMath 项目也值得了解；特别是 Sage 具有进行符号计算和数值计算的能力（非常类似 Mathematica 或 Maple）。
- *Python for Science Computing*：虽然这不是专门针对数据科学工具的，但资源涵盖了该主题所需的许多资料。除此之外，这本书是使用诺贝尔奖数据（11.5 节）的灵感来源之一。
- *Python Data Science Handbook*：这本书与本章采取了相似的方法，可以从网上免费获取。
- *Data Science from Scratch*：这本书基本上与本书截然相反，它采用了一种基于第一原理的数据科学方法，专注于该学科的基础思想。在此简短章节中，这种方法是不可能阐述完整的，但如果读者有兴趣成为一名专业的数据科学家，这是一个很好的选择。
- *Bloom Institute of Technology's Data Science Course*：布鲁姆理工学院的数据科学课程。
- *Hands-On Machine Learning with Scikit-Learn, Keras, and TensorFlow*：这本书中介绍了比 11.7 节更高阶的机器学习知识，包括 Keras，这是一个 Python 与 Google TensorFlow 库的接口。

关于 Python 资源详见 10.6 节。

你已经学习了 Python 的基础知识并提升了技术水平，这些只是众多精彩选项中的一小部分。祝好运！